新装版 好きになる数学入門　3 代数で幾何を解く——解析幾何

新装版

好きになる数学入門

宇沢弘文 著

3

代数で幾何を解く
── 解析幾何

岩波書店

本シリーズは『好きになる数学入門』シリーズ全 6 巻(初版 1998 〜 2001 年)の判型を変更し，新装版として再刊したものです．

はしがき

　『好きになる数学入門』（全6巻）は中学1年，2年から高校の高学年のみなさんを念頭に入れながら，数学の考え方をできるだけやさしく解説したものです．算数のごく初歩的な知識だけを前提として，一歩一歩ていねいに説明してありますので，社会に出た大人の人も理解できるのではないかと思っています．

　この『好きになる数学入門』は，みなさんが数学の考え方をたんに知識として理解するだけでなく，数学の考え方を使っていろいろな問題をじっさいに解いたり，また必要に応じて新しい考え方を自分でつくり出せるようになることを目的として書きました．その内容も，数学の考え方を体系的に説明するのではなく，いろいろな数学の問題をどのような考え方を使って解くかということが中心となっています．みなさんの一人一人ができるだけ数多くの問題をじっさいに自分で解くことを通じて，数学の考え方を身につけることができるように配慮してあります．

　数学を学ぶプロセスは言葉を身につけるのと同じです．母親は生まれたばかりの赤ちゃんに対して絶えず話しかけます．赤ちゃんが母親の言葉を理解できないのはわかっていますが，母親はそれでも，赤ちゃんがおもしろいと思い，興味をもてそうなテーマをえらんで，愛情をもって絶えず話しかけるわけです．赤ちゃんもそれに応えて，できるだけ母親の言葉を理解しようとし，また不完全ながら自分で話すことを練習し，努力を積み重ねて，やがて完全な言葉を身につけてゆきます．数学を学ぶプロセスもまったく同じです．この『好きになる数学入門』も，みなさんがおもしろいと思い，興味をもつことができそうな問題をできるだけ数多くえらんで，いろいろな数学の考え方を説明すると同時に，みなさんが自分でじっさいに問題を解くことを通じて，「数学」という言葉を身につけることができるようにという意図をもって書きました．

数学は言葉とならんで，人間が人間であることをもっとも鮮明にあらわすものです．しかも文学や音楽と同じように，毎日毎日の努力を積み重ねてはじめて身につけることができます．この点，数学は山登りと同じ面をもっています．山登りは自分のペースに合わせて，ゆっくり，あせらず，一歩一歩確実に登ってゆくと，気がついたときには信じられないほど高いところまで来ていて，すばらしい展望がひらけています．数学も，決してあせらず，一歩一歩確実に学んでゆくと，とてもむずかしくて，理解できないと思っていた問題もすらすら解けるようになります．この『好きになる数学入門』の最終巻の最後の章では，太陽と惑星の運動にかんするケプラーの法則からニュートンの万有引力の法則を導き出すという有名な命題を証明します．この命題から輝かしい近代科学が生まれたわけですが，その証明はたいへんむずかしく，ニュートンの天才的頭脳をもってしてはじめて可能になったものです．しかし，このシリーズをていねいに一歩一歩確実に学んでゆけば，ニュートンの命題の証明もかんたんに理解できるようになります．

　『好きになる数学入門』はつぎの 6 巻から構成されています．

　　1　方程式を解く──代数
　　2　図形を考える──幾何
　　3　代数で幾何を解く──解析幾何
　　4　図形を変換する──線形代数
　　5　関数をしらべる──微分法
　　6　微分法を応用する──解析

　各巻のタイトルからわかると思いますが，内容的にはかなりむずかしい，高度な数学が取り上げられています．なかには，大学ではじめて学ぶ数学も少なくありません．しかし，上に述べたように，中学 1, 2 年のみなさんはもちろん，社会に出た人にもわかるように書いてあります．また，むずかしいと思うところは自由に飛ばしてさきに進んでも大丈夫なようになっています．とくにむずかしいと思われる箇所には☆印がつけてありますので，あとになってから好きなときに読めばよいようになっています．

問題がついている章がありますが，問題の性格はかならず
しも統一されていません．比較的かんたんな問題と非常にむ
ずかしい問題とがまざっています．なかには，本文でお話し
しようと思いながら，お話しできなかった考え方を使わなけ
れば解けない問題もあり，全体としてむずかしすぎる問題が
多くなってしまって申し訳ないと思っています．すべての問
題にくわしい解答がついていますので，むずかしいと思った
ら遠慮せずに解答をみてください．

　なお，みなさんのなかには，大学受験のことを気にしてい
る人もいると思いますが，この『好きになる数学入門』を理
解すれば，大学の入学試験に出てくる程度の問題はらくらく
解くことができます．数学はちょっとだけ高度の数学の考え
方を身につけるとむずかしい問題もかんたんに解けるように
なるからです．

　この『好きになる数学入門』は，さきに岩波書店から刊行
していただいた『算数から数学へ』をもとにして，その内容
をもっとくわしくして，さらに発展させたものです．とくに
第1巻と第2巻は説明，問題ともに『算数から数学へ』と重
複するところが少なくないことをあらかじめお断わりしてお
きたいと思います．

　『算数から数学へ』に述べたことのくり返しになって恐縮
ですが，私は数学ほどおもしろいものはないと思っています．
すこし見方を変えたり，これまでと違った考え方をとると，
まったく新しい世界が開けてきて，不可能だとばかり思って
いた問題がすらすら解けるようになったり，それまで気づか
なかった大事なことに気づくようになったりします．しかも
数学の世界は美しく，深山幽谷にあそんでいるような気分に
なります．数学の世界の幽玄さは音楽にたとえられることが
よくあります．

　数学はまた，たいへん役にたつものです．数学が役にたつ
というと，みなさんは，計算をうまくして，もうけを大きく
することだと考えるかもしれませんが，それとはまったく違
ったことを意味しています．数学の本質は，そのときどきの
状況を冷静に判断し，しかも全体の大きな流れを見失うこと
なく，論理的に，理性的に考えを進めることにあります．数

学は，すべての科学の基礎であるだけでなく，私たち一人一人が人生をいかに生きるかについて大切な役割をはたすものだといってもよいと思います．

　この『好きになる数学入門』は，みなさんの一人一人がほんとうに数学を好きになってほしいという思いを込めて書いたものです．みなさんのなかから，このシリーズを読んで，数学を好きになり，さらにさきに進んで，数学の高い山々を目指す人が一人でも多く出ることを願って止みません．

　『好きになる数学入門』を書くにあたって，数多くの方々のご協力を得ることができました．とくに細田裕子さんには，図の作成から，問題の解答のチェックにいたるまでていねいにしていただきました．また，岩波書店の大塚信一，宮内久男，宮部信明，浅枝千種の方々には，このシリーズの企画から刊行にいたるまでのすべての段階でたいへんお世話になりました．これらの方々に心から感謝したいと思います．

　　　1998 年 6 月

　　　　　　　　　　　宇 沢 弘 文

　『好きになる数学入門』を書くにあたって，数多くの書物，とくにつぎの書物を参照させていただきました．

　　ジュルジュ・イフラー『数字の歴史』(1981)，松原秀一・彌永
　　　　昌吉監修，彌永みち代・丸山正義・後平隆訳，平凡社，1988
　　ヴァン・デル・ウァルデン『数学の黎明——オリエントからギ
　　　　リシアへ』(1950)，村田全・佐藤勝造訳，みすず書房，1984
　　フロリアン・カジョリ『数学史』(1913)，石井省吾訳註，津軽
　　　　書房，1970〜74
　　カール・ボイヤー『数学の歴史』(1968)，加賀美鐵雄・浦野由
　　　　有訳，朝倉書店，1983〜85

目　次

装画／飯 箸　薫

第 1 章
アルキメデスの定理

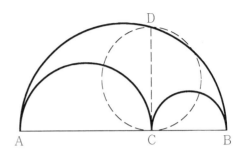

「アルベロス」の定理

　与えられた線分 AB の上に点 C をとり，AB, AC, BC を直径とする 3 つの半円をえがく．一番大きな半円 AB から 2 つの小さな半円 AC, BC を切り取った残りの「アルベロス」の形をした図形 ACBDA をつくる．また，C で直線 AB に立てた垂線が半円周 AB と交わる点を D とし，CD を直径とする円をえがく．このとき，「アルベロス」ACBDA の面積は CD を直径とする円の面積と等しい．

　アルキメデスは，幾何の問題に対して気の利いた名前をつけるので有名でした．「アルベロス」の定理は，その代表的な例です．「アルベロス」というのは，靴をつくるときに革を切るために使うギリシアのナイフです．革をいろいろな形に，鋭く角度をつけて切るのにたいへん便利な道具です．

アルキメデスの定理

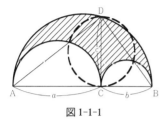

図 1-1-1

「アルベロス」の定理の証明　直径 AB に対する円周角 ∠ADB は 90° だから，三角形 △ABD は直角三角形となります．$a=\overline{\mathrm{AC}}$, $b=\overline{\mathrm{BC}}$, $c=\overline{\mathrm{CD}}$ とおけば

$$ab = c^2$$

AB, AC, BC を直径とする半円の面積はそれぞれ

$$\frac{\pi}{2}\left(\frac{a+b}{2}\right)^2, \quad \frac{\pi}{2}\left(\frac{a}{2}\right)^2, \quad \frac{\pi}{2}\left(\frac{b}{2}\right)^2$$

となるから，「アルベロス」ACBDA の面積 S は

$$S = \frac{\pi}{2}\left(\frac{a+b}{2}\right)^2 - \frac{\pi}{2}\left(\frac{a}{2}\right)^2 - \frac{\pi}{2}\left(\frac{b}{2}\right)^2 = \frac{\pi}{4}ab$$

一方，CD を直径とする円の面積 T は

$$T = \pi\left(\frac{c}{2}\right)^2 = \frac{\pi}{4}c^2$$

「アルベロス」ACBDA の面積 S と CD を直径とする円の面積 T とは等しくなります．　　　　　　　　　Q. E. D.

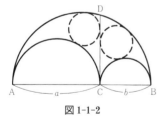

図 1-1-2

例題　「アルベロス」ACBDA を線分 CD によって 2 つの図形に分けたとき，それぞれの図形に内接する円の半径はお互いに等しい．

証明　2 つの円の中心を $\mathrm{D_1}$, $\mathrm{D_2}$ とし，半径を x, y とおきます．$\mathrm{D_1}$, $\mathrm{D_2}$ から AB に下ろした垂線の足を $\mathrm{H_1}$, $\mathrm{H_2}$ とします．また，AB, AC, BC の中点を O, $\mathrm{O_1}$, $\mathrm{O_2}$ とおき，2 つの直角三角形 $\triangle \mathrm{D_1 O_1 H_1}$, $\triangle \mathrm{D_1 O H_1}$ にピタゴラスの定理を適用して

$$\overline{\mathrm{D_1 H_1}}^2 = \overline{\mathrm{O_1 D_1}}^2 - \overline{\mathrm{O_1 H_1}}^2 = \left(\frac{a}{2}+x\right)^2 - \left(\frac{a}{2}-x\right)^2 = 2ax$$

$$\overline{\mathrm{D_1 H_1}}^2 = \overline{\mathrm{O D_1}}^2 - \overline{\mathrm{O H_1}}^2 = \left(\frac{a+b}{2}-x\right)^2 - \left(\frac{a-b}{2}-x\right)^2$$

$$= ab - 2bx$$

$$2ax = ab - 2bx \quad \Rightarrow \quad x = \frac{ab}{2(a+b)}$$

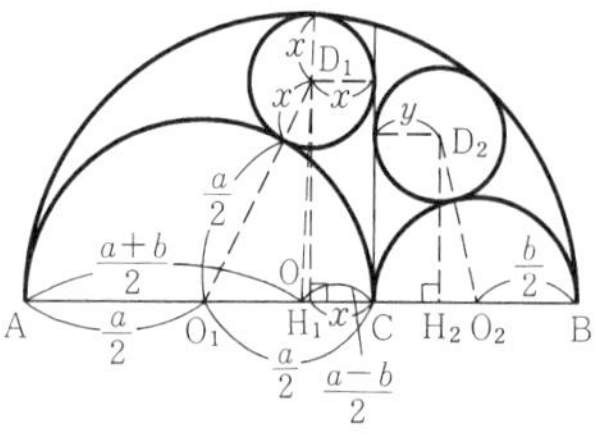

図 1-1-3

まったく同じようにして，$y=\dfrac{ab}{2(a+b)}$. ゆえに，$x=y$.

Q. E. D.

「サリノン」の定理

　つぎの定理もアルキメデスが最初に証明した定理です．アルキメデスは「サリノン」の定理と名づけました．「サリノン」というのは，塩を入れる容器のことです．

定理　与えられた線分 AB の上に 2 つの点 C, D を，$\overline{AC}=\overline{BD}$ となるようにとり，AB, AC, CD, DB を直径とする 4 つの半円をえがく．一番大きな半円 AB から 2 つの小さな半円 AC, DB を切り取り，半円 CD を足した「サリノン」の形をした図形 ACFDBEA を考える．このとき，「サリノン」ACFDBEA の面積は，2 つの半円 AB, CD にそれぞれ E, F で接する円 O の面積に等しい．

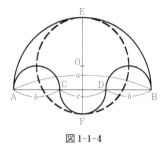

図 1-1-4

証明　$a=\overline{AB},\ b=\overline{AC}=\overline{DB},\ c=\overline{CD}$ とおけば

$$c=a-2b,\qquad \overline{EF}=\frac{a}{2}+\frac{c}{2}=a-b$$

「サリノン」ACFDBEA の面積を S とすれば

$$S=\frac{\pi}{2}\left(\frac{a}{2}\right)^2-2\frac{\pi}{2}\left(\frac{b}{2}\right)^2+\frac{\pi}{2}\left(\frac{c}{2}\right)^2$$

$$=\frac{\pi}{2}\left\{\left(\frac{a}{2}\right)^2-2\left(\frac{b}{2}\right)^2+\left(\frac{a}{2}-b\right)^2\right\}$$

$$=\pi\left\{\left(\frac{a}{2}\right)^2-2\frac{a}{2}\frac{b}{2}+\left(\frac{b}{2}\right)^2\right\}=\pi\left(\frac{a-b}{2}\right)^2$$

他方，円 EF の面積 T は，$T=\pi\left(\dfrac{a-b}{2}\right)^2\Rightarrow S=T$.

Q. E. D.

　「アルベロス」の定理と「サリノン」の定理はともに，アルキメデスの『レンマの本』(Book of Lemmas)という有名な書物のなかからとったものです．アルキメデスのこの書物の原本は失われてしまって，アラビア語に訳され，さらにラテン語版になったものしかのこっていませんが，アルキメデス自身の手になる書物であることは間違いないと考えられて

います。この『レンマの本』のなかには「飼い牛の問題」という問題があります。これは、ある条件をみたすような4色の雄牛と雌牛の頭数を求めるという問題です。8つの未知数にかんする連立方程式を解かなければなりませんが、無数にある解の可能性のなかから、整数の解をえらぶというむずかしい問題です。この問題を部分的に解くのにさえ、600ページを必要とするといわれています。そのなかには、

$$x^2 = 1 + 4{,}729{,}494\, y^2$$

の整数解 x, y を求めるという気の遠くなるような計算を必要とする箇所もあります。このように、未知数が整数であるような方程式を不定方程式といいます。この不定方程式は、ずっとあとになってペル方程式とよばれるようになりました。

「折れた弦」の定理

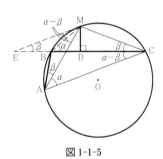

図 1-1-5

アルキメデスの『レンマの本』には、第2巻でもふれた有名な「折れた弦」の定理も入っています。「折れた弦」の定理は第10章でお話しする三角関数の加法定理そのものです。

定理 円 O の円周上に折れた弦 ABC がある。弦 AB の長さは弦 BC の長さより短いとする（$\overline{AB} < \overline{BC}$）。弧 ABC の中点を M とし、M から弦 BC に下ろした垂線の足を D とすれば、D は折れた弦 ABC の中点となる。

$$\overline{AB} + \overline{BD} = \overline{DC}$$

証明 弦 BC を B をこえて延長し、D が EC の中点になるように点 E をとります：$\overline{ED} = \overline{DC}$。三角形 △MEC は二等辺三角形となり、∠MED ＝ ∠MCD（＝β とおく）。

2つの三角形 △MBE と △MBA を比較します。∠MAB, ∠MCD はともに弧 MB の円周角だから

$$\angle MAB = \angle MCD = \beta$$

一方、∠MBC, ∠MAC はともに弧 MC の円周角だから、∠MBC＝∠MAC（＝α とおく）。

このとき、

$$\angle BME = \angle MBC - \angle MED = \alpha - \beta$$

∠BMA, ∠BCA は弧 AB の円周角だから、∠BMA＝∠BCA ＝∠MCA－∠MCB＝∠MCA－β。ところで、M は弧 ABC の中点にとったわけだから、∠MCA＝∠MAC＝α。

故に，∠BMA＝α−β.

　△MBE，△MBA について，1 辺 BM は共通，∠MEB＝∠MAB＝β，∠BME＝∠BMA＝α−β より，∠MBE＝∠MBA.

　したがって，△MBE≡△MBA ⇒ $\overline{\text{EB}}=\overline{\text{AB}}$.

$$\overline{\text{AB}}+\overline{\text{BD}}=\overline{\text{EB}}+\overline{\text{BD}}=\overline{\text{ED}}=\overline{\text{DC}}$$

Q. E. D.

角の三等分

　『レンマの本』には，角の三等分の問題にかんするアルキメデスの解法ものこされています．アルキメデスの解法はつぎの命題にもとづいています．ある点 O を中心として，一定の半径をもった半円 PQR をえがきます．直径 PR を点 R をこえて延長して点 T をとり，T を通る直線が半円 PQR と交わる点を Q, S とします．このとき，$\overline{\text{TS}}=\overline{\text{OS}}$ とすれば，∠STO は ∠QOP を三等分する角となります．

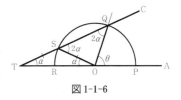

図 1-1-6

　θ＝∠QOP，α＝∠STO とおけば，△STO は二等辺三角形だから

$$\angle\text{STO} = \angle\text{SOT}, \quad \angle\text{QSO} = \angle\text{STO}+\angle\text{SOT} = 2\alpha,$$
$$\angle\text{SQO} = \angle\text{QSO} = 2\alpha$$
$$\theta = \angle\text{QOP} = \angle\text{STO}+\angle\text{SQO} = \alpha+2\alpha = 3\alpha$$
$$\alpha = \frac{1}{3}\theta, \quad \angle\text{STO} = \frac{1}{3}\angle\text{QOP}$$

　この関係を使ってアルキメデスは図 1-1-7 のような器械を考え出したのです．等しい長さをもった 3 本の棒 TS, SO, OQ を T, S, O の点で自由にまわるように固定します．O は直線 TA の上をスライドし，Q は直線 TC の上をスライドします．三等分しようとする角の大きさを θ とすれば，上の器械の O 点を直線 TA の上でスライドさせて，∠QOA＝θ となるような位置にもってくれば，$\angle\text{STO}=\frac{1}{3}\theta$.

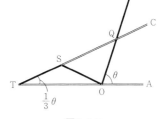

図 1-1-7

練習問題（ヨルダヌスの角の三等分法）　円 O をえがき，2 つの半径 OA, OB の間の角が三等分すべき角 θ と等しくなるようにとる．半径 OB に直角な半径 OC を引き，OC 上に点

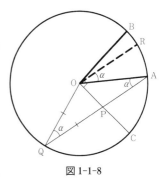

図 1-1-8

Pをとり，線分 AP の延長が円 O と交わる点 Q が，$\overline{PQ}=$
$\overline{OQ}$ となるようにする．円の中心 O を通り AQ に平行な半
径 OR は角 ∠AOB を三等分する．

　[ヨルダヌスは，13 世紀に活躍したフランスの数学者です．
有名な『算術』という入門書の著者として知られています．
ヨルダヌスの『算術』は 16 世紀頃まで，パリ大学で標準的
な教科書として使われていました．]

　アルキメデスはもちろん，角の三等分にかんするこの解法
は器械を使ったもので，プラトン学派の数学者たちが求めて
いた幾何の作図による解法ではないことをよく知っていまし
た．幾何の作図というのは，第 2 巻『図形を考える―幾何』
でくわしく説明したように，定規(目盛りは使わない)とコン
パスだけを使って図形をえがくことを意味するからです．角
の三等分の作図が不可能であることが証明されたのは，ずっ
とあとになってからです．
　アルキメデスは，ユークリッド幾何だけではなく，三角法，
微分法をはじめとして，現代数学の基本的な考え方の基礎に
なるような多くの仕事をのこしています．この『好きになる
数学入門』では残念ですが，アルキメデスの仕事のごく一部
しか紹介できません．

問題 1　1 辺の長さが a の正方形の各辺を直径とする半円を正方形の内側にえがく．このときできる 4 つの花びらの形をした図形の面積を計算しなさい．

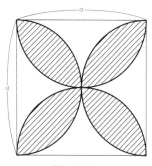

図 1-問題 1

問題 2　半径 r の円に内接する正六角形の各頂点を中心とする半径 r の円周が交わってつくられる 6 つの花びらの形をした図形の面積を計算しなさい．

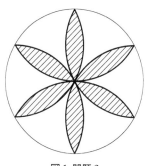

図 1-問題 2

問題 3　半径 r の円 O 上の 1 点 A を中心とする半径 r の円が元の円 O と交わってつくられる凸レンズ状の図形の面積を計算しなさい．

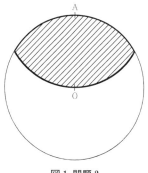

図 1-問題 3

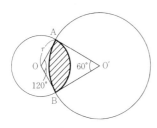

図1-問題4

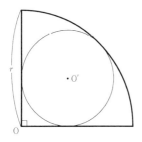

図1-問題5

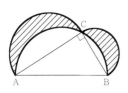

図1-問題6

問題4 2つの円O, 円O′の交点をA, Bとする. 弦ABの中心角が円Oに対して120°, 円O′に対して60°のとき, 2つの円O, O′が交わってつくられる凸レンズ状の図形の面積を計算しなさい. ただし, 円Oの半径の長さをrとする.

問題5 与えられた4分円Oに内接する円O′の半径の長さを計算しなさい. ただし, 円Oの半径の長さをrとする.

問題6（ヒポクラテスの定理） 与えられた直角三角形△ABCの斜辺ABを直径とする半円をえがき, 他の2つの辺BC, CAを直径とする半円を直角三角形△ABCの外にえがく. この3つの半円からつくられる2つの三日月形の図形の面積の和は, 直角三角形△ABCの面積に等しい.

　［ヒポクラテスは, 紀元前430年頃活躍したギリシアの数学者です. 直角三角形と円の関係, 三角形の比例と相似などについて, 興味深い仕事を数多くのこしています. 数学者のヒポクラテスはキオスのヒポクラテスとよばれています. 同時代に, しかも同じ地域で活躍した医聖といわれたコスのヒポクラテスと区別するためです. キオスもコスもどちらもドデカン諸島の小島の名前です.］

問題7 三角形△ABCの面積をS, 角∠Aのなかにある傍接円I_Aの半径をr_Aとすれば

$$S = (s-a)r_A$$

$$\left[a=\overline{BC}, \quad b=\overline{CA}, \quad c=\overline{AB}, \quad s=\frac{a+b+c}{2}\right]$$

問題8 三角形△ABCの面積をS, 内接円の半径をr, 外接円の半径をRとすれば

$$S = sr = \frac{abc}{4R}$$

$$\left[a=\overline{BC}, \quad b=\overline{CA}, \quad c=\overline{AB}, \quad s=\frac{a+b+c}{2}\right]$$

5ページの練習問題の答え
$\alpha = \angle ROA$とおけば, $\angle OAQ = \angle OQA$
$= \alpha$, $\angle OPQ = 90° - \frac{1}{2}\alpha$, $\angle BOR =$
$\angle BOP - \angle ROP = 90° - \angle OPQ = 90° -$
$\left(90° - \frac{1}{2}\alpha\right) = \frac{1}{2}\alpha = \frac{1}{2}\angle ROA$.

問題 9　三角形 $\triangle$ABC の外心を O，内心を I とすれば

$$\overline{\mathrm{OI}}^2 = R^2 - 2Rr \qquad [R: \text{外接円の半径}, \ r: \text{内接円の半径}]$$

問題 10　円に内接し，辺 AD が直径となる四角形 $\square$ABCD について，$x = \overline{\mathrm{AD}}$ とおけば

$$x^3 - (a^2 + b^2 + c^2)x - 2abc = 0$$
$$[a = \overline{\mathrm{AB}}, \ b = \overline{\mathrm{BC}}, \ c = \overline{\mathrm{CD}}]$$

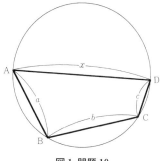

図 1-問題 10

問題 11　三角形 $\triangle$ABC の角 $\angle$A の二等分線が辺 BC および外接円と交わる点を D, E とし，$\overline{\mathrm{AE}} = p$，$\overline{\mathrm{DE}} = q$ とおけば，

$$\frac{p}{q} = \left(\frac{b+c}{a}\right)^2 \qquad [a = \overline{\mathrm{BC}}, \ b = \overline{\mathrm{CA}}, \ c = \overline{\mathrm{AB}}]$$

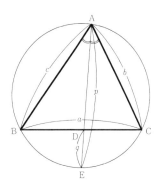

図 1-問題 11

問題 12　三角形 $\triangle$ABC の各辺 BC, CA, AB を $3:1$ の比で内分する点をそれぞれ D, E, F とし，BE と CF，CF と AD，AD と BE の交点をそれぞれ P, Q, R とするとき，$\triangle$PQR の面積の $\triangle$ABC の面積に対する割合を求めなさい．

図 1-問題 12

第 2 章
バビロンの問題とグノモンの定理

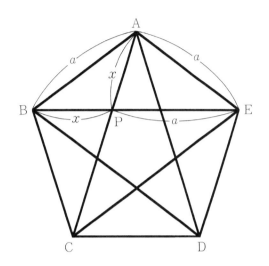

五角星と黄金分割

　古代世界の人々は正五角形は星をあらわす聖なる意味をもつ図形として尊崇していました．五角星(ペンタグラム)は、この正五角形の5本の対角線を引いて得られる図形です．五角星には数多くの相似な二等辺三角形があります．図のような五角星について，隣り合っている2つの辺からできる二等辺三角形 △ABE とそのなかにある小さな二等辺三角形 △PBA は相似となり，つぎの比例関係が成り立ちます．

$$\overline{\text{BE}} : \overline{\text{BA}} = \overline{\text{BA}} : \overline{\text{BP}} \quad \Rightarrow \quad (a+x) : a = a : x$$

　このとき，線分 BP は線分 BE を黄金分割するといいます．この黄金分割は五角星の神秘を象徴するものとされ，のちにピタゴラス学派の数学者たちにとって中心的なテーマとなったものです．ピタゴラスの時代から2000年もたった17世紀のはじめ，ケプラーはつぎのような文章を書いています．

　　幾何学は2つの宝をもっている．ピタゴラスの定理と黄金分割である．前者を黄金の塊にたとえれば，後者は貴重な宝石にたとえられよう．

バビロンの問題

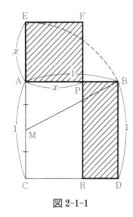

図 2-1-1

つぎの問題は，ユークリッドの『原本』のなかにある「バビロンの問題」とよばれるむずかしい問題です．

バビロンの問題　与えられた線分 AB 上に点 P をとり，AP を 1 辺とする正方形の面積が，BP と AB を 2 辺とする長方形の面積に等しくなるようにせよ．

ユークリッドの解法　AB を 1 辺とする正方形 □ACDB をえがきます．辺 AC の中点 M を中心として，MB を半径とする円が CA の A をこえた延長と交わる点を E とします．

$$\overline{\text{ME}} = \overline{\text{MB}}$$

AE を 1 辺とする正方形 □EAPF をつくり，1 つの頂点 P が辺 AB 上にあるようにすれば，P が求める点となります．
FP の延長が CD と交わる点を H とすれば，正方形 □EAPF と長方形 □PHDB の面積は等しくなります．

$$[\square \text{EAPF}] = [\square \text{PHDB}]$$

証明　FE を E をこえて AB の半分の長さだけ延長した点を G とします：$\overline{\text{GE}} = \dfrac{1}{2}\overline{\text{AB}}$.

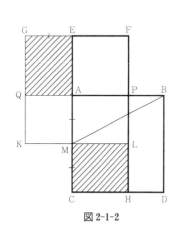

図 2-1-2

GF を 1 辺とする正方形 □GKLF をつくります．線分 BA の延長と GK との交点を Q とすれば，□QKMA もまた正方形となります．また □GQAE と □PAML は合同になり

$$[\square \text{GQAE}] = [\square \text{PAML}] = [\square \text{LMCH}]$$

□GKLF は正方形で，その 1 辺の長さは $\overline{\text{ME}} = \overline{\text{MB}}$.

直角三角形 △AMB に対してピタゴラスの定理を適用すると

$$\overline{\text{MB}}^2 = \overline{\text{AB}}^2 + \overline{\text{AM}}^2$$
$$\Rightarrow \quad [\square \text{GKLF}] = [\square \text{ACDB}] + [\square \text{QKMA}]$$

正方形 □GKLF, □ACDB の面積はつぎのようにあらわされます．

$$[\square \text{GKLF}] = [\square \text{EAPF}] + [\square \text{ACHP}] + [\square \text{QKMA}]$$
$$[\square \text{ACDB}] = [\square \text{PHDB}] + [\square \text{ACHP}]$$

ゆえに，

$$[\square EAPF] = [\square PHDB] \qquad \text{Q. E. D.}$$

　同じような問題がバビロニアの粘土書板にのこっています．じつは，ユークリッドはバビロニアの粘土書板からこの問題を知って，得意とするピタゴラスの定理を使って解いたのでないかと考えられています．バビロニアの数学者たちは，二次方程式を使ってこの問題をかんたんに解いています．

バビロニア人の解法　与えられた線分 AB の長さを 1 として解けばよい．求める線分 AP の長さを x とすると，AP を 1 辺とする正方形の面積は x^2 です．他方，BP と AB を 2 辺とする長方形の面積は，$1 \times (1-x) = 1-x$ となります．したがって，問題の条件はつぎの方程式の形にあらわされます．

$$x^2 = 1-x \quad \Rightarrow \quad x^2 + x - 1 = 0$$

この二次方程式を根の公式を使って解くと，

$$x = \frac{-1 \pm \sqrt{1+4}}{2} = -\frac{1}{2} \pm \frac{\sqrt{5}}{2}$$

x は正数でなければならないから，

$$x = -\frac{1}{2} + \frac{\sqrt{5}}{2} = \frac{\sqrt{5}-1}{2}$$

　この問題は，つぎのようにして解くこともできます．図 2-1-2 で，$\overline{AB} = 1$ とすれば

$$\overline{AM} = \frac{1}{2}\overline{AB} = \frac{1}{2}$$

△AMB は直角三角形だから，ピタゴラスの定理によって

$$\overline{MB}^2 = \overline{AB}^2 + \overline{AM}^2 = 1^2 + \left(\frac{1}{2}\right)^2 = \frac{5}{4}$$

$$\Rightarrow \quad \overline{ME} = \overline{MB} = \frac{\sqrt{5}}{2}$$

ゆえに，

$$\overline{AP} = \overline{ME} - \overline{AM} = \frac{\sqrt{5}-1}{2}$$

もう 1 つのバビロンの問題

　バビロニア人が代数が得意だったことは第 1 巻『方程式を

解く一代数』でもふれました．バビロンの問題の標準型といわれる問題があります．それは 2 辺の和と面積が与えられているような長方形を求めるという問題です．

例題 1 2 辺の和が 12 m，面積が 30 m^2 となるような長方形の各辺の長さを求めよ．

解答 2 辺の長さを α m, β m $(\alpha \geqq \beta)$ とおけば
$$\alpha + \beta = 12, \qquad \alpha\beta = 30$$
ここで，第 1 巻でお話しした因数分解の公式を使って
$$x^2 - (\alpha + \beta)x + \alpha\beta = (x - \alpha)(x - \beta)$$
したがって，α, β はつぎの二次方程式の根となります．
$$x^2 - 12x + 30 = 0$$
二次方程式の根の公式を使って解くと
$$x = \frac{12 \pm \sqrt{12^2 - 4 \times 30}}{2} = \frac{12 \pm \sqrt{24}}{2} = 6 \pm \sqrt{6}$$
$$\alpha = 6 + \sqrt{6}, \qquad \beta = 6 - \sqrt{6}$$

　バビロンの問題をバビロニア人の方法で解いてみましょう．この解法はアメリカのイェール大学の図書館に保存されている有名な楔形文字文書にのこされています．

例題 2 2 辺の和が $6 + \dfrac{30}{60}$，面積が $7 + \dfrac{30}{60}$ となるような長方形の各辺の長さを求めよ．

解答 2 辺の長さを α, β $(\alpha \geqq \beta)$ とおけば
$$\alpha + \beta = 6 + \frac{30}{60}, \qquad \alpha\beta = 7 + \frac{30}{60}$$
$$\left(\frac{\alpha - \beta}{2}\right)^2 = \left(\frac{\alpha + \beta}{2}\right)^2 - \alpha\beta = \left(3 + \frac{15}{60}\right)^2 - \left(7 + \frac{30}{60}\right)$$
$$= 3 + \frac{3}{60} + \frac{45}{60^2} = \left(1 + \frac{45}{60}\right)^2$$
$$\frac{\alpha - \beta}{2} = 1 + \frac{45}{60}$$
$$\alpha = \frac{\alpha + \beta}{2} + \frac{\alpha - \beta}{2} = 5, \qquad \beta = \frac{\alpha + \beta}{2} - \frac{\alpha - \beta}{2} = 1 + \frac{30}{60}$$

　上の問題は一般的につぎのように表現されます．

バビロンの問題 2 辺の和が a m で，面積が B m^2 となるよ

うな長方形を求めよ.

解答 2辺の長さをそれぞれ α, β $(\alpha \geqq \beta)$ とすれば

$$\alpha + \beta = a, \qquad \alpha\beta = B$$

$$x^2 - ax + B = x^2 - (\alpha + \beta)x + \alpha\beta = (x - \alpha)(x - \beta)$$

したがって,

$$x^2 - ax + B = 0$$

根の公式を使って,

$$\alpha = \frac{a}{2} + \sqrt{\left(\frac{a}{2}\right)^2 - B}, \qquad \beta = \frac{a}{2} - \sqrt{\left(\frac{a}{2}\right)^2 - B}$$

　バビロニア人の解き方はこのようにかんたんですが, 上にお話ししたようにユークリッドの『原本』に出てくる幾何学的解法はずっと複雑です. ここで, ユークリッドの解法の意味を掘り下げて考えてみたいと思います. そのために, 復習をかねて因数分解の公式の図形的表現についてまとめておきましょう.

（ i ）　$(a+b)^2 = a^2 + 2ab + b^2$

　まず, 1辺の長さが $a+b$ の正方形をつくり, 1辺の長さがそれぞれ a, b となるような正方形をはめ込み, 図 2-1-3 のように分けて考えます. 大きな正方形の面積 $(a+b)^2$ は, 2つの小さな正方形の面積 a^2, b^2 と, 2つの長方形の面積 ab とに分けられるから, 公式(i)が成り立つことがわかります.

　同じようにして

（ ii ）　$(a-b)^2 = a^2 - 2ab + b^2$

が成り立ちます. ［練習問題として証明しなさい.］

　つぎの公式も第1巻に出てきました.

（iii）　$(a+b)(a-b) = a^2 - b^2$　　　$(a > b)$

2辺の長さが $a, a+b$ の長方形をつくり, 1辺の長さがそれぞれ a, b となるような正方形をはめ込み, 図 2-1-4 のように分割します.

$$a^2 - b^2 = [\square ABCD] - [\square GFCH] = [\square AEHD] + [\square EBFG]$$
$$= [\square AEHD] + [\square DHKM] = [\square AEKM]$$
$$= (a+b)(a-b)$$

（iv）　直角三角形 $\triangle ABC$ で, $\angle C$ を直角とし, 図 2-1-5 の上の図のように各辺の長さを a, b, c とすれば

$$c^2 = a^2 + b^2$$

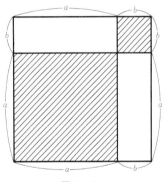

図 2-1-3

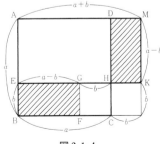

図 2-1-4

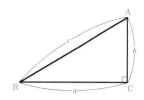

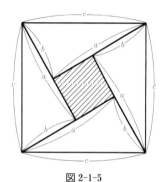

図 2-1-5

これはピタゴラスの定理そのもので，第2巻『図形を考える—幾何』に出てきましたが，つぎに第2巻とは異なった証明を与えておきましょう．プラトンの対話篇『メノン』のなかに出てくる証明の考え方を発展させたもので，『算数から数学へ』で紹介したものです．1辺の長さが c の正方形をえがき，そのなかに直角三角形 $\triangle ABC$ を4個はめ込みます．図 2-1-5 では，$a > b$ の場合を考えています．まんなかの斜線を引いた部分は，1辺の長さが $a-b$ の正方形で，面積は

$$(a-b)^2$$

$\triangle ABC$ の面積は $\dfrac{1}{2}ab$ だから

$$c^2 = (a-b)^2 + 4 \times \frac{1}{2}ab = a^2 + b^2$$

Q. E. D.

練習問題　つぎの関係式を図形を使って証明しなさい．

(1)　$(a+2b)(a+3b) = a^2 + 5ab + 6b^2$

(2)　$(a+2b)(a-3b) = a^2 - ab - 6b^2$

(3)　$(2a+b)(a-2b) = 2a^2 - 3ab - 2b^2$

(4)　$(a-2b)(2a-b) = 2a^2 - 5ab + 2b^2$

ヒント
(1)　2辺の長さが $a+2b$，$a+3b$ の長方形をえがく．他の問題も同様．

バビロンの問題のユークリッドによる解法

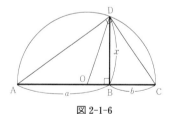

図 2-1-6

　ユークリッドの『原本』から図形を使って二次方程式を解く方法を紹介しましょう．

(ⅴ)　$x^2 = ab$　　$(a, b > 0)$

　長さ $a+b$ の線分 AC をえがき，$\overline{AB} = a$，$\overline{CB} = b$ となるような点Bをとり，線分 AC の中点Oをとります．Oを中心として，OA を半径とする円をえがき，B点で線分 AC に立てた垂線との交点をDとすれば，$x = \overline{DB}$ が求める解です．

　このことは，第2巻でお話ししたように，相似と比例の考え方を使って証明することができます．2つの直角三角形 $\triangle ABD$，$\triangle DBC$ は，3つの角がそれぞれ等しいから，相似となって，3つの辺の長さは比例します．

$$\overline{AB} : \overline{DB} = \overline{DB} : \overline{CB} \ \Rightarrow\ \frac{a}{x} = \frac{x}{b} \ \Rightarrow\ x^2 = ab$$

Q. E. D.

　バビロンの問題にもどることにしましょう．$B=b^2$ をみたすような正数 b をとります．

$$x^2 - ax + b^2 = 0$$

を図形を使って解く問題です．この方程式を根の公式を使って解くと

$$x = \frac{a \pm \sqrt{a^2 - 4b^2}}{2} = \frac{a}{2} \pm \sqrt{\left(\frac{a}{2}\right)^2 - b^2}$$

$$\alpha = \frac{a}{2} - \sqrt{\left(\frac{a}{2}\right)^2 - b^2}, \quad \beta = \frac{a}{2} + \sqrt{\left(\frac{a}{2}\right)^2 - b^2}$$

この α, β の値はつぎのような作図によって求めることができます．

　長さが a となるような線分 AB を引き，その中点を M とします．

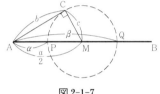

図 2-1-7

$$\overline{AB} = a, \quad \overline{AM} = \overline{BM} = \frac{a}{2}$$

AM を 1 辺とする直角三角形 △AMC をつくり，∠C$=90°$，$\overline{AC}=b$ となるようにします．△AMC は，AM を直径とする円と A を中心とする半径 b の円との交点を C とすれば求められます．$\overline{CM}=c$ とおくと，ピタゴラスの定理によって

$$c^2 = \left(\frac{a}{2}\right)^2 - b^2$$

M を中心とする半径 c の円と AM の交点を P, Q とすれば，$\alpha=\overline{AP}$，$\beta=\overline{AQ}=\overline{BP}$ となります．

　上の作図がバビロンの問題の解となっていることは，つぎの関係から明らかです．

$$\alpha + \beta = a, \quad \alpha\beta = \left(\frac{a}{2} - c\right)\left(\frac{a}{2} + c\right) = \left(\frac{a}{2}\right)^2 - c^2 = b^2$$

　このことは，第 2 巻『図形を考える─幾何』でお話しした，円の接線にかんする基本的定理（方べキの定理の特別な場合）からもわかります．

定理　円 O の外に点 A がある．A から円 O に引いた接線の接点を B とし，A を通る直線が円 O と交わる点を P, Q とすれば，$\overline{AB}^2 = \overline{AP} \times \overline{AQ}$．

練習問題 ピタゴラスの定理を使ってこの定理を証明し，上の作図がバビロンの問題の解となっていることを証明しなさい．

答え　略

バビロニア人による二次方程式の解法

　いまから 4000 年以上も昔に書かれたバビロニアの古い問題集がのこっていますが，そのなかにつぎの 3 つの二次方程式の図形による解法が示されています．

（i）　$x^2 - ax + b^2 = 0$　　（$a, b > 0$,　$4b^2 < a^2$）

（ii）　$x^2 + ax - b^2 = 0$　　（$a, b > 0$）

（iii）　$x^2 - ax - b^2 = 0$　　（$a, b > 0$）

　問題(i)は，上のバビロンの問題そのものです．バビロニア人は問題(ii)をつぎのようにして解きました．長さ b の線分 AB を引き，B で垂直な直線を立て，$\overline{BC} = \dfrac{a}{2}$ となるような点 C をとります．C を中心とする半径 $\dfrac{a}{2}$ の円と直線 AC との 2 つの交点を P, Q（線分 PQ との交点の方を Q）とすれば，二次方程式(ii)の解は $\alpha = -\overline{AP}$, $\beta = \overline{AQ}$ となります．

練習問題 問題(ii)に対するバビロニア人の解法が正しいことを証明しなさい．また，問題(iii)の幾何的学解法を自分で考えなさい．［上の 3 つの問題に対する図形的解法はふつう 17 世紀の数学者デカルトの発見といわれていますが，じつはその 4000 年近くも前，バビロニアの数学者たちが日常的に使っていた考え方だったのです．］

答え　略

五角星と黄金分割

五角星と黄金分割

古代世界の人々にとって，夜空に宝石をちりばめたように輝く星はまさに自然の神秘を象徴するものでした．バビロニア，エジプト，ギリシアの数学者にとって，正五角形は星をあらわすもので，聖なる意味をもつ図形でした．正十二面体は12の正五角形の面をもつ聖なる星として，ピタゴラス学派の象徴とされていました．イタリアのパディアの近くのエトルリアで，紀元前500年より古い正十二面体の形をもつ石が発見されて話題になったこともあります．

正五角形の5本の対角線を引くと，図2-2-1に示すような図形がえがかれます．この図形は五角星（ペンタグラム）といって，古代バビロニア美術でもよく使われていました．バビロニアの数学者たちは，五角星にかくされた数多くの相似な二等辺三角形の辺の比例関係をたくみに使って，正五角形の神秘を解き明かしたのです．その考え方はギリシアの数学者たちに受けつがれ，黄金分割として展開されました．

正五角形 ABCDE の1つの対角線 BE と頂点 A からできる二等辺三角形 $\triangle$ABE を考えます．頂点 A の外角の大きさは $\frac{1}{5} \times 360° = 72°$ となります．$\alpha = 36°$ とおけば

$$5\alpha = 180°, \quad \angle\text{ABE} = \angle\text{AEB} = \alpha, \quad \angle\text{BAE} = 3\alpha$$

対角線 AC が BE と交わる点を P とすれば

$$\angle\text{BAP} = \alpha, \quad \angle\text{APB} = 3\alpha$$

$\triangle$PAB は二等辺三角形となり，$\overline{\text{PA}} = \overline{\text{PB}}$，$\angle\text{APE} = \angle\text{PAE} = 2\alpha$．$\triangle$EAP は二等辺三角形となり，$\overline{\text{AE}} = \overline{\text{PE}}$．したがって，$\triangle$AEB，$\triangle$PAB は相似となり，$\overline{\text{EB}} : \overline{\text{AB}} = \overline{\text{AB}} : \overline{\text{PB}}$．

$a = \overline{\text{AB}} = \overline{\text{AE}}$，$x = \overline{\text{PA}} = \overline{\text{PB}}$ とおけば，

$$\overline{\text{EB}} = \overline{\text{PB}} + \overline{\text{PE}} = x + a$$

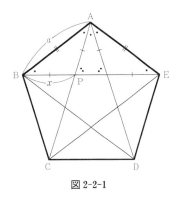

図 2-2-1

$$\frac{x+a}{a} = \frac{a}{x} \quad \Rightarrow \quad x^2 + ax - a^2 = 0 \quad \Rightarrow \quad x = \frac{\sqrt{5}-1}{2}a$$

このとき，線分 BP が線分 BE を黄金分割するといいます．バビロニアの数学者たちは，この五角星の性質を使って円に内接する正五角形の作図問題を解いたのです．

円に内接する正五角形の作図

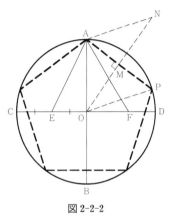

図 2-2-2

円 O の直交する 2 つの直径 AB, CD をとる．半径 CO の中点を E とし，E を中心として，半径 EA の円をえがき，半径 OD との交点を F とする．A を中心として，半径 AF の円をえがき，円 O との交点を P とすれば，AP は円 O に内接する正五角形の 1 辺となる．

証明 円 O の半径を 1 とする．

$$\overline{EO} = \frac{1}{2}, \quad \overline{EF} = \overline{EA} = \frac{\sqrt{5}}{2}, \quad \overline{OF} = \frac{\sqrt{5}-1}{2}$$

$$\overline{AP} = \overline{AF} = \sqrt{1 + \left(\frac{\sqrt{5}-1}{2}\right)^2} = \frac{\sqrt{10-2\sqrt{5}}}{2}$$

AP の中点を M とすれば，$\overline{AM} = \dfrac{1}{2}\overline{AP} = \dfrac{\sqrt{10-2\sqrt{5}}}{4}$.

$$\overline{OM} = \sqrt{\overline{OA}^2 - \overline{AM}^2}$$
$$= \sqrt{1 - \left(\frac{\sqrt{10-2\sqrt{5}}}{4}\right)^2} = \frac{\sqrt{6+2\sqrt{5}}}{4} = \frac{\sqrt{5}+1}{4}$$

OM を等しい長さだけ延長した点を N とすれば，△AON は二等辺三角形となる．

$$\overline{AO} = \overline{AN}, \quad \overline{ON} = 2\overline{OM} = \frac{\sqrt{5}+1}{2}$$

$$\overline{AO} : \overline{ON} = 1 : \frac{\sqrt{5}+1}{2} = \frac{2}{\sqrt{5}+1} = \frac{\sqrt{5}-1}{2}$$

$\overline{AO} : \overline{ON}$ は黄金分割となり，$\angle AOM = 36°$，$\angle AOP = 72°$. したがって，AP は円に内接する正五角形の 1 辺となる．

Q. E. D.

円に内接する正五角形のもう 1 つの作図法 円 O の直交する 2 つの直径 AB, CD をとる．半径 AO の中点を E とし，E を中心として半径 EC の円をえがき，半径 OA の A をこえ

た延長との交点をFとする．Fを中心として，半径 $\overline{OA}$ の円をえがき，円Oとの交点をPとし，FPの延長が円Oと交わる点をQとすれば，AQが円に内接する正五角形の1辺となる．

練習問題 上の正五角形の作図法は『図形を考える―幾何』にも出てきました．この作図法が正しいことを証明しなさい．

グノモンの定理

　二次方程式を図形的に解くバビロニア人の考え方は，ギリシアの数学者たちの手によって，華麗なグノモンの問題として展開されました．グノモンのギリシア語は Gnomon で，ノーモンとよみます．もともと事実を知るとか，観測するというような意味です．グノモンは，メソポタミア，エジプト，ギリシアで天体観測に使われた鍵（かぎ）の形をした柱を指し，古代世界の天文台として機能していました．古代中国では，圭表（けいひょう）とよんでいました．グノモンは，地上にまっすぐたてられた柱と，地上に水平におかれて目盛りをつけられた平盤とからなっていて，太陽の光の影をはかって，太陽の運行と地球の自転の間の関係をくわしくしらべることができるようになっています．古代エジプトの記念碑オベリスクはグノモンの柱として使われていたと考えられています．

　グノモンの定理はまた，第8章でお話しするように，円錐曲線の研究にとって重要な意味をもっています．第1節「バビロンの問題」でお話ししたことと重複しますが，ユークリッドの『原本』にもとづいてこの問題を考えてみましょう．つぎの命題は『原本』の代表的なグノモンの定理です．

グノモンの定理 与えられた線分を2つの点によって，それぞれ相等しい部分と相等しくない部分とに分けたとき，相等しくない線分を2辺とする長方形の面積と2つの区分点の間

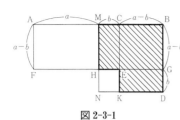

図 2-3-1

の線分上の正方形の面積との和は，最初の線分の半分の上の正方形の面積に等しい．

　与えられた線分 AB を 2 つの点 M, C によって，それぞれ相等しい部分と相等しくない部分とに分けます．$\overline{\text{AM}}=\overline{\text{BM}}$，$\overline{\text{AC}}>\overline{\text{BC}}$ とすれば，相等しくない線分を 2 辺とする長方形 □AFEC の面積は，線分 AB の半分 BM の上にたてた正方形 □MNDB から 2 つの区分点の間の線分上の正方形 □HNKE を取り除いたグノモン MHEKDBM の面積に等しい．

$$[\square \text{AFEC}] = [\text{グノモン MHEKDBM}]$$
$$= [\square \text{MNDB}] - [\square \text{HNKE}]$$

証明　この命題は，代数的にあらわすとつぎのようになります．

　$a=\overline{\text{AM}}=\overline{\text{BM}}$，$b=\overline{\text{MC}}$ とおけば

$$[\square \text{AFEC}] = (a+b)(a-b),$$
$$[\square \text{MNDB}] - [\square \text{HNKE}] = a^2-b^2$$

したがって，上の関係式は

$$(a+b)(a-b) = a^2-b^2$$

という因数分解の公式になるわけです．　　　　　Q. E. D.

グノモンの定理の応用

　ギリシアの数学者たちがグノモンの定理を考えたのは，第 1 節でお話ししたバビロンの問題を解くためでした．

バビロンの問題　与えられた 2 つの線分の長さ a, b が $a>2b$ のとき

$$ax-x^2 = b^2$$

をみたすような x の長さの線分を作図せよ．

　この問題は代数を使うとかんたんに解けることは前に説明した通りです．

$$x^2-ax+b^2 = 0$$
$$x = \frac{a}{2}+\sqrt{\left(\frac{a}{2}\right)^2-b^2} \quad \text{あるいは} \quad \frac{a}{2}-\sqrt{\left(\frac{a}{2}\right)^2-b^2}$$

　ギリシアの数学者たちはつぎの作図法を考え出しました．長さ a の線分 AB の中点を M とし，長さ b の線分 MP を線分 AB に垂直に立てます．

21 ページの練習問題の答え
円の半径を 1 とすれば，$\overline{\text{OF}}=\overline{\text{OE}}+\overline{\text{EF}}$
$=\dfrac{\sqrt{5}+1}{2}$，$\overline{\text{AF}}=\overline{\text{OF}}-\overline{\text{OA}}=\dfrac{\sqrt{5}-1}{2}$．

$$\overline{\text{OF}}:\overline{\text{PF}} = \frac{\sqrt{5}+1}{2},$$
$$\overline{\text{PF}}:\overline{\text{AF}} = 1:\frac{\sqrt{5}-1}{2}=\frac{\sqrt{5}+1}{2}$$
$$\Rightarrow \overline{\text{OF}}:\overline{\text{PF}}=\overline{\text{PF}}:\overline{\text{AF}}$$

したがって，$\triangle\text{OPF}\backsim\triangle\text{PAF}\Rightarrow\angle\text{APF}$
$=\angle\text{POF}=\angle\text{OFP}(=\alpha)$．

　$\angle\text{OPA}=\angle\text{OAP}=\angle\text{APF}+\angle\text{AFP}=$
$2\alpha\Rightarrow5\alpha=180°\Rightarrow\alpha=36°$．

　$\angle\text{OQP}=\angle\text{OPQ}=\angle\text{POF}+\angle\text{OFP}=$
$2\alpha\Rightarrow\angle\text{POQ}=180°-4\alpha=36°\Rightarrow\angle\text{AOQ}$
$=72°$．

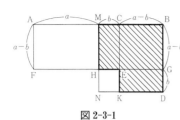

第 2 章　バビロンの問題とグノモンの定理

$$\overline{AB} = a, \qquad \overline{AM} = \overline{BM} = \frac{a}{2}, \qquad \overline{PM} = b$$

P を中心として半径 $\dfrac{a}{2}$ の円をえがき，線分 AB との交点を

C とすれば

$$x = \overline{AC} \quad あるいは \quad \overline{BC}$$

が求める長さです．作図法からすぐわかるように

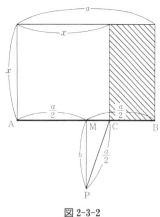

図 2-3-2

$$\overline{AC} = \overline{AM} + \overline{CM} = \frac{a}{2} + \sqrt{\left(\frac{a}{2}\right)^2 - b^2},$$

$$\overline{BC} = \overline{BM} - \overline{CM} = \frac{a}{2} - \sqrt{\left(\frac{a}{2}\right)^2 - b^2}$$

ユークリッドの『原本』では，グノモンの定理を使って証明しています．線分 AB 上に高さ $\overline{BC}$ の長方形 □AFGB をつくり，線分 BC の上に正方形 □CEGB をつくり，グノモンの定理を適用すると

$$[\square AFEC] = [\square MNDB] - [\square HNKE]$$

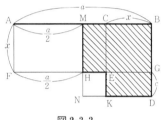

図 2-3-3

$x = \overline{BC}$（あるいは $x = \overline{AC}$）とおけば

$$[\square AFEC] = [\square AFGB] - [\square CEGB] = ax - x^2$$

$$[\square MNDB] - [\square HNKE] = \overline{MB}^2 - \overline{MC}^2$$

$$= \left(\frac{a}{2}\right)^2 - \left\{\left(\frac{a}{2}\right)^2 - b^2\right\} = b^2$$

ゆえに，

$$ax - x^2 = b^2 \qquad\qquad \text{Q. E. D.}$$

ここで，b を変数と考えて，y であらわすと

$$ax - x^2 = y^2$$

したがって，

$$\left(x - \frac{a}{2}\right)^2 + y^2 = \left(\frac{a}{2}\right)^2$$

これは円の方程式です．円については第 6 章でくわしくお話しします．

ユークリッドの『原本』に出てくるグノモンの定理を応用したもう 1 つの作図問題を取り上げましょう．

ユークリッドの問題 与えられた 2 つの線分の長さを a, b とするとき

$$ax + x^2 = b^2$$

をみたすような x の長さの線分を作図せよ.

この問題も代数を使うと, かんたんに解くことができます.

$$x^2 + ax - b^2 = 0$$

$$x = \sqrt{\left(\frac{a}{2}\right)^2 + b^2} - \frac{a}{2} \qquad [正根だけを考える]$$

ギリシアの数学者の作図法はつぎの通りです. 長さ a の線分 AB の中点を M とし, M で長さ b の線分 PM を垂直に立て, 線分 AP の長さを c とおくと

$$c = \overline{AP} = \sqrt{\left(\frac{a}{2}\right)^2 + b^2}$$

線分 AB の延長上に $\overline{MC} = c$ となるような点 C をとれば, $x = \overline{BC}$ が求める長さです. 作図法からすぐわかるように

$$x = \overline{BC} = \overline{MC} - \overline{MB} = c - \frac{a}{2} = \sqrt{\left(\frac{a}{2}\right)^2 + b^2} - \frac{a}{2}$$

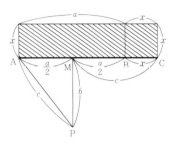

図 2-3-4

点 C が線分 AB を外分する場合にも, グノモンの定理が成り立ちます.

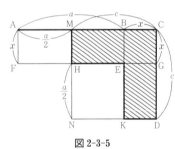

図 2-3-5

このことは, グノモンの定理を使うとつぎのように証明できます. 線分 AB 上に高さ $\overline{AF} = \overline{BC} = x$ の長方形 □AFEB をつくり, 線分 BC 上に正方形 □BEGC をつくります. 図 2-3-5 の場合にグノモンの定理を適用すれば

$$\square AFGC = \square MNDC - \square HNKE$$

$$\square AFGC = \square AFEB + \square BEGC = ax + x^2$$

$$\square MNDC - \square HNKE = \left\{\left(\frac{a}{2}\right)^2 + b^2\right\} - \left(\frac{a}{2}\right)^2 = b^2$$

ゆえに,

$$ax + x^2 = b^2 \qquad \text{Q. E. D.}$$

ここで, b を変数と考えて, y であらわすと

$$ax + x^2 = y^2$$

したがって,

$$\left(x + \frac{a}{2}\right)^2 - y^2 = \left(\frac{a}{2}\right)^2$$

これは双曲線の方程式です. 双曲線については第 7 章でくわしくお話しします.

問題1　正五角形の1辺が与えられているとき，正五角形を作図しなさい．

問題2　正五角形の1つの対角線が与えられているとき，正五角形を作図しなさい．

問題3　与えられた線分 AB 上に点 P をとって，AP を1辺とする正方形の面積が AB と PB を2辺とする長方形の面積の2倍になるようにしなさい．

問題4　a, b を与えられた正数とするとき，つぎの方程式をみたす正数 x を幾何学的方法によって求めなさい．

$$ax = b^2 \quad (a, b > 0)$$

問題5(バビロンの3大問題)　a, b, c を与えられた正数とするとき，つぎの二次方程式をみたす正数 x を幾何学的方法によって求めなさい．

（i）　$ax^2 - bx + c = 0$　　（$4ac < b^2$）

（ii）　$ax^2 + bx - c = 0$

（iii）　$ax^2 - bx - c = 0$

問題6(バビロニアの古い問題集からの難問)　ある数とその逆数の和が

$$2; 0, 0, 33, 20 = 2 + \frac{33}{60^3} + \frac{20}{60^4}$$

となるという．ある数を求めなさい．

第 3 章
複 素 数

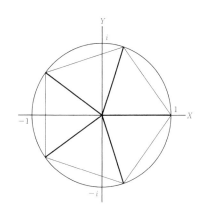

虚根を考える

　第1巻『方程式を解く―代数』で負数の考え方を説明しました．たとえば，-1 は $x+1=0$ という一次方程式の根として定義しました．負数の考え方を使うと，一次方程式 $x+a=0$ はかならず $x=-a$ という根をもちます．

　まったく同じようにして，虚数の考え方を使って二次方程式の根を求めることができます．虚数の単位 i は

$$x^2+1 = 0$$

という二次方程式の根として定義します．虚数の単位 $i=\sqrt{-1}$ は，-1 の平方根という意味です．

　虚数 i を使うと二次方程式

$$ax^2+bx+c = 0$$

は a, b, c がどんな値のときにも，かならず根をもちます．

　この虚数の単位 i を使って複素数 $a+bi$ を定義します．複素数の導入は，数学の全歴史のなかでも，特筆すべきことでした．はじめはなかなか受け入れられませんでしたが，複素数の考え方は，その後の数学の発展に重要な役割をはたすことになりました．この章では，虚数，複素数の考え方をお話しします．むずかしい考え方ですので，くり返し読んで，練習問題も自分でやるようにしてください．

1

虚数を考える

むずかしい二次方程式を解く

つぎの二次方程式を取り上げて，その根を求めてみましょう．

$$x^2 - 2x + 3 = 0$$

この方程式を解くために，まず，定数項 3 を右辺に移します．

$$x^2 - 2x = -3$$

この式の左辺を $(x-a)^2$ の形にするために，両辺に 1 を加えて

$$x^2 - 2x + 1 = -3 + 1$$
$$(x-1)^2 = -2$$

ところが，自乗して負数になるような数は存在しません．上の二次方程式の根は存在しないわけです．

上の二次方程式を根の公式を使って解いても，同じ結果が得られます．二次方程式の根の公式を上の方程式に適用します．

$$ax^2 + bx + c = 0, \qquad x = \frac{-b \pm \sqrt{b^2 - 4ac}}{2a}$$

$$x = \frac{2 \pm \sqrt{2^2 - 4 \times 1 \times 3}}{2 \times 1} = \frac{2 \pm \sqrt{-8}}{2} = 1 \pm \sqrt{-2}$$

しかし，この $\sqrt{-2}$ はじっさいには存在しません．

一般の形の二次方程式の根が存在するためには，判別式

$$D = b^2 - 4ac$$

が正あるいは 0 でなければなりませんでした．このことは，二次関数のグラフの谷底の値が

$$x = -\frac{b^2 - 4ac}{4a} = -\frac{D}{4a}$$

に等しいことからもたしかめることができました．〔ここでは，$a > 0$ の場合を考えています．$a < 0$ の場合には，二次関

数のグラフの山頂になります.]

ところで，二次方程式
$$x^2-2x+3=0$$
の場合，根の公式から求めた x の値
$$x = 1\pm\sqrt{-2}$$
をそのまま，上の二次方程式の左辺に代入してみましょう.
$$y = x^2-2x+3$$
とおけば
$$y = (1\pm\sqrt{-2})^2-2(1\pm\sqrt{-2})+3$$
ここで，$(\sqrt{-2})^2=-2$ として計算します.
$$y = (1\pm2\sqrt{-2}-2)-(2\pm2\sqrt{-2})+3 = 0$$
このようにして，$x=1\pm\sqrt{-2}$ が二次方程式
$$x^2-2x+3 = 0$$
の「根」だと考えることができるわけです.

練習問題　つぎの二次方程式を根の公式を形式的に適用して解きなさい.

(1)　$x^2+2x+3=0$　　(2)　$x^2-3x+6=0$

(3)　$x^2-x+1=0$　　(4)　$x^2+x+1=0$

(5)　$x^2+4x+64=0$　　(6)　$3x^2-6x+5=0$

虚数の導入

もっともかんたんな二次方程式について，上の問題を考えてみましょう.
$$x^2+1=0$$
この二次方程式を根の公式を使って解くと
$$x = \frac{0\pm\sqrt{0-4\times1\times1}}{2} = \pm\sqrt{-1}$$
ここで，かりに $\sqrt{-1}$ という「数」を考えることができるとして
$$(\pm\sqrt{-1})^2 = -1$$
という性質をみたすとします．したがって，$x=\pm\sqrt{-1}$ が二次方程式
$$x^2+1 = 0$$
の根だと考えてもいいわけです.

この $\sqrt{-1}$ を1つの「数」と考えて，$i=\sqrt{-1}$ という記号であらわすことにしましょう．この「数」i は，自乗すると -1 になります．

$$i^2 = (\sqrt{-1})^2 = -1$$

最初の二次方程式

$$x^2 - 2x + 3 = 0$$

の「根」は

$$x = 1 \pm \sqrt{-2} = 1 \pm \sqrt{2}\, i$$

となるわけです．

このように，$i^2 = -1$ という性質をもった「数」i を新しく導入して，ふつうの数と同じように取り扱うことにすれば，どんな二次方程式もかならず根をもつことになります．このような「数」i を使って得られる $3i$, $-5i$, あるいは $\sqrt{5}\, i$ などの「数」を虚数といいます．

虚数は，英語で Imaginary Number といいます．「想像上の数」という意味です．i は，その頭文字からとったものです．虚数の記号として i を使うことを最初に考え出したのは18世紀の大数学者オイラーでしたが，ひろく数学者の間で使われるようになったのは，もう1人の大数学者ガウスによるところが大きいといわれています．円周率をあらわす記号としてギリシア語の π をはじめてつかったのもオイラーでした．のちほどお話しする自然対数の底として e という記号を考え出したのもオイラーでした．また，和をあらわす記号に Σ を使ったり，関数をあらわすのに $f(x)$ という表現を使ったりするのも，オイラーにはじまります．

複素数の計算

29 ページの練習問題の答え

(1) $-1 \pm \sqrt{-2}$ (2) $\dfrac{3 \pm \sqrt{-15}}{2}$

(3) $\dfrac{1 \pm \sqrt{-3}}{2}$ (4) $\dfrac{-1 \pm \sqrt{-3}}{2}$

(5) $-2 \pm 2\sqrt{-15}$ (6) $\dfrac{3 \pm \sqrt{-6}}{3}$

虚数に対して，ふつうの数を実数といいます．実数は，英語の Real Number の訳語ですが，「現実に存在する数」という意味です．実数 a と b を使って

$$a + bi$$

のような「数」をつくります．これが複素数です．複素数は Complex Number の訳語ですが，「複合した数」という意味です．複素数の演算は，実数の場合とまったく同じルール

にしたがって計算することができます.

$$(3+5i)+(8-7i) = 11-2i,$$

$$(3+5i)-(8-7i) = -5+12i,$$

$$(3+5i)\times(8-7i)$$
$$= 3\times8+\{3\times(-7)+5\times8\}i+5\times(-7)\times i^2 = 59+19i$$

$$\left(\frac{1}{2}+\frac{\sqrt{3}}{2}i\right)+\left(\frac{1}{2}-\frac{\sqrt{3}}{2}i\right) = 1,$$

$$\left(\frac{1}{2}+\frac{\sqrt{3}}{2}i\right)-\left(\frac{1}{2}-\frac{\sqrt{3}}{2}i\right) = \sqrt{3}\,i,$$

$$\left(\frac{1}{2}+\frac{\sqrt{3}}{2}i\right)\times\left(\frac{1}{2}-\frac{\sqrt{3}}{2}i\right) = \left(\frac{1}{2}\right)^2-\left(\frac{\sqrt{3}}{2}i\right)^2$$

$$= \frac{1}{4}+\frac{3}{4} = 1$$

練習問題 つぎの2つの複素数の和, 差, 積を計算しなさい.

(1) $6+10i,\ -9+4i$ (2) $8+10i,\ -8-10i$

(3) $1+i,\ 1-i$ (4) $-1+i,\ -1-i$

(5) $\dfrac{\sqrt{2}}{2}+\dfrac{\sqrt{2}}{2}i,\ \dfrac{\sqrt{2}}{2}-\dfrac{\sqrt{2}}{2}i$

(6) $-\dfrac{1}{2}+\dfrac{\sqrt{3}}{2}i,\ -\dfrac{1}{2}-\dfrac{\sqrt{3}}{2}i$

複素数の割り算は, つぎのように考えます. まず, 与えられた複素数の逆数を計算することを考えます. たとえば, $z=4+3i$ の逆数を計算します.

$$\frac{1}{z} = \frac{1}{4+3i}$$

上の分数の分子, 分母に同じ複素数 $4-3i$ を掛けて

$$\frac{1}{z} = \frac{4-3i}{(4+3i)(4-3i)} = \frac{4-3i}{25} = \frac{4}{25}-\frac{3}{25}i$$

じじつ, $\left(\dfrac{4}{25}-\dfrac{3}{25}i\right)\times(4+3i) = \dfrac{4}{25}\times4+\dfrac{3}{25}\times3 = 1.$

もう1つ, 複素数の逆数の計算の例をあげておきましょう.

$$z = \frac{1}{2}-\frac{\sqrt{3}}{2}i$$

$$\frac{1}{z} = \frac{1}{\dfrac{1}{2} - \dfrac{\sqrt{3}}{2}i} = \frac{\dfrac{1}{2} + \dfrac{\sqrt{3}}{2}i}{\left(\dfrac{1}{2} - \dfrac{\sqrt{3}}{2}i\right)\left(\dfrac{1}{2} + \dfrac{\sqrt{3}}{2}i\right)}$$

$$= \frac{\dfrac{1}{2} + \dfrac{\sqrt{3}}{2}i}{\dfrac{1}{4} - \dfrac{3}{4}i^2} = \frac{1}{2} + \frac{\sqrt{3}}{2}i$$

じじつ,

$$\left(\frac{1}{2} - \frac{\sqrt{3}}{2}i\right) \times \left(\frac{1}{2} + \frac{\sqrt{3}}{2}i\right) = \left(\frac{1}{2}\right)^2 - \left(\frac{\sqrt{3}}{2}i\right)^2$$

$$= \frac{1}{4} + \frac{3}{4} = 1$$

複素数の一般の割り算も，つぎのように計算することができます．たとえば，つぎの分数を考えます．

（ⅰ） $\dfrac{2-7i}{4+3i}$ （ⅱ） $\dfrac{1+\sqrt{2}\,i}{1-\sqrt{3}\,i}$

（ⅰ） $\dfrac{2-7i}{4+3i} = \dfrac{(2-7i)(4-3i)}{(4+3i)(4-3i)} = \dfrac{-13-34i}{25} = -\dfrac{13}{25} - \dfrac{34}{25}i$

じじつ, $\left(-\dfrac{13}{25} - \dfrac{34}{25}i\right) \times (4+3i) = 2-7i.$

（ⅱ） $\dfrac{1+\sqrt{2}\,i}{1-\sqrt{3}\,i} = \dfrac{(1+\sqrt{2}\,i)(1+\sqrt{3}\,i)}{(1-\sqrt{3}\,i)(1+\sqrt{3}\,i)}$

$$= \frac{(1-\sqrt{6}) + (\sqrt{2}+\sqrt{3})i}{1-3i^2}$$

$$= -\frac{\sqrt{6}-1}{4} + \frac{\sqrt{2}+\sqrt{3}}{4}i$$

じじつ, $\left(-\dfrac{\sqrt{6}-1}{4} + \dfrac{\sqrt{2}+\sqrt{3}}{4}i\right)(1-\sqrt{3}\,i) = 1+\sqrt{2}\,i.$

練習問題 つぎの分数の形をした複素数の値を計算しなさい．

(1) $\dfrac{1-i}{1+i}$ (2) $\dfrac{8+5i}{-7+3i}$ (3) $\dfrac{3-5i}{3+5i}$

(4) $\dfrac{8+5i}{9+2i}$ (5) $\dfrac{1}{\dfrac{\sqrt{2}}{2} + \dfrac{\sqrt{2}}{2}i}$ (6) $\dfrac{1}{\dfrac{\sqrt{3}}{2} - \dfrac{1}{2}i}$

31 ページの練習問題の答え
(1) $-3+14i$, $15+6i$, $-94-66i$
(2) 0, $16+20i$, $36-160i$
(3) 2, $2i$, 2 (4) -2, $2i$, 2
(5) $\sqrt{2}$, $\sqrt{2}\,i$, 1
(6) -1, $\sqrt{3}\,i$, 1

複素数の共役数

複素数 $4-3i$ を $z=4+3i$ の共役数(きょうやくすう)といい，$\bar{z}$ という記号であらわします．

$$z = 4+3i, \quad \bar{z} = 4-3i$$
$$z\bar{z} = (4+3i)(4-3i) = 4^2+3^2 = 25$$

たとえば，

$$z = \frac{1}{2}+\frac{\sqrt{3}}{2}i, \quad \bar{z} = \frac{1}{2}-\frac{\sqrt{3}}{2}i$$
$$z\bar{z} = \left(\frac{1}{2}+\frac{\sqrt{3}}{2}i\right)\left(\frac{1}{2}-\frac{\sqrt{3}}{2}i\right) = \frac{1}{4}+\frac{3}{4} = 1$$

一般の複素数についても，同じように計算できます．

$$z = a+bi, \quad \bar{z} = a-bi$$
$$z\bar{z} = (a+bi)(a-bi) = a^2-b^2i^2 = a^2+b^2$$

練習問題　つぎの複素数とその共役数との和，差，積，商を計算しなさい．

(1)　$6+10i$　(2)　$8-10i$　(3)　$1+i$

(4)　$-1+i$　(5)　$-\frac{\sqrt{2}}{2}-\frac{\sqrt{2}}{2}i$　(6)　$\frac{1}{2}+\frac{\sqrt{3}}{2}i$

ガウス平面

複素数をあらわすのに，たいへん便利な方法があります．ガウス平面の考え方です．複素数 $z=x+iy$ を (X, Y) 平面上の点 $\mathrm{P}=(x, y)$ であらわします．この (X, Y) 平面をガウス平面といいます．図 3-1-1 には 4 つの複素数が例示されています．

$\mathrm{A} = 2+4i, \quad \mathrm{B} = -4+2i, \quad \mathrm{C} = -2-3i, \quad \mathrm{D} = 3-4i$

ガウス平面では，共役数は，X 軸について鏡像をとった点としてあらわされます．

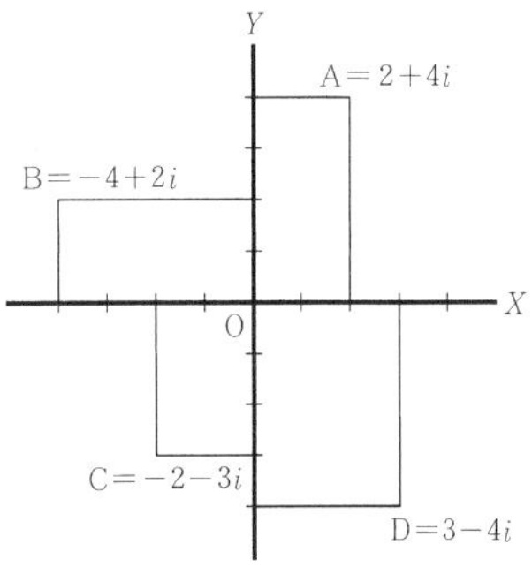

図 3-1-1

練習問題　つぎの各複素数とその共役数をガウス平面の上に示しなさい．

(1)　$6+10i, \ -9+4i$　(2)　$8-10i, \ -8-10i$

(3) $1+i,\ 1-i$　　　　　(4) $-1+i,\ -1-i$

(5) $\dfrac{\sqrt{2}}{2}+\dfrac{\sqrt{2}}{2}i,\ \dfrac{\sqrt{2}}{2}-\dfrac{\sqrt{2}}{2}i$　　　(6) $\dfrac{1}{2}+\dfrac{\sqrt{3}}{2}i,\ \dfrac{1}{2}-\dfrac{\sqrt{3}}{2}i$

答え　略

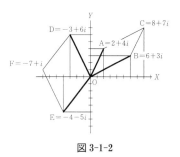

図 3-1-2

2 つの複素数の和，差は，ガウス平面であらわすことができます．たとえば

$$(2+4i)+(6+3i)=8+7i$$

は，つぎのようにあらわします．

$$A=2+4i,\qquad B=6+3i$$

とし，OA, OB を 2 辺とする平行四辺形 □AOBC をつくります．このとき

$$C=8+7i=(2+4i)+(6+3i)$$

同じように，$(-3+6i)+(-4-5i)=-7+i$

$$D=-3+6i,\qquad E=-4-5i$$

とし，OD, OE を 2 辺とする平行四辺形 □DOEF をつくれば

$$F=-7+i=(-3+6i)+(-4-5i)$$

差の場合には，

$$(2+4i)-(6+3i)=(2+4i)+\{-(6+3i)\}$$

のように考えれば，和と同じように考えることができます．

練習問題　つぎの 2 つの複素数の和，差の計算をガウス平面上であらわしなさい．

(1) $6+10i,\ -9+4i$　　　　　(2) $8-10i,\ -8-10i$

(3) $1+i,\ 1-i$　　　　　(4) $-1+i,\ -1-i$

(5) $\dfrac{\sqrt{2}}{2}+\dfrac{\sqrt{2}}{2}i,\ \dfrac{\sqrt{2}}{2}-\dfrac{\sqrt{2}}{2}i$　　　(6) $\dfrac{1}{2}+\dfrac{\sqrt{3}}{2}i,\ \dfrac{1}{2}-\dfrac{\sqrt{3}}{2}i$

32 ページの練習問題の答え

(1) $-i$　　(2) $-\dfrac{41}{58}-\dfrac{59}{58}i$

(3) $-\dfrac{8}{17}-\dfrac{15}{17}i$　　(4) $\dfrac{82}{85}+\dfrac{29}{85}i$

(5) $\dfrac{\sqrt{2}}{2}-\dfrac{\sqrt{2}}{2}i$　　(6) $\dfrac{\sqrt{3}}{2}+\dfrac{1}{2}i$

複素数の絶対値

33 ページの練習問題（上）の答え

(1) $12,\ 20i,\ 136,\ -\dfrac{8}{17}+\dfrac{15}{17}i$

(2) $16,\ -20i,\ 164,\ -\dfrac{9}{41}-\dfrac{40}{41}i$

(3) $2,\ 2i,\ 2,\ i$　　(4) $-2,\ 2i,\ 2,$
$-i$　　(5) $-\sqrt{2},\ -\sqrt{2}i,\ 1,\ i$

(6) $1,\ \sqrt{3}i,\ 1,\ -\dfrac{1}{2}+\dfrac{\sqrt{3}}{2}i$

複素数 $z=x+iy$ をガウス平面上の点 $\mathrm{P}=(x,y)$ であらわしたとき，原点 O と P の距離を複素数 z の絶対値といい，$|z|$ であらわします．ピタゴラスの定理によって

$$|z|=\sqrt{x^2+y^2}$$

さきに計算したように，複素数 z とその共役数 $\bar{z}$ の積は

$$z\bar{z}=(x+iy)(x-iy)=x^2-i^2y^2=x^2+y^2=|z|^2$$

$$|z| = \sqrt{x^2 + y^2} = \sqrt{z\bar{z}}$$

練習問題 つぎのの複素数の絶対値を計算しなさい.

(1) $6+10i$ (2) $-9+4i$

(3) $\sqrt{6}+\sqrt{5}\,i$ (4) $-5\sqrt{6}+3\sqrt{5}\,i$

(5) $\dfrac{1}{2}+\dfrac{\sqrt{3}}{2}i$ (6) $-\dfrac{\sqrt{2}}{2}+\dfrac{\sqrt{2}}{2}i$

  複素数 z の絶対値 $|z|$ はつぎの性質をもっています.

（ⅰ） $|\lambda z| = |\lambda||z|$ （λ は任意の実数）

（ⅱ） $|z_1+z_2| \leqq |z_1|+|z_2|$

（ⅲ） $|z_1 z_2| = |z_1||z_2|$

（ⅳ） $\left|\dfrac{z_1}{z_2}\right| = \dfrac{|z_1|}{|z_2|}$ （$z_2 \neq 0$）

証明 (ⅰ)は明らか.

  (ⅱ)はガウス平面上の原点 O と $z_1=x_1+iy_1$, $z_2=x_2+iy_2$ に対応する点を頂点とする三角形を考えればすぐわかります. 念のため，代数的な証明を与えておきます.

  (ⅱ)の不等式の両辺を自乗すれば

$$|z_1+z_2|^2 \leqq (|z_1|+|z_2|)^2 = |z_1|^2 + 2|z_1||z_2| + |z_2|^2$$
$$(x_1+x_2)^2 + (y_1+y_2)^2$$
$$\leqq (x_1^2+y_1^2) + 2\sqrt{x_1^2+y_1^2}\sqrt{x_2^2+y_2^2} + (x_2^2+y_2^2)$$
$$(x_1^2+2x_1x_2+x_2^2) + (y_1^2+2y_1y_2+y_2^2)$$
$$\leqq x_1^2+y_1^2 + 2\sqrt{x_1^2+y_1^2}\sqrt{x_2^2+y_2^2} + x_2^2+y_2^2$$
$$x_1x_2+y_1y_2 \leqq \sqrt{x_1^2+y_1^2}\sqrt{x_2^2+y_2^2}$$

この不等式を証明するには，両辺を自乗して得られる不等式を証明すればよい(左辺が負のときは，明らか).

$$(x_1x_2+y_1y_2)^2 \leqq (x_1^2+y_1^2)(x_2^2+y_2^2)$$
$$x_1^2x_2^2 + 2x_1x_2y_1y_2 + y_1^2y_2^2 \leqq x_1^2x_2^2 + x_1^2y_2^2 + y_1^2x_2^2 + y_1^2y_2^2$$
$$2x_1x_2y_1y_2 \leqq x_1^2y_2^2 + y_1^2x_2^2$$

この不等式が成立することはつぎの関係式からただちにわかります.

$$x_1^2y_2^2 + y_1^2x_2^2 - 2x_1x_2y_1y_2 = (x_1y_2-y_1x_2)^2 \geqq 0$$

  (ⅲ)を証明するためにつぎの計算をします.

$$z_1z_2 = (x_1+iy_1)(x_2+iy_2) = x_1x_2-y_1y_2 + i(x_1y_2+y_1x_2)$$
$$|z_1z_2|^2 = (x_1x_2-y_1y_2)^2 + (x_1y_2+y_1x_2)^2$$

$$= (x_1^2 x_2^2 - 2x_1 x_2 y_1 y_2 + y_1^2 y_2^2) + (x_1^2 y_2^2 + 2x_1 y_2 y_1 x_2 + y_1^2 x_2^2)$$
$$= x_1^2 x_2^2 + y_1^2 y_2^2 + x_1^2 y_2^2 + y_1^2 x_2^2 = (x_1^2 + y_1^2)(x_2^2 + y_2^2),$$
$$|z_1|^2 |z_2|^2 = (x_1^2 + y_1^2)(x_2^2 + y_2^2)$$

ゆえに,
$$|z_1 z_2|^2 = |z_1|^2 |z_2|^2$$

この性質(iii)は, つぎのようにしても証明できます.
$$|z_1|^2 = z_1 \overline{z_1}, \qquad |z_2|^2 = z_2 \overline{z_2}$$

$$|z_1|^2 \times |z_2|^2 = z_1 \overline{z_1} \times z_2 \overline{z_2} = z_1 z_2 \times \overline{z_1 z_2} = |z_1 z_2|^2$$

(iv)はつぎの関係式に注目します.

$\overline{z_1} \times \overline{z_2} = \overline{z_1 z_2}$ です.

$$\frac{z_1}{z_2} \times z_2 = z_1 \quad \Rightarrow \quad \left| \frac{z_1}{z_2} \times z_2 \right| = \left| \frac{z_1}{z_2} \right| \times |z_2| = |z_1|$$

$$\Rightarrow \quad \left| \frac{z_1}{z_2} \right| = \frac{|z_1|}{|z_2|} \qquad \qquad \text{Q. E. D.}$$

練習問題 つぎの複素数の場合について, 上の3つの関係式 (ii), (iii), (vi)が成り立つことをじっさいに計算してたしかめなさい.

(1) $6 + 10i, \ -9 + 4i$ (2) $8 - 10i, \ -8 - 10i$

(3) $1 + i, \ 1 - i$ (4) $-1 + i, \ -1 - i$

(5) $\dfrac{\sqrt{2}}{2} + \dfrac{\sqrt{2}}{2}i, \ \dfrac{\sqrt{2}}{2} - \dfrac{\sqrt{2}}{2}i$ (6) $\dfrac{1}{2} + \dfrac{\sqrt{3}}{2}i, \ \dfrac{1}{2} - \dfrac{\sqrt{3}}{2}i$

答え 略

複素数を使って円をあらわす

ガウス平面上の点 $P = (x, y)$ と原点 O との距離は, 複素数 $z = x + iy$ の絶対値 $|z|$ であらわされることをみました.
$$|z| = \sqrt{x^2 + y^2} = \sqrt{z \overline{z}}$$
ここで, $z\overline{z} = (x + iy)(x - iy) = x^2 + y^2$. したがって, 原点 O を中心とする半径 r の円は, つぎの方程式によってあらわせることがわかります.
$$z \overline{z} = r^2 \quad \text{あるいは} \quad x^2 + y^2 = r^2$$
一般に, ガウス平面上の点 $P = (a, b)$ を中心とする半径 r の円の方程式は
$$(x - a)^2 + (y - b)^2 = r^2$$
となるわけです. 複素数を使えば, つぎのようにあらわせます. 複素数 $c = a + ib$ を中心とする半径 r の円の方程式は

34 ページの練習問題の答え
(1) $-3 + 14i, \ 15 + 6i$
(2) $-20i, \ 16$ (3) $2, \ 2i$
(4) $-2, \ 2i$ (5) $\sqrt{2}, \ \sqrt{2}i$
(6) $1, \ \sqrt{3}i$

35 ページの練習問題の答え
(1) $2\sqrt{34}$ (2) $\sqrt{97}$ (3) $\sqrt{11}$
(4) $\sqrt{195}$ (5) 1 (6) 1

$$(z-c)(\bar{z}-\bar{c}) = r^2$$

$\overline{z-c} = \bar{z}-\bar{c}$ です.

複素数を使って幾何の問題を解く

　平面上の図形は一般に，複素数を使ってあらわすことができます．また，幾何の問題も，複素数を使うとかんたんに解けることがあります．この点について，くわしいことは第4巻『図形を変換する―線形代数』でお話しすることにして，ここでは，かんたんな例題をいくつかあげておくにとどめます．

　例題に入る前に，複素数と図形の関係について，少し準備をしておきます．

　ガウス平面上に点 A, B があり，それぞれの点をあらわす複素数が a, b だとします．このとき，線分 AB の長さはどのようにあらわされるのでしょうか．まず，$b-a$ がこの平面でどのようにあらわされるのかを考えます．$b-a = b + (-a)$ なので，図 3-1-3 のように，点 A の O にかんして対称な点 $A' = -a$ を求め，OB と OA' を隣り合う 2 辺とする平行四辺形 □OA'PB をつくれば，O と P をむすぶ線分 OP の端の点 P が $b-a$ をあらわす点になります．線分 OP は，線分 AB を点 A が原点 O に重なるように平行移動したと考えてもかまいません．□AOPB は平行四辺形ですから，

$$\overline{AB} = \overline{OP} = |b-a|$$

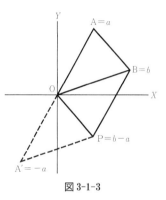

図 3-1-3

　つぎに，図 3-1-4 のように，ガウス平面上に 2 つの線分 AB, CD があり，点 A, B, C, D をあらわす複素数が a, b, c, d だとします．このとき，さきほどと同じように作図すれば，$b-a$ は OP の端の点 P で，$d-c$ は線分 OQ の端の点 Q であらわされます．この図からあきらかなように，線分 OP と OQ はそれぞれ線分 AB と CD を平行移動したものなので，線分 OP と OQ のなす角は線分 AB と CD がなす角に等しくなっています．ですから，もし OP と OQ が重なるとき，すなわち，

$$b-a = 実数 \times (d-c)$$

となるときは，線分 AB と線分 CD は平行になります．もちろん，この逆も成り立ちます．

　また，線分 AB の中点は次の式であらわされます．

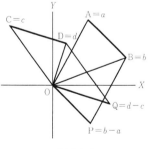

図 3-1-4

$$\frac{a+b}{2}$$

これは，平行四辺形の性質からあきらかでしょう．

例題1　三角形 △ABC の2辺の和は他の1辺より長い．
$$\overline{AB}+\overline{BC} > \overline{AC}$$

証明　△ABC の3つの頂点 A, B, C を複素数 a, b, c であらわすと
$$\overline{AB} = |b-a|, \qquad \overline{BC} = |c-b|, \qquad \overline{AC} = |c-a|$$
したがって，つぎの不等式をしめせばよいことになります．
$$|b-a|+|c-b| > |c-a|$$
$z_1 = b-a, \ z_2 = c-b$ とおけば
$$|z_1|+|z_2| > |z_1+z_2|$$
これは，前に証明した複素数の基本的関係そのものです．

Q. E. D.

例題2　三角形 △ABC の辺 AB, AC の中点 D, E をむすぶ線分 DE は底辺 BC に平行となり，その長さは BC の長さの半分となる．

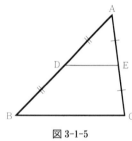

図 3-1-5

証明　A, B, C, D, E を複素数 a, b, c, d, e であらわすと
$$d = \frac{a+b}{2}, \qquad e = \frac{a+c}{2}$$
$$e-d = \frac{a+c}{2} - \frac{a+b}{2} = \frac{c-b}{2}$$

すなわち，DE は BC に平行で，その長さは BC の長さの半分になります．

Q. E. D.

例題3　平行四辺形 □ABCD の2組の対辺 AB と DC，AD と BC の長さはそれぞれ等しい．
$$\overline{AB} = \overline{DC}, \qquad \overline{AD} = \overline{BC}$$

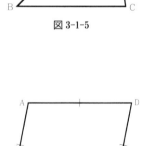

図 3-1-6

証明　A, B, C, D を複素数 a, b, c, d であらわし，$b-a=u,$ $d-a=v$ とおくと
$$b-a = u, \qquad d-a = v, \qquad c-d = tu, \qquad c-b = sv$$
(t, s は実数)

$$(b-a)-(d-a)-(c-d)+(c-b) = u-v-tu+sv$$
$$(1-t)u-(1-s)v = 0$$
これは $1-t=0,$ $1-s=0$ のときだけ成り立つから，
$$t = s = 1$$

$$b-a = c-d, \ d-a = c-b \quad \Rightarrow \quad \overline{\mathrm{AB}} = \overline{\mathrm{DC}}, \ \overline{\mathrm{AD}} = \overline{\mathrm{BC}}$$

Q. E. D.

例題 4 2つの複素数 x, y について
$$|x+y|^2 + |x-y|^2 = 2(|x|^2 + |y|^2)$$
この関係式を使って三角形にかんするつぎのパッポスの中線定理を証明せよ.

任意に与えられた三角形 $\triangle$ABC の辺 BC の中点を M とすれば
$$\overline{\mathrm{AB}}^2 + \overline{\mathrm{AC}}^2 = 2(\overline{\mathrm{AM}}^2 + \overline{\mathrm{BM}}^2)$$

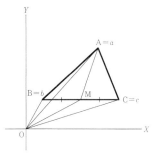

図 3-1-7

証明 $|x+y|^2 = (x+y)(\bar{x}+\bar{y}) = x\bar{x} + x\bar{y} + y\bar{x} + y\bar{y}$

$|x-y|^2 = (x-y)(\bar{x}-\bar{y}) = x\bar{x} - x\bar{y} - y\bar{x} + y\bar{y}$

$|x+y|^2 + |x-y|^2 = 2(x\bar{x} + y\bar{y}) = 2(|x|^2 + |y|^2)$

$\triangle$ABC の 3 つの頂点 A, B, C のガウス平面での複素数による表現を a, b, c とすれば
$$\overline{\mathrm{AB}} = |b-a|, \quad \overline{\mathrm{AC}} = |c-a|$$

底辺 BC の中点 M は $\dfrac{b+c}{2}$ となるから

$$\overline{\mathrm{AM}} = \left|\frac{b+c}{2} - a\right|, \quad \overline{\mathrm{BM}} = \left|\frac{b+c}{2} - b\right| = \left|-\frac{b-c}{2}\right|$$

$x = \dfrac{b+c}{2} - a, \ y = -\dfrac{b-c}{2}$ とおけば,

$$x+y = c-a, \quad x-y = b-a$$
$$\overline{\mathrm{AB}}^2 + \overline{\mathrm{AC}}^2 = |b-a|^2 + |c-a|^2 = |x-y|^2 + |x+y|^2$$
$$\overline{\mathrm{AM}}^2 + \overline{\mathrm{BM}}^2 = \left|\frac{b+c}{2} - a\right|^2 + \left|-\frac{b-c}{2}\right|^2 = |x|^2 + |y|^2$$

ゆえに,
$$\overline{\mathrm{AB}}^2 + \overline{\mathrm{AC}}^2 = 2(\overline{\mathrm{AM}}^2 + \overline{\mathrm{BM}}^2) \qquad \text{Q. E. D.}$$

例題 5 ガウス平面上の三角形 $\triangle$ABC が正三角形となるための必要, 十分な条件はつぎの関係式が成立することである.
$$a^2 + b^2 + c^2 - bc - ca - ab = 0$$
[ここで, a, b, c は A, B, C に対応する複素数とする.]

証明 まず, $\triangle$ABC の外心 O を原点とし, 半径が 1 の場合を取り上げます.
$$a\bar{a} = b\bar{b} = c\bar{c} = 1$$
$\triangle$ABC が正三角形とすれば
$$(b-c)(\bar{b}-\bar{c}) = (c-a)(\bar{c}-\bar{a}) = (a-b)(\bar{a}-\bar{b})$$

$$(b-c)\left(\frac{1}{b}-\frac{1}{c}\right) = (c-a)\left(\frac{1}{c}-\frac{1}{a}\right) = (a-b)\left(\frac{1}{a}-\frac{1}{b}\right)$$

$$a(b-c)^2 = b(c-a)^2 = c(a-b)^2$$

$$a(b-c)^2 = b(c-a)^2 \quad \Rightarrow \quad ab^2 + ac^2 - bc^2 - ba^2 = 0$$

$$\Rightarrow \quad c^2 - ab = 0$$

同じように, $a^2 - bc = 0$, $b^2 - ca = 0$. したがって,

$$a^2 + b^2 + c^2 - bc - ca - ab = 0$$

一般の場合は, つぎの等式に注目すればよい.

$x = ta + p$, $y = tb + p$, $z = tc + p$ (t は実数)のとき

$$x^2 + y^2 + z^2 - yz - zx - xy = t^2(a^2 + b^2 + c^2 - bc - ca - ab)$$

Q. E. D.

例題6 与えられた円 O の外にある定点 A から円 O に引いた任意の割線 APQ によってつくられる円 O の弦 PQ の中点 R の軌跡を求めよ.

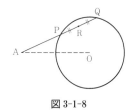

図 3-1-8

解答 円 O の中心を原点とし, 半径が 1 となるようにガウス平面をとれば, 円 O の方程式は, $z\bar{z}=1$. A に対応する複素数を a とすれば, $a\bar{a}>1$. A を通る任意の直線は, $a+tu$ (u は絶対値 1 の任意の複素数, すなわち $u\bar{u}=1$, t は任意の実数)とあらわせる. P, Q に対応する複素数を p, q とおけば,

$$p\bar{p} = q\bar{q} = 1, \qquad p = a + t_1 u, \qquad q = a + t_2 u$$

(t_1, t_2 は実数)

ここで, t_1, t_2 はつぎの方程式の根となります.

$$(a+tu)(\bar{a}+t\bar{u}) = 1$$

$$t^2 + (a\bar{u}+\bar{a}u)t + a\bar{a} - 1 = 0$$

根と係数の関係によって, $t_1 + t_2 = -(a\bar{u}+\bar{a}u)$. PQ の中点 R に対応する複素数を z とおけば,

$$z = \frac{p+q}{2} = a + \frac{t_1+t_2}{2}u$$

$$\left(z-\frac{a}{2}\right)\left(\bar{z}-\frac{\bar{a}}{2}\right) = \left(\frac{a}{2}+\frac{t_1+t_2}{2}u\right)\left(\frac{\bar{a}}{2}+\frac{t_1+t_2}{2}\bar{u}\right)$$

$$= \frac{a\bar{a}}{4} + \frac{t_1+t_2}{4}(a\bar{u}+\bar{a}u) + \left(\frac{t_1+t_2}{2}\right)^2 u\bar{u}$$

$$= \frac{a\bar{a}}{4} - \left(\frac{t_1+t_2}{2}\right)^2 + \left(\frac{t_1+t_2}{2}\right)^2 = \frac{a\bar{a}}{4}$$

$$\left(z-\frac{a}{2}\right)\left(\bar{z}-\frac{\bar{a}}{2}\right) = \frac{a\bar{a}}{4}$$

求める軌跡は線分 AO の中点 $\dfrac{a}{2}$ を中心として，半径 $\dfrac{1}{2}\overline{\mathrm{AO}}$

$=\dfrac{\sqrt{a\bar{a}}}{2}$ の円の円 O 内にある部分です．

練習問題

(1) 三角形 △ABC のなかの任意の点 P について
$$\overline{\mathrm{PA}}+\overline{\mathrm{PB}}+\overline{\mathrm{PC}} < \overline{\mathrm{BC}}+\overline{\mathrm{CA}}+\overline{\mathrm{AB}}$$

(2) 平行四辺形 □ABCD の 2 つの対角線 AC, BD の交点 E は，各対角線の中点となる．

(3)（アポロニウスの円） ガウス平面上の与えられた 2 つの定点 A, B との間の距離 $\overline{\mathrm{PA}}, \overline{\mathrm{PB}}$ の間に，$\overline{\mathrm{PA}}=2\overline{\mathrm{PB}}$ という関係が成り立つような点 P の軌跡を求めよ．

(4) 2 つの定点 A, B に対して，$\overline{\mathrm{PA}}^2+\overline{\mathrm{PB}}^2=$ 一定 (k) となるような点 P の軌跡を求めよ．

ヒント
(1) 線分 BP の延長が辺 AC と交わる点を D とし，△ABD, △DBC を考える．
(2) 対角線 AC, BD の交点 E を原点とするガウス平面を考えればよい．
(3) A を原点，直線 AB を X 軸にとり，B の複素数を $a>0$ とする．P の複素数を z とおけば，$\overline{\mathrm{PA}}=2\overline{\mathrm{PB}} \Rightarrow \left| z-\dfrac{4}{3}a \right| = \dfrac{2}{3}a$．求める軌跡は $\dfrac{4}{3}a$ を中心とする半径 $\dfrac{2}{3}a$ の円となる．
(4) AB の中点 O を原点，直線 AB を X 軸にとり，A の複素数を a，P の複素数を z とおけば，パッポスの中線定理より $\overline{\mathrm{PA}}^2+\overline{\mathrm{PB}}^2=2(z\bar{z}+a^2) \Rightarrow |z|^2 = \dfrac{k}{2}-a^2$．求める軌跡は，O を中心とする半径 $\sqrt{\dfrac{k}{2}-a^2}$ の円となる．

複素数の平方根

虚数の平方根

虚数 i は，-1 の平方根として定義されました．
$$i^2 = -1$$
この虚数 i を使って，複素数 $z=x+iy$ という新しい「数」を考えることができるようになったわけです．

複素数を使うと，どんな二次方程式でも解くことができます．二次方程式
$$ax^2+bx+c=0$$
$$x = \frac{-b\pm\sqrt{b^2-4ac}}{2a}$$

$D=b^2-4ac<0$ のときには，$x=\dfrac{-b\pm\sqrt{4ac-b^2}\,i}{2a}$．

虚数 i の平方根

　ところで，-1 の平方根として虚数 i を導入したように，虚数 i の平方根を新しい「数」と考えられないのでしょうか．つまり

　(1) $$z^2 = i$$

という方程式の根 z を新しい「数」としようというわけです．

　いま

$$z = x + iy \quad (x, y \text{ は実数})$$

とおいて，上の方程式(1)に代入すれば

$$(x + iy)^2 = i \;\Rightarrow\; x^2 - y^2 + 2ixy = i$$

両辺の実数部分と虚数部分をそれぞれくらべて

$$x^2 - y^2 = 0, \quad 2xy = 1$$

$$x^2 - y^2 = 0 \;\Rightarrow\; x^2 - y^2 = (x - y)(x + y) = 0$$

$$\Rightarrow\; y = x \quad \text{または} \quad y = -x$$

$y = x$ のとき，$2xy = 1 \Rightarrow x^2 = \dfrac{1}{2} \Rightarrow x = \pm\dfrac{\sqrt{2}}{2}$.

$y = -x$ のとき，$2xy = 1 \Rightarrow x^2 = -\dfrac{1}{2} \Rightarrow x$ は実数と仮定したから，矛盾する．

　ゆえに，

$$z = \frac{\sqrt{2}}{2} + \frac{\sqrt{2}}{2}i \quad \text{あるいは} \quad -\frac{\sqrt{2}}{2} - \frac{\sqrt{2}}{2}i$$

この 2 つの複素数が方程式(1)の根となっていることは，かんたんな計算によってたしかめられます．

$$\left(\frac{\sqrt{2}}{2} + \frac{\sqrt{2}}{2}i\right)^2 = \left(-\frac{\sqrt{2}}{2} - \frac{\sqrt{2}}{2}i\right)^2 = \frac{1}{2} + i + \frac{1}{2}i^2 = i$$

当然のことですが，上の z の値について

$$\left(\frac{\sqrt{2}}{2} + \frac{\sqrt{2}}{2}i\right)^4 = \left(-\frac{\sqrt{2}}{2} - \frac{\sqrt{2}}{2}i\right)^4 = -1$$

つまり，$\dfrac{\sqrt{2}}{2} + \dfrac{\sqrt{2}}{2}i$，$-\dfrac{\sqrt{2}}{2} - \dfrac{\sqrt{2}}{2}i$ はともに -1 の 4 乗根となっています．

　同じように，$z^2 = -i$ という方程式の根を計算すると，つ

ぎのようになります.
$$z = -\frac{\sqrt{2}}{2} + \frac{\sqrt{2}}{2}i \quad \text{あるいは} \quad \frac{\sqrt{2}}{2} - \frac{\sqrt{2}}{2}i$$
これらも -1 の 4 乗根となります.

したがって,上の 4 つの複素数
$$\frac{\sqrt{2}}{2} + \frac{\sqrt{2}}{2}i, \quad -\frac{\sqrt{2}}{2} - \frac{\sqrt{2}}{2}i, \quad -\frac{\sqrt{2}}{2} + \frac{\sqrt{2}}{2}i, \quad \frac{\sqrt{2}}{2} - \frac{\sqrt{2}}{2}i$$
はいずれも,1 の 8 乗根となっています
$$z^8 = (z^4)^2 = (-1)^2 = 1$$
だからです.

ガウス平面上の単位円

これまで計算してきた $z^2 = i$,あるいは $z^2 = -i$ の 4 つの根
$$\frac{\sqrt{2}}{2} + \frac{\sqrt{2}}{2}i, \quad -\frac{\sqrt{2}}{2} - \frac{\sqrt{2}}{2}i, \quad -\frac{\sqrt{2}}{2} + \frac{\sqrt{2}}{2}i, \quad \frac{\sqrt{2}}{2} - \frac{\sqrt{2}}{2}i$$
をガウス平面の上にあらわしてみましょう.

これらの 4 つの複素数はいずれも,ガウス平面で,原点 O $= (0, 0)$ を中心とする半径 1 の円の上にあります.この円を単位円といいます.上の各複素数 z の絶対値をとると
$$|z|^2 = |i| = |-i| = 1 \quad \Rightarrow \quad |z| = 1$$
となるからです.

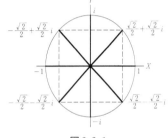

図 3-2-1

上の 4 つの複素数はいずれも単位円の上にあって,原点 O $= (0, 0)$ を中心として,X 軸上の点 $(1, 0)$ を正の方向に(時計の針の動きと反対の方向に)
$$45°, \quad 225°, \quad 135°, \quad 315°$$
だけ回転した点となっています.これらの角度は,ラジアンを単位とすると,つぎのようにあらわすことができます.
$$\frac{\pi}{4}, \quad \frac{5\pi}{4}, \quad \frac{3\pi}{4}, \quad \frac{7\pi}{4}$$

ラジアンという角の大きさの単位については,第 2 巻『図形を考える―幾何』でふれました.弧の長さがちょうど半径に等しいときに,その中心角を 1 ラジアンとするような測り方です.ラジアンを単位としてはかるときには,たんに,1,

$5, \dfrac{\pi}{4}$ などのようにいいます．とくに重要なのは，$\dfrac{\pi}{2}=90°$，

$\pi=180°$，$2\pi=360°$ です．

　理論的な問題を考えるときには，ラジアンを使い，じっさいに測定したり，計算するときには，度（°）を使うのが便利です．

　角の大きさが $2\pi=360°$ をこえると，1回転して元にもどります．したがって，$2\pi+\theta$ と θ とはまったく同じ角と考えるわけです．

$$2\pi+\theta \equiv \theta$$

　複素数の平面を，つぎのように考えることもあります．原点 O から X 軸の正の部分にスリット（切れ目）を入れ，X 軸を下の方からこえると，1枚下のシートに入り込むと考えるものです．図に示すように，原点の回りを $2\pi=360°$ まわるとふたたび，X 軸を下の方からこえて，さらにもう1枚下のシートに潜り込むわけです．このように，X 軸の正の部分にスリットを入れて，無限枚のシートが重なっているような面をリーマン面といって，現代数学で重要な役割をはたします．C. S. ルイスの『ナルニア国ものがたり』の世界です．残念ですが，リーマン面についてはむずかしすぎて，この『好きになる数学入門』シリーズではお話しできません．

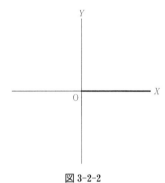

図 3-2-2

　上に求めた4つの複素数の回転の角度を，順序を変えて，つぎのように書きあらわしておきます．

$$\dfrac{\pi}{4}, \qquad \dfrac{3\pi}{4}, \qquad \dfrac{5\pi}{4}, \qquad \dfrac{7\pi}{4}$$

じつは，虚数 i と $-i$ はどちらも1の8乗根になっています．

$$(\pm i)^8 = (-1)^4 = 1$$

1と -1 も1の8乗根です．

　したがって，単位円上のつぎの8つの複素数が1の8乗根になっていることがわかります．

$$1, \qquad \dfrac{\sqrt{2}}{2}+\dfrac{\sqrt{2}}{2}i, \qquad i, \qquad -\dfrac{\sqrt{2}}{2}+\dfrac{\sqrt{2}}{2}i,$$

$$-1, \qquad -\dfrac{\sqrt{2}}{2}-\dfrac{\sqrt{2}}{2}i, \qquad -i, \qquad \dfrac{\sqrt{2}}{2}-\dfrac{\sqrt{2}}{2}i$$

　これらの8つの複素数はいずれも，ガウス平面の原点 O＝

$(0, 0)$ を中心とする半径 1 の単位円の上にあります．図 3-2-1 に示してある通りです．これらの 8 つの複素数は単位円をちょうど 8 等分する点に位置します．8 つの複素数の回転角度は，つぎのようになります．

$$0, \quad \frac{\pi}{4}, \quad \frac{2\pi}{4}\left(=\frac{\pi}{2}\right), \quad \frac{3\pi}{4},$$

$$\frac{4\pi}{4}(=\pi), \quad \frac{5\pi}{4}, \quad \frac{6\pi}{4}\left(=\frac{3\pi}{2}\right), \quad \frac{7\pi}{4}$$

虚数 $i, -i$ は，ガウス平面で，Y 軸上にあります．Y 軸を虚軸といい，X 軸を実軸といいます．

1 の 3 乗根

複素数を使って，1 の 8 乗根を求めました．同じ考え方で 1 の 3 乗根を計算してみましょう．1 の 3 乗根 x は，つぎの三次方程式の根として求められます．

$$x^3 = 1 \quad あるいは \quad x^3 - 1 = 0$$

この式の左辺を因数分解すれば

$$x^3 - 1 = (x - 1)(x^2 + x + 1) = 0$$
$$\Rightarrow \quad x - 1 = 0 \quad あるいは \quad x^2 + x + 1 = 0$$

ゆえに，

$$x = 1 \quad あるいは \quad x = \frac{-1 \pm \sqrt{3}\,i}{2} = -\frac{1}{2} \pm \frac{\sqrt{3}}{2}i$$

1 の 3 乗根 x は，三次方程式 $x^3 = 1$ の 3 つの根となります．

$$x = 1, \quad -\frac{1}{2} + \frac{\sqrt{3}}{2}i, \quad -\frac{1}{2} - \frac{\sqrt{3}}{2}i$$

この 3 つの複素数をガウス平面上に記すと，図 3-2-3 に示されているとおりです．この 3 つの複素数はいずれも，ガウス平面の単位円の上にあります．

上の 3 つの複素数は単位円の上にあって，原点 O $= (0, 0)$ を中心として，X 軸上の点 $(1, 0)$ を正の方向に

$$0°, \quad 120°, \quad 240°$$

だけ回転した点となっています．これらの角度はラジアンを単位とすると

$$0, \quad \frac{2\pi}{3}, \quad \frac{4\pi}{3}$$

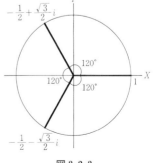

図 3-2-3

1の6乗根

1の6乗根 x は，つぎの六次方程式の根として求められます．
$$x^6 = 1 \quad \text{あるいは} \quad x^6 - 1 = 0$$
この式の左辺を因数分解すれば
$$x^6 - 1 = (x^3 - 1)(x^3 + 1) = 0$$
$$x^3 - 1 = 0 \quad \text{あるいは} \quad x^3 + 1 = 0$$
$x^3 - 1 = 0$ の根は1の3乗根になります．
$$x = 1, \quad -\frac{1}{2} + \frac{\sqrt{3}}{2}i, \quad -\frac{1}{2} - \frac{\sqrt{3}}{2}i$$
$x^3 + 1 = 0$ の根は，1の3乗根と同じようにして求めることができます．
$$x^3 + 1 = (x + 1)(x^2 - x + 1) = 0$$
$$x = -1, \quad \frac{1}{2} + \frac{\sqrt{3}}{2}i, \quad \frac{1}{2} - \frac{\sqrt{3}}{2}i$$

この6つの複素数は単位円の上にあって，原点 $\mathrm{O} = (0, 0)$ を中心として，X 軸上の点 $(1, 0)$ を正の方向に
$$0°, \quad 60°, \quad 120°, \quad 180°, \quad 240°, \quad 300°$$
だけ回転した点となっています．これらの角度はラジアンを単位とすると
$$0, \quad \frac{\pi}{3}, \quad \frac{2\pi}{3}, \quad \frac{3\pi}{3}(=\pi), \quad \frac{4\pi}{3}, \quad \frac{5\pi}{3}$$

1の5乗根

1の5乗根 x は，つぎの五次方程式の根として求められます．
$$x^5 = 1 \quad \text{あるいは} \quad x^5 - 1 = 0$$
この式の左辺は，1の3乗根の場合と同じようにして，因数分解できます．
$$x^5 - 1 = (x - 1)(x^4 + x^3 + x^2 + x + 1) = 0$$
$$x - 1 = 0 \quad \text{あるいは} \quad x^4 + x^3 + x^2 + x + 1 = 0$$
四次方程式
$$x^4 + x^3 + x^2 + x + 1 = 0$$

の根は，つぎのようにして求められます．まず，この方程式の両辺を x^2 で割ります（x が 0 になることはありません）．

$$x^2 + x + 1 + \frac{1}{x} + \frac{1}{x^2} = 0$$

ここで，$z = x + \dfrac{1}{x}$ とおけば

$$x^2 + \frac{1}{x^2} = z^2 - 2$$

上の方程式に代入すれば

$$z^2 + z - 1 = 0 \quad \Rightarrow \quad z = \frac{-1 \pm \sqrt{5}}{2}$$

$$x + \frac{1}{x} = \frac{-1 \pm \sqrt{5}}{2}$$

$$\Rightarrow \quad x^2 - \frac{-1 + \sqrt{5}}{2} x + 1 = 0, \quad x^2 - \frac{-1 - \sqrt{5}}{2} x + 1 = 0$$

$$x = \frac{\dfrac{-1 + \sqrt{5}}{2} \pm \sqrt{\left(\dfrac{-1 + \sqrt{5}}{2}\right)^2 - 4}}{2} = \frac{\sqrt{5} - 1}{4} \pm \frac{\sqrt{10 + 2\sqrt{5}}}{4} i$$

あるいは

$$x = \frac{\dfrac{-1 - \sqrt{5}}{2} \pm \sqrt{\left(\dfrac{-1 - \sqrt{5}}{2}\right)^2 - 4}}{2}$$

$$= -\frac{\sqrt{5} + 1}{4} \pm \frac{\sqrt{10 - 2\sqrt{5}}}{4} i$$

1 の 5 乗根 x は，つぎの 5 つの複素数となります．

$$1, \quad \frac{\sqrt{5} - 1}{4} + \frac{\sqrt{10 + 2\sqrt{5}}}{4} i, \quad -\frac{\sqrt{5} + 1}{4} + \frac{\sqrt{10 - 2\sqrt{5}}}{4} i,$$

$$-\frac{\sqrt{5} + 1}{4} - \frac{\sqrt{10 - 2\sqrt{5}}}{4} i, \quad \frac{\sqrt{5} - 1}{4} - \frac{\sqrt{10 + 2\sqrt{5}}}{4} i$$

この 5 つの複素数をガウス平面上に記すと，図 3-2-4 に示されているとおりです．

上の 5 つの複素数は単位円の上にあって，原点 $\mathrm{O} = (0, 0)$ を中心として，X 軸上の点 $(1, 0)$ を正の方向に

$$0°, \quad 72°, \quad 144°, \quad 216°, \quad 288°$$

だけ回転した点となっています．これらの角度は，ラジアンを単位とすると，つぎのようにあらわすことができます．

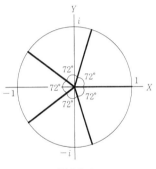

図 3-2-4

$$0, \quad \frac{2\pi}{5}, \quad \frac{4\pi}{5}, \quad \frac{6\pi}{5}, \quad \frac{8\pi}{5}$$

練習問題　つぎの因数分解の公式を使って，1 の 10 乗根を求めなさい.

$$x^{10}-1 = (x^5-1)(x^5+1)$$
$$x^5+1 = (x+1)(x^4-x^3+x^2-x+1)$$

複素数の平方根

　複素数 $4+3i$ を例にとって，複素数の平方根を計算する方法を説明しましょう．この複素数の平方根を

$$\sqrt{4+3i} = x+iy \quad (x, y は実数)$$

とおきます．この式の両辺を自乗して

$$4+3i = (x+iy)^2 = x^2+2ixy-y^2$$
$$x^2-y^2 = 4, \quad 2xy = 3$$

2 番目の式を y について解けば，$y=\dfrac{3}{2x}$. この式を 1 番目の式に代入すれば

$$x^2-\frac{9}{4x^2} = 4 \quad \Rightarrow \quad 4x^4-16x^2-9 = 0$$

x^2 にかんする二次方程式とみなして，正根を求めると

$$x^2 = \frac{4+\sqrt{4^2+3^2}}{2} = \frac{9}{2}$$

$$x = \frac{3}{\sqrt{2}} = \frac{3\sqrt{2}}{2} \quad \text{または} \quad x = -\frac{3}{\sqrt{2}} = -\frac{3\sqrt{2}}{2}$$

$$y = \frac{3}{2\times\dfrac{3}{\sqrt{2}}} = \frac{\sqrt{2}}{2} \quad \text{または} \quad y = \frac{3}{2\times\left(-\dfrac{3}{\sqrt{2}}\right)} = -\frac{\sqrt{2}}{2}$$

$$\sqrt{4+3i} = \frac{3\sqrt{2}}{2}+\frac{\sqrt{2}}{2}i \quad \text{または} \quad -\frac{3\sqrt{2}}{2}-\frac{\sqrt{2}}{2}i$$

　一般に複素数 $a+bi$ の平方根は，つぎのように計算できます.

$$\sqrt{a+bi} = x+iy \quad (x, y は実数)$$

とおきます．この式の両辺を自乗して

$$a+bi = (x+iy)^2 = x^2+2ixy-y^2$$
$$x^2-y^2 = a, \quad 2xy = b$$

2番目の式を，y について解いて，$y=\dfrac{b}{2x}$. この式を1番目

の式に代入すれば

$$x^2-\frac{b^2}{4x^2} = a \quad \Rightarrow \quad x^4-ax^2-\frac{1}{4}b^2 = 0$$

x^2 にかんする二次方程式とみなして，二次方程式の根の公

式を使うと

$$x^2 = \frac{a\pm\sqrt{a^2+b^2}}{2}$$

x は実数だから，

$$x^2 = \frac{a+\sqrt{a^2+b^2}}{2} = \frac{c+a}{2} \quad \text{（}c=\sqrt{a^2+b^2}\text{ とおく）}$$

$$x = \pm\sqrt{\frac{c+a}{2}}$$

$x^2-y^2=a$ より，

$$y^2 = x^2-a = \frac{c-a}{2}$$

$2xy = b$ より，

$b>0$ のとき，

$$y = \pm\sqrt{\frac{c-a}{2}} \quad \Rightarrow \quad \sqrt{a+bi} = \pm\left(\sqrt{\frac{c+a}{2}}+\sqrt{\frac{c-a}{2}}i\right)$$

$b<0$ のとき，

$$y = \mp\sqrt{\frac{c-a}{2}} \quad \Rightarrow \quad \sqrt{a+bi} = \pm\left(\sqrt{\frac{c+a}{2}}-\sqrt{\frac{c-a}{2}}i\right)$$

練習問題 つぎの各複素数の平方根を計算して求め，各複素
数とその平方根をガウス平面の上に示しなさい.

$$2+2i, \quad 2-2i, \quad -2-2i,$$
$$3+4i, \quad -3-4i, \quad 3-4i,$$
$$\frac{1}{2}+\frac{\sqrt{3}}{2}i, \quad \frac{1}{2}-\frac{\sqrt{3}}{2}i, \quad -\frac{1}{2}+\frac{\sqrt{3}}{2}i,$$
$$\sqrt{3}+i, \quad \sqrt{3}-i, \quad -\sqrt{3}-i$$

複素数を係数とする二次方程式を解く

二次方程式
$$ax^2 + bx + c = 0$$
の係数 a, b, c が複素数の場合にも，根の公式をそのまま適用することができます．
$$x = \frac{-b \pm \sqrt{b^2 - 4ac}}{2a}$$

例1 $x^2 - (4+2i)x + (3+2i) = 0$
$$x = (2+i) \pm \sqrt{(2+i)^2 - (3+2i)} = (2+i) \pm \sqrt{2i}$$
$$= (2+i) \pm (1+i) = 3 + 2i \quad \text{または} \quad 1$$

この答えが正しいことは，上の方程式に代入して計算すればたしかめられます．

例2 $(2+3i)x^2 - (5+2i)x + (1+i) = 0$

$2+3i$ で割って，x^2 の係数を 1 にすれば
$$x^2 - \frac{5+2i}{2+3i}x + \frac{1+i}{2+3i} = 0$$
$$x^2 - \frac{16-11i}{13}x + \frac{5-i}{13} = 0$$
$$13x^2 - (16-11i)x + (5-i) = 0$$
$$x = \frac{(16-11i) \pm \sqrt{(16-11i)^2 - 52(5-i)}}{26}$$
$$= \frac{(16-11i) \pm \sqrt{-125-300i}}{26}$$

ここで，$\sqrt{-125-300i} = 5\sqrt{-5-12i}$
$$\sqrt{(-5)^2 + (-12)^2} = 13,$$
$$\sqrt{-5-12i} = \sqrt{\frac{13-5}{2}} - \sqrt{\frac{13+5}{2}}i = 2 - 3i$$

上の x の式に代入して
$$x = \frac{(16-11i) \pm 5(2-3i)}{26} = 1 - i \quad \text{または} \quad \frac{3}{13} + \frac{2}{13}i$$

練習問題 つぎの二次方程式の根を計算せよ．

(1) $x^2 + 6ix + (6-8i) = 0$

(2) $x^2 - (5-2i)x + (1-41i) = 0$

(3)　$(1+i)x^2-(2+i)x+(3+4i)=0$

(4)　$\dfrac{1-i}{1+i}x^2+\dfrac{1+i}{1-i}x-(2+4i)=0$

第3章 複 素 数 問 題

ガウス平面を使って，つぎの幾何の問題を解きなさい．

問題1 任意の四角形 □ABCD の各辺 AB, BC, CD, DA の中点 P, Q, R, S からつくられる四角形 □PQRS は平行四辺形となる．

問題2 任意の四角形 □ABCD の各辺 AB, BC, CD, DA の中点を P, Q, R, S とし，PR, QS の交点を N とし，対角線 AC, BD の中点を L, M とすれば，3 つの点 L, M, N は一直線上にある．

問題3 長方形 □ABCD と任意の点 P に対して
$$\overline{\mathrm{PA}}^2 + \overline{\mathrm{PC}}^2 = \overline{\mathrm{PB}}^2 + \overline{\mathrm{PD}}^2$$

問題4 三角形 △ABC の重心を G とするとき
$$\overline{\mathrm{BC}}^2 + 3\overline{\mathrm{AG}}^2 = \overline{\mathrm{CA}}^2 + 3\overline{\mathrm{BG}}^2 = \overline{\mathrm{AB}}^2 + 3\overline{\mathrm{CG}}^2$$

を示しなさい．[A, B, C, G をあらわす複素数を a, b, c, g とすると，$g = \dfrac{1}{3}(a+b+c)$ が成り立つことを使いなさい．]

問題5 円 O とそのなかに点 A が与えられている．円 O 上に任意に 2 つの点 P, Q を PQ が AO と平行になるようにとるとき，$\overline{\mathrm{PA}}^2 + \overline{\mathrm{QA}}^2$ は一定となる．

問題6 2 つの定点 A, B に対して
$$\overline{\mathrm{PA}}^2 - \overline{\mathrm{PB}}^2 = k^2 \ (\text{一定})$$
となるような点 P の軌跡を求めよ．

問題7 2 つの定点 A, B に対して
$$2\overline{\mathrm{PA}}^2 - \overline{\mathrm{PB}}^2 = k^2 \ (\text{一定})$$
となるような点 P の軌跡を求めよ．

問題8 円 O とその外に点 A が与えられている．A との距離 $\overline{\mathrm{PA}}$ が，円 O に引いた接線の接点 Q との間の距離 $\overline{\mathrm{PQ}}$ と等しくなるような点 P の軌跡を求めよ．
$$\overline{\mathrm{PA}} = \overline{\mathrm{PQ}}$$

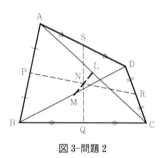

図 3-問題 1

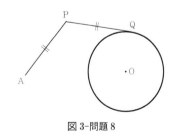

図 3-問題 2

図 3-問題 8

第 4 章
二次関数を考える

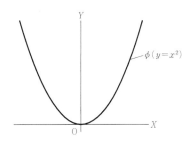

二次関数と凸関数

　二次関数 $y=x^2$ のグラフ ϕ は，図に示すように，ϕ より上方に位置している点 $\mathrm{P}=(x, y)$ の集合が凸集合となっています．このとき，関数 $y=x^2$ を凸関数といいます．凸集合あるいは凸関数は，この『好きになる数学入門』のあとの方の巻でくわしくお話ししますが，この章でもかんたんにふれたいと思います．

　凸集合や凸関数の凸は，英語の convex(コンベックス)の訳です．コンベックスに対置される言葉はコンケイブです．コンケイブは英語で concave，日本語で凹です．

　サマセット・モームという有名な作家の作品に『レッド』というすばらしい短篇があります．みなさんも大人になったらぜひよんでみてください．『レッド』は，ある 1 人の船長がたくみに船を操りながら南太平洋の島の入り江に入る場面からはじまります．船長はずっと昔若いときに，島を出たきり帰ったことがなかったのです．モームはこの船長を描写して，若いときはお腹がコンケイブだったが，いまはすっかりコンベックスになってしまったと表現しています．私は高校生の頃『レッド』を原文で読んだのですが，数学でしか知らなかったコンベックス，コンケイブという言葉がこのような形で使われていることに意外な感じをもちました．

53

二次関数を考える

二次関数のグラフ

第1巻『方程式を解く一代数』で，一般的な形の二次方程式をグラフを使って解くことを考えました．

(1)　　$ax^2 + bx + c = 0$　　　(a, b, c は定数，$a \neq 0$)

この章では，つぎの二次関数についてくわしく調べることにします．

(2)　　　　　　　　$y = ax^2 + bx + c$

つぎのように変形します．二次方程式の根を求めるときに使った手法です．

$$y = a\left(x^2 + \frac{b}{a}x + \frac{b^2}{4a^2}\right) + c - \frac{b^2}{4a} = a\left(x + \frac{b}{2a}\right)^2 + \frac{4ac - b^2}{4a}$$

判別式 $D = b^2 - 4ac$ を使うと

(3)　　　　$ax^2 + bx + c = a\left(x + \frac{b}{2a}\right)^2 - \frac{D}{4a}$

じつは，判別式 D よりもその負の値 $\varDelta = 4ac - b^2$ の方がだいじな役割をはたします．

(4)　　　　$ax^2 + bx + c = a\left(x + \frac{b}{2a}\right)^2 + \frac{\varDelta}{4a}$

$\varDelta$ はギリシア文字であり，英語の D に相当します．英語の Discriminant の頭文字です．

$a > 0$ の場合を考えることにします．図 4-1-1 には，二次関数(2)のグラフが3つの場合について例示してあります．$D > 0$ ($\varDelta < 0$) のとき，二次関数(4)のグラフは X 軸と2つの交点をもちます．二次方程式(1)が2つの異なる根をもつ場合です．$D = 0$ ($\varDelta = 0$) のとき，二次関数(2)のグラフは X 軸と1つの交点をもちます．二次方程式(1)が等根をもつ場合です．$D < 0$ ($\varDelta > 0$) のとき，二次関数(2)のグラフは，X 軸と交点をもちません．二次方程式(1)が実数の根（実根）ではなく，虚数の根（虚根）をもつ場合です．

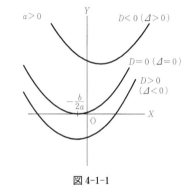

図 4-1-1

二次関数(2)が(3)または(4)のような形にあらわされることを示したわけですが, $a>0$ の場合を取り上げていますから, 第1項はかならず, 正か0です.

$$a\left(x+\frac{b}{2a}\right)^2 \geqq 0$$

第1項が0になるのは $x=-\dfrac{b}{2a}$ のとき, またそのときにかぎります. $x=-\dfrac{b}{2a}$ のときに, 二次関数(2)の値が最小になり, そのときの値は

$$\frac{\varDelta}{4a}=\frac{4ac-b^2}{4a}$$

となります. 二次関数(2)のグラフについていえば, $x=-\dfrac{b}{2a}$ のところがグラフの谷底になるわけです.

　二次方程式(1)の根 α, β について

$$\frac{\alpha+\beta}{2}=-\frac{b}{2a}$$

2つの根 α, β をむすぶ線分の中点がグラフの谷底に対応しています. [$\varDelta>0$ のときには, 二次方程式(1)の2つの根 α, β は虚根となりますが, この場合にも, $\dfrac{\alpha+\beta}{2}=-\dfrac{b}{2a}$ という関係は成り立ちます.]

　これまでの議論は, $a>0$ の場合でした. $a<0$ の場合にも, まったく同じようにして, 二次関数(2)のグラフの性質をしらべることができます. ただし, この場合には, 二次関数(2)は最小ではなく, 最大の値をとります. 判別式 D あるいは $\varDelta$ の正負と二次方程式(1)の根の存在との間の関係は, $a>0$ の場合とまったく同じです.

例題1　つぎの二次関数が最大または最小の値をとるような x の値とそのときの関数の値を求めなさい.

(1)　$y=3x^2-6x+10$　　(2)　$y=-3x^2+6x-10$

解答　(1)　$y=3x^2-6x+10=3(x-1)^2+7$, $x=1$ のとき, 最小値 7.

(2)　$y=-3x^2+6x-10=-3(x-1)^2-7$, $x=1$ のとき, 最

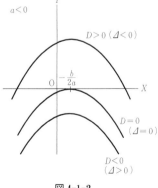

図 4-1-2

大値 -7.

練習問題 つぎの二次関数が最大または最小の値をとるような x の値とそのときの関数の値を求めなさい.

(1)　x^2-6x+5　　　　(2)　$-x^2+8x+12$

(3)　$3x^2-5x+9$　　　　(4)　$7x^2+10x-16$

(5)　$\dfrac{1}{4}x^2-\dfrac{1}{3}x+\dfrac{1}{5}$　　(6)　$-\dfrac{3}{5}x^2-\dfrac{4}{7}x+\dfrac{1}{3}$

判別式の性質を使って最大・最小問題を解く

例題 2　　　　　　　　　$x^2+y^2=25$

という条件をみたす (x, y) のなかで

$$3x+4y$$

を最大および最小にするようなものを求めなさい.

解答　$t=3x+4y$ とおけば

$$y=\dfrac{t}{4}-\dfrac{3}{4}x$$

条件式 $x^2+y^2=25$ に代入して,　整理すれば

$$x^2+\left(\dfrac{t}{4}-\dfrac{3}{4}x\right)^2=25 \quad\Rightarrow\quad \dfrac{25}{16}x^2-\dfrac{6}{16}tx+\dfrac{1}{16}t^2=25$$

$$25x^2-6tx+(t^2-400)=0$$

この二次方程式が実根をもつための必要,　十分条件は

$$\dfrac{1}{4}D=9t^2-25(t^2-400)\geqq 0 \quad\Rightarrow\quad -16t^2+10000\geqq 0$$

したがって

$$t^2-625\leqq 0 \quad\Rightarrow\quad (t-25)(t+25)\leqq 0$$
$$-25\leqq t\leqq 25$$

　$t=3x+4y$ の最大値は $t=25$ で,　そのとき,　$x=3$,　$y=4$.

　$t=3x+4y$ の最小値は $t=-25$ で,　そのとき,　$x=-3$,　$y=-4$.

練習問題　判別式の性質を使って,　つぎの最大・最小問題を解きなさい.

(1)　$x^2+xy+y^2=121$ という条件をみたす (x, y) のなかで,　　　　$x+2y$ を最大および最小にするようなものを求めなさ

い.

(2) $3x+4y=25$ という条件をみたす (x, y) のなかで, x^2+y^2 を最小にするようなものを求めなさい.

判別式の性質を使って不等式を証明する

例題3 つぎの不等式を証明しなさい.

$$x+\frac{1}{x} \geqq 2 \quad (x \text{ は任意の正数}; x>0)$$

等号が成立するのは $x=1$ の場合にかぎる.

証明 $t=x+\frac{1}{x}$ とおいて, 整理すれば

$$x^2-tx+1 = 0$$

この二次方程式が実根をもつための必要, 十分条件は

$$D = t^2-4 \geqq 0 \quad \Rightarrow \quad (t-2)(t+2) \geqq 0$$

$x>0$ より $t>0$ だから, $t \geqq 2$.

$x+\frac{1}{x}$ の最小値は $t=2$ のときに得られ, そのとき, $x=1$.

Q. E. D.

練習問題 判別式の性質を使って, つぎの不等式を証明しなさい.

(1) $\qquad x+\frac{6}{x} \geqq 2\sqrt{6} \qquad (x \text{ は任意の正数})$

等号が成立するのは, $x=\sqrt{6}$ の場合にかぎる.

(2) $\qquad \frac{a+b}{2} \geqq \sqrt{ab} \qquad (a, b \text{ は任意の正数})$

等号が成立するのは, $a=b$ の場合にかぎる.

ヒント

(1) $t=x+\frac{6}{x}$ とおいて, $x^2-tx+6=0$ の判別式を考える.

(2) 両辺を $\frac{\sqrt{ab}}{2}$ で割って, $x=\sqrt{\frac{a}{b}}$ とおく.

問題 1
$$x^2 + y^2 = r^2 \qquad (r \text{ は正の定数})$$
をみたす (x, y) のなかで
$$ax + by \qquad (a, b \text{ は任意の定数で,} \ a^2 + b^2 > 0)$$
を最大および最小にするようなものを求めなさい.

問題 2
$$x^2 + xy + y^2 = 1$$
をみたす (x, y) のなかで
$$ax + by \qquad (a, b \text{ は任意の定数で,} \ a^2 + b^2 > 0)$$
を最大および最小にするようなものを求めなさい.

問題 3　$ax + by = 1 \qquad (a, b$ は任意の定数で, $a^2 + b^2 > 0)$
をみたす (x, y) のなかで
$$x^2 + xy + y^2$$
を最小にするようなものを求めなさい.

問題 4　判別式の性質を使って, つぎの不等式を証明しなさい.
$$a^2 + b^2 + c^2 \geqq bc + ca + ab \qquad (a, b, c \text{ は任意の数})$$
等号が成立するのは a, b, c がすべて等しい場合にかぎられる.

問題 5　判別式の性質を使って, つぎの不等式を証明しなさい.
$$(a + b + c)\left(\frac{1}{a} + \frac{1}{b} + \frac{1}{c}\right) \geqq 9 \qquad (a, b, c \text{ は任意の正数})$$
等号が成立するのは a, b, c がすべて等しい場合にかぎられる.

問題 6　判別式の性質を使って, つぎの不等式を証明しなさい.
$$ax + by + cz \leqq \sqrt{a^2 + b^2 + c^2}\sqrt{x^2 + y^2 + z^2}$$
$$(a, b, c, x, y, z \text{ は任意の数})$$
等号が成立するのは $a : x = b : y = c : z$ の場合にかぎられる.

56 ページの練習問題（上）の答え
(1)　3, 最小値 -4　　(2)　4, 最大値 28　　(3)　$\frac{5}{6}$, 最小値 $\frac{83}{12}$　　(4)　$-\frac{5}{7}$, 最小値 $-\frac{137}{7}$　　(5)　$\frac{2}{3}$, 最小値 $\frac{4}{45}$　　(6)　$-\frac{10}{21}$, 最大値 $\frac{23}{49}$

56 ページの練習問題（下）の答え
(1)　最大 $(0, 11)$, 最小 $(0, -11)$
(2)　$(3, 4)$

二次関数と凸関数，凹関数

二次曲線の性質

これまで，つぎのような形をもった二次関数のグラフの性質をしらべてきました.

$$y = ax^2 + bx + c$$

ここでは二次関数のグラフの幾何的性質を考えたいと思います. そのためにもっともかんたんな二次関数のグラフ ϕ を考えます.

（1） $$y = x^2$$

二次関数(1)のグラフ ϕ は，図4-2-1に示すように，Y 軸について対称的な曲線となり，$x=0$ のときに最小値 0 をとります. ϕ に 2 つの点をとったとき，その 2 点をむすぶ線分はかならず，ϕ より上の方に位置しています.

$y=x^2$ のグラフ ϕ より上方に位置している点 P $=(x, y)$ の集合を Ω とします.

$$\Omega = \{(x, y) \colon y \geqq x^2\}$$

このとき，集合 Ω のなかの任意の 2 つの点 A, B に対して，その 2 点をむすぶ線分 AB 全体も集合 Ω のなかに入っています. このような性質をみたす集合 Ω を凸集合といいます. $y=x^2$ のように，そのグラフ ϕ より上方に位置している点 P $=(x, y)$ の集合 Ω が凸集合のとき，関数 $y=x^2$ を凸関数と定義するわけです.

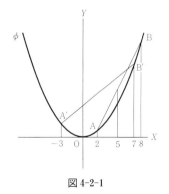

図 4-2-1

前にもお話ししたように，凸集合や凸関数の凸は英語の convex(コンベックス)の訳ですが，コンベックスという表現をそのまま使うことにしたいと思います. 数学でコンベックスという言葉はしばしば出てきますが，凸結合，凸集合，凸関数などの凸という言葉は使いにくいので，コンベックスで代用することにするわけです. コンベックスに対置される言葉はコンケイブ(concave)です. ふつう凹と訳されていますが，これも原語のままコンケイブということにします.

二次関数 $y=x^2$ は凸関数である

さて，二次関数 $y=x^2$ が凸関数であることを証明したいと思います．$y=x^2$ のグラフ ϕ より上方に位置している点 P＝(x,y) の集合 Ω がコンベックスであることを証明するわけです．図から明らかですが，じっさいに証明しようとすると意外にむずかしいものです．

$y=x^2$ のグラフ ϕ より上方に位置している点 P＝(x,y) の集合 Ω がコンベックスであるというのは，ϕ 上の任意に2つの点 A, B をむすぶ線分 AB が ϕ より上方に位置していることを意味します．図 4-2-1 には，A＝$(2,4)$，B＝$(8,64)$ と A′＝$(-3,9)$，B′＝$(7,49)$ の2つの場合が例示してあります．

2つの点 A＝$(2,4)$，B＝$(8,64)$ をむすぶ線分 AB の中点 M の座標 (x,y) は

$$x = \frac{2+8}{2} = 5, \qquad y = \frac{4+64}{2} = 34$$

M＝$(5,34)$ について，

$$34 > 5^2 = 25$$

M＝$(5,34)$ は $y=x^2$ のグラフ ϕ より上方に位置していることがわかります．

もう1つの例として，グラフ ϕ 上に2つの点 A′＝$(-3,9)$，B′＝$(7,49)$ をとります．この2点をむすぶ線分 A′B′ の中点 M′ の座標 (x,y) は

$$x = \frac{-3+7}{2} = 2, \qquad y = \frac{9+49}{2} = 29$$

M′＝$(2,29)$ について，

$$29 > 2^2 = 4$$

M′＝$(2,29)$ も $y=x^2$ のグラフ ϕ より上方に位置していることがわかります．

一般に，$y=x^2$ のグラフ ϕ 上に任意に2つの点 A, B をとったとき，その2点をむすぶ線分 AB の中点 M は ϕ の上方に位置していることを示すことができます．ϕ 上に任意にとった2つの点 A, B の座標をつぎのようにあらわします．

$$A = (a, a^2), \qquad B = (b, b^2)$$

上の例でいえば，$a=2$，$b=8$，あるいは $a=-3$，$b=7$.

線分 AB の中点 M の座標 (x, y) は

$$x = \frac{a+b}{2}, \qquad y = \frac{a^2+b^2}{2}$$

$$y - x^2 = \frac{a^2+b^2}{2} - \left(\frac{a+b}{2}\right)^2 = \frac{a^2-2ab+b^2}{4} = \left(\frac{a-b}{2}\right)^2 \geqq 0$$

したがって，線分 AB の中点 M の座標 (x, y) は常に $y = x^2$ のグラフ ϕ より上方に位置していることがわかります.

ここで重要な役割をはたしているのは，つぎの不等式です.

$$\frac{a^2+b^2}{2} \geqq \left(\frac{a+b}{2}\right)^2$$

さて，$y = x^2$ のグラフ ϕ 上に任意に 2 つの点 A, B をとったとき，その 2 点をむすぶ線分 AB の中点 M が ϕ より上方に位置していることを示しました. しかし，集合 Ω がコンベックスとなることを証明するためには，線分 AB 全体が ϕ より上方に位置していることを示さなければなりません. このことを証明する前に，座標を使って線分上の各点を表現する方法を説明しましょう.

線分を座標を使って表現する

いま，線分 AB を三等分して，三等分する点を A に近い方から順番に P, Q とします. P は線分 AB を $1 : 2$ の比で内分する点です. P の座標を (x, y) とすれば

$$x = \frac{2a+b}{3}, \qquad y = \frac{2a^2+b^2}{3}$$

このとき，

$$y = \frac{2a^2+b^2}{3} \geqq x^2 = \left(\frac{2a+b}{3}\right)^2$$

となることは，つぎの計算からすぐわかります.

$$\frac{2a^2+b^2}{3} - \left(\frac{2a+b}{3}\right)^2 = \frac{2a^2-4ab+2b^2}{9} = \frac{2(a-b)^2}{9} \geqq 0$$

同じように，線分 AB を $2 : 1$ の比で内分する点 $Q = \left(\frac{a+2b}{3}, \frac{a^2+2b^2}{3}\right)$ についても

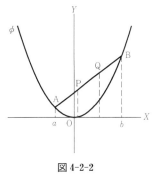

図 4-2-2

$$\frac{a^2+2b^2}{3} \geq \left(\frac{a+2b}{3}\right)^2$$

[この不等式の証明は，練習問題として自分でやってみなさい.] このようにして，線分 AB を三等分する 2 つの点 P, Q が φ より上方に位置していることがたしかめられました.

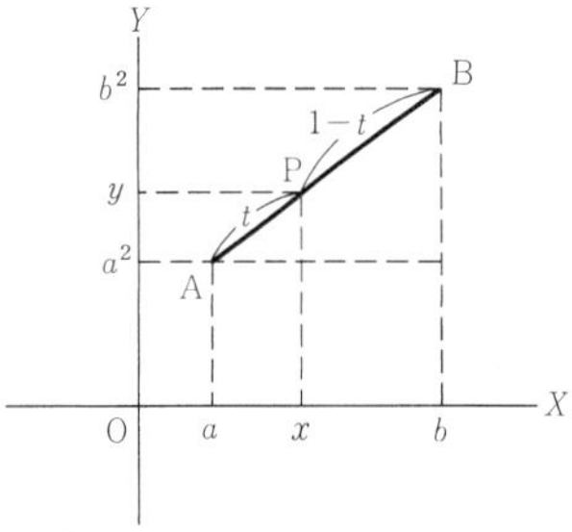

$y=x^2$ のグラフ φ 上の 2 つの点 A $=(a, a^2)$, B $=(b, b^2)$ について，線分 AB 上の任意の点を座標を使ってあらわすことを考えてみましょう. 線分 AB を $t:(1-t)$ の比に内分する点 P の座標を (x, y) とすれば

$$x = (1-t)a+tb, \qquad y = (1-t)a^2+tb^2 \qquad (0 \leq t \leq 1)$$

線分 AB の端点 A は $t=0$, B は $t=1$, 中点 M は $t=\dfrac{1}{2}$, 三

等分する点は端点 A に近い方から $t=\dfrac{1}{3}, \dfrac{2}{3}$ のときです.

上の点 P $=(x, y)$ が φ より上方に位置しているためには，つぎの条件がみたされていなければなりません.

$$(1-t)a^2+tb^2 \geq \{(1-t)a+tb\}^2$$

この不等式が成り立つことは，つぎの計算からかんたんにわかります.

$$(1-t)a^2+tb^2-\{(1-t)a+tb\}^2 = (1-t)t(a^2-2ab+b^2)$$
$$= (1-t)t(a-b)^2 \geq 0$$

φ 上の任意の 2 つの点 A, B をむすぶ線分 AB 全体が φ より上方に位置していることがわかります. $y=x^2$ のグラフ φ より上方に位置している点 P $=(x, y)$ の集合 Ω がコンベックスとなり，二次関数 $y=x^2$ が凸関数であることを示したわけです.

練習問題 二次関数 $y=x^2-3x+2$ について，
$$\varOmega = \{(x, y): y \geq x^2-3x+2\}$$
とおいて，つぎのことをじっさいに計算してたしかめなさい.

(1) $y=x^2-3x+2$ のグラフ φ 上の 2 つの点 A $=(3, 2)$, B $=(5, 12)$ をむすぶ線分 AB の中点 M は集合 Ω のなかに入っている.

(2) 線分 AB を $1:2$, $2:1$ の比に内分する 2 つの点も集合 Ω のなかに入っている.

図 4-2-3

ヒント
(1) 中点は $(4, 7)$; $7 > 16-12+2 = 6$.
(2) $1:2$, $2:1$ の比に内分する点は
$\left(\dfrac{11}{3}, \dfrac{16}{3}\right)$, $\left(\dfrac{13}{3}, \dfrac{26}{3}\right)$; $\dfrac{121}{9}-\dfrac{33}{3}+2 = \dfrac{40}{9} <$
$\dfrac{16}{3}$, $\dfrac{169}{9}-\dfrac{39}{3}+2 = \dfrac{70}{9} < \dfrac{26}{3}$.
(3) 線分 AB 上の点は $(3(1-t)+5t,$
$2(1-t)+12t) = (3+2t, 2+10t) [0 \leq t \leq 1]$;
$(3+2t)^2-3(3+2t)+2 < 2+10t$.

(3) 線分 AB 上の任意の点も集合 Ω のなかに入っている.

二次関数 $y = -x^2$ は凹関数である

二次関数 $y = -x^2$ の場合には,グラフ φ より下方に位置している点 $P = (x, y)$ の集合
$$\Omega = \{(x, y) : y \leq -x^2\}$$
がコンベックスになります.このような関数 $y = -x^2$ を凹関数といいます.ある関数が凹関数というのは,その関数にマイナスの符号をつけた関数が凸関数であることを意味するわけです.

このことを証明するには,φ 上に任意に 2 つの点 A, B をとったとき,その 2 点をむすぶ線分 AB が φ より下方に位置していることを示せばよい.φ 上に任意にとった 2 つの点 $A = (a, -a^2)$,$B = (b, -b^2)$ について,線分 AB を $t : (1-t)$ の比に内分する点 P の座標を (x, y) とすれば
$$x = (1-t)a + tb, \quad y = -(1-t)a^2 - tb^2 \quad (0 \leq t \leq 1)$$
このとき,つぎの条件がみたされています.
$$-(1-t)a^2 - tb^2 \leq -\{(1-t)a + tb\}^2$$
φ 上の任意の 2 つの点 A, B をむすぶ線分 AB 全体が φ より下方に位置していることがわかります.$y = -x^2$ のグラフ φ より下方に位置している点 $P = (x, y)$ の集合 Ω がコンベックスとなり,二次関数 $y = -x^2$ が凹関数であることが証明されたわけです.

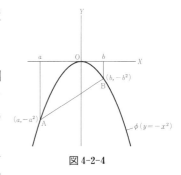

図 4-2-4

練習問題

(1) $y = -x^2 + 3x + 2$ のグラフを φ とし,
$$\Omega = \{(x, y) : y \leq -x^2 + 3x + 2\}$$
とおいて,つぎのことをじっさいに計算してたしかめなさい.

（ i ） φ 上の 2 つの点 $A = (1, 4)$,$B = (7, -26)$ をむすぶ線分 AB の中点 M は集合 Ω のなかに入っている.

（ ii ） 線分 AB を $1 : 2$,$2 : 1$ の比で内分する 2 つの点も集合 Ω のなかに入っている.

（ iii ） 線分 AB 上の任意の点も集合 Ω のなかに入っている.

ヒント
(1) (i) 中点は $(4, -11)$; $-16 + 12 + 2 > -11$. (ii) $1 : 2$,$2 : 1$ で内分する点は $(3, -6)$,$-9 + 9 + 2 > -6$; $(5, -16)$,$-25 + 15 + 2 > -16$. (iii) 線分 AB を $t : (1-t)$ の比に内分する点は $(1 + 6t, 4 - 30t)$,$-(1 + 6t)^2 + 3(1 + 6t) + 2 = 4 + 6t - 36t^2 > 4 - 30t$.
(2) $a > 0$ のとき,ax^2 は凸関数,$a < 0$ のとき,ax^2 は凹関数となる.

(2) $y=ax^2+bx+c$ は，$a>0$ のとき，凸関数，$a<0$ のとき，凹関数となることを証明しなさい．

凸関数と凹関数の例

凸関数，凹関数の定義は一般の関数 $y=f(x)$ についても適用できます．

（ i ） $y=f(x)$ が凸関数であるのは，任意の 2 つの数 a, b と $t\,(0\leqq t\leqq 1)$ について

$$f((1-t)a+tb) \leqq (1-t)f(a)+tf(b)$$

（ ii ） $y=f(x)$ が凹関数であるのは，任意の 2 つの数 a, b と $t\,(0\leqq t\leqq 1)$ について

$$f((1-t)a+tb) \geqq (1-t)f(a)+tf(b)$$

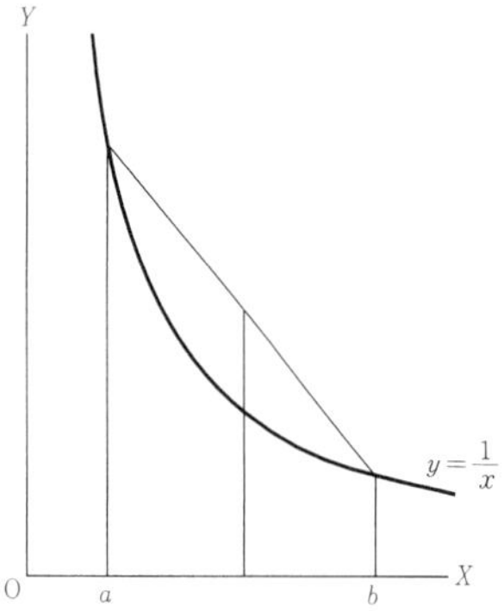

例題 1　つぎの関数が凸関数であることを証明しなさい．

$$y = \frac{1}{x} \qquad (x>0)$$

証明　任意の 2 つの数 a, b と $t\,(0\leqq t\leqq 1)$ について，つぎの関係が成り立つことを示せばよいわけです．

$$\frac{1}{(1-t)a+tb} \leqq \frac{1-t}{a} + \frac{t}{b}$$

$$ab \leqq \{b(1-t)+at\}\{(1-t)a+tb\}$$

右辺から左辺を引けば

$$(1-t)t(a^2-2ab+b^2) = (1-t)t(a-b)^2 \geqq 0$$

$0\leqq t\leqq 1$ だから，この不等式が成り立つことは明らかです．

Q. E. D.

練習問題　つぎの関数が凸関数であることを証明しなさい．

(1)　$y=3x+\dfrac{2}{x}$　　$(x>0)$　　(2)　$y=\dfrac{1}{x-1}$　　$(x>1)$

例題 2　つぎの関数が凹関数であることを証明しなさい．

$$y = \sqrt{x} \qquad (x>0)$$

証明　任意の 2 つの正数 a, b と $t\,(0\leqq t\leqq 1)$ について，つぎの関係が成り立つことを示せばよい．

$$(1-t)\sqrt{a} + t\sqrt{b} \leqq \sqrt{(1-t)a+tb}$$

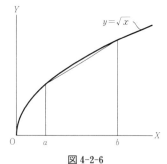

図 4-2-5

ヒント

(1)　$\dfrac{2}{x}$ が凸関数であることを使う．

(2)　$\dfrac{1}{x-1}$ は，$x-1=X$ とおくと，X の関数として，凸関数であることを使う．

図 4-2-6

両辺を自乗して，整理すれば

$$(1-t)^2 a + 2t(1-t)\sqrt{ab} + t^2 b \leqq (1-t)a + tb$$

$$(1-t)t(a - 2\sqrt{ab} + b) = (1-t)t(\sqrt{a} - \sqrt{b})^2 \geqq 0$$

$0 \leqq t \leqq 1$ だから，この不等式が成り立つことは明らかです.

Q. E. D.

練習問題 つぎの関数が凹関数であることを証明しなさい.

(1) $y = 3x + 2\sqrt{x}$　　$(x > 0)$

(2) $y = \sqrt{1-x}$　　$(x < 1)$

ヒント
(1) $2\sqrt{x}$ が凹関数であることを使う.
(2) $\sqrt{1-x}$ は，$1 - x = X$ とおくと，X の関数として凹関数であることを使う.

問題1　つぎの関数のグラフをえがき，凸関数であることを証明しなさい．
$$y = x^3 \quad (x > 0)$$

問題2　つぎの関数のグラフをえがき，凸関数であることを証明しなさい．
$$y = x^4 \quad (x \text{ は任意の数})$$

問題3　つぎの関数のグラフをえがき，凸関数であることを証明しなさい．
$$y = x^{\frac{3}{2}} = \sqrt{x^3} \quad (x > 0)$$

問題4　つぎの関数のグラフをえがき，凹関数であることを証明しなさい．
$$y = x^{\frac{1}{3}} = \sqrt[3]{x} \quad (x > 0)$$

問題5　つぎの関数のグラフをえがき，凹関数であることを証明しなさい．
$$y = x^{\frac{2}{3}} = \sqrt[3]{x^2} \quad (x > 0)$$

問題6　つぎの関数のグラフをえがき，凹関数であることを証明しなさい．
$$y = x^{\frac{1}{4}} = \sqrt[4]{x} \quad (x > 0)$$

第5章
二次関数と放物線

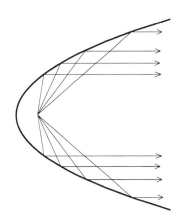

アルキメデスの反射鏡

　アルキメデスは数多くの器械，装置の発明家としても，歴史に名をのこしています．とくに，シラクサのヒエロン王のためにいろいろな兵器，武器を発明したのは有名な話です．そのなかに，巨大な反射鏡を城壁に備え付けて，太陽光線を反射させて，近くまできたローマ軍の艦船を炎上させたという話が伝えられています．この話はもちろん伝説にすぎませんが，アルキメデスの反射鏡の鏡面は放物線の形をしていました．放物線の鏡面は，遠くからきた光をすべてその焦点にあつめ，また焦点におかれた光源から出る光を遠くまで平行光線として反射させることをアルキメデスが証明しました．上の伝説は，このアルキメデスの放物線の原理を象徴するものだったのです．

　放物線の英語は Parabola（パラボラ）です．パラボラ・アンテナというのがありますが，表面が放物線の形をしていて，遠くからきた電波をすべて焦点にあつめるようになっています．放物線は二次関数のグラフによってあらわせます．放物線の性質は一般に，第2巻『図形を考える―幾何』でお話しした幾何の考え方ではかんたんに証明できません．どうしても代数的方法ないしは解析的方法を使わなければなりません．

二次曲線の接線

二次関数の勾配

　二次関数のグラフは，ふつう放物線とよばれる曲線になります．放物線についてお話しする前に，かんたんな二次関数を取り上げて，そのグラフの曲線の勾配について説明しましょう．一般の二次関数の場合も同じように考えればよいわけです．

　まず，二次関数のグラフ ϕ について，接線の考え方の説明からはじめることにしましょう．二次関数

(1)
$$y = x^2$$

のグラフの上の1点 $A = (a, a^2)$ をとります．たとえば，$A = (3, 9)$ を考えます．この点 A を通る直線が，A 以外の点で曲線 ϕ と交点をもたないときに，A における曲線 ϕ の接線といいます．

　$A = (3, 9)$ における曲線 ϕ の接線を求めるために，任意の直線

(2)
$$y = mx + n$$

と曲線 ϕ との交点を計算します．この式を二次関数の式(1)に代入すれば

$$mx + n = x^2 \;\Rightarrow\; x^2 - mx - n = 0$$

直線(2)が，二次関数のグラフ(1)とただ1つの交点をもつのは，この二次方程式の根がちょうど1つ存在するときです．このための必要，十分な条件は判別式 D が 0 となることです．

$$D = m^2 + 4n = 0 \;\Rightarrow\; n = -\frac{1}{4}m^2$$

この関係式を直線の方程式(2)に代入すれば

$$y = mx - \frac{1}{4}m^2$$

一方，$x = 3$ のとき $y = 9$ だから

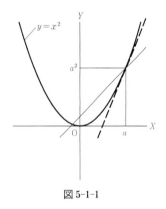

図 5-1-1

$$9 = 3m - \frac{1}{4}m^2 \quad \Rightarrow \quad m^2 - 12m + 36 = 0 \quad \Rightarrow \quad m = 6$$

したがって，$A = (3, 9)$ における曲線 ϕ の接線の方程式は

$$y - 9 = 6(x - 3)$$

によって与えられることになります．

　一般に，$A = (a, a^2)$ における曲線 ϕ の接線もまったく同じようにして求めることができます．念のため，くり返しておきます．まず，任意の直線

$$(3) \qquad\qquad y = mx + n$$

と曲線 ϕ との交点を求めます．この式を二次関数の式(1)に代入すれば

$$mx + n = x^2 \quad \Rightarrow \quad x^2 - mx - n = 0$$

直線(3)が二次関数のグラフ(1)とただ1つの交点をもつために必要，十分な条件は

$$D = m^2 + 4n = 0 \quad \Rightarrow \quad n = -\frac{1}{4}m^2$$

$$y = mx - \frac{1}{4}m^2$$

$x = a$ のとき $y = a^2$ だから，$a^2 = ma - \frac{1}{4}m^2$.

$$m^2 - 4am + 4a^2 = 0 \quad \Rightarrow \quad (m - 2a)^2 = 0 \quad \Rightarrow \quad m = 2a$$

したがって，$A = (a, a^2)$ における曲線 ϕ の接線の方程式は

$$y - a^2 = 2a(x - a)$$

練習問題　二次関数 $y = x^2 - 3x + 2$ のグラフについて，つぎの各点における接線の方程式を自分で計算して求めなさい．
$(-2, 12)$，　$(-1, 6)$，　$(0, 2)$，　$(1, 0)$，　$(2, 0)$，　$(3, 2)$

直線の勾配

　$A = (a, a^2)$ における曲線 ϕ の接線の方程式はつぎの形をもつことがわかりました．

$$y - a^2 = m(x - a), \qquad m = 2a$$

このとき，$m = 2a$ が二次曲線 ϕ の接線の勾配です．

　一般に，一次関数

$$(4) \qquad\qquad y = mx + n$$

のグラフについて，x の係数 m をこの直線の勾配といいます．たとえば，上の例で，A＝$(3,9)$ における曲線 ϕ の接線の方程式は

$$y-9 = 6(x-3) \quad \Rightarrow \quad y = 6x-9$$

この直線の勾配は $m＝6$ です．

　一次関数(4)について，変数 x の値が 1 だけ大きくなって，$x+1$ になったとすれば，y の値は m だけふえて，$y+m$ となります．また，変数 x の値が h だけ大きくなって，$x+h$ になったとすれば，y の値は mh だけふえて，$y+mh$ となります．つまり，変数 x の値がふえたときに，それに対して変数 y の値のふえる割合が m となるといってもよいわけです．この割合を，勾配といいます．数学では，勾配を厳密に定義するときには，つぎのようにします．

　一次関数(4)について，変数 x の値が $\varDelta x$ だけ大きくなって，$x+\varDelta x$ になったとき，y の値が $\varDelta y$ だけふえて，$y+\varDelta y$ となったとします．このとき，$\dfrac{\varDelta y}{\varDelta x}$ を変数 x に対する変数 y の増加率，変化率あるいは勾配といいます．

$$\varDelta y = m\varDelta x \quad \Rightarrow \quad \frac{\varDelta y}{\varDelta x} = m$$

ここで，$\varDelta x, \varDelta y$ は，x, y という変数の増分をあらわす記号で，$\varDelta$ と x，$\varDelta$ と y はつねに一緒にしていなければなりません．けっして切りはなして使ってはいけません．

　勾配は英語の Gradient の訳です．みなさんもよく鉄道の線路のわきに，15/1000 というような道標があるのに気づいたことがあると思います．これは，線路の勾配をあらわす標識です．15/1000 というのは，1000 m いったときに，15 m 上がる(場合によっては下がる)ことを意味します．

　任意の点 A における曲線 ϕ の接線は，A を通り曲線 ϕ と等しい勾配をもつ直線を求めればよいわけです．しかし，直線の勾配はかんたんに計算できますが，二次関数のグラフ ϕ については，その勾配を計算するのはかならずしも容易ではありません．図 5-1-3 には，二次関数

(1) $$y = x^2$$

のグラフがえがかれています．変数 x の値が $\varDelta x$ だけ大きくなって，$x+\varDelta x$ になったとき，y の値が $\varDelta y$ だけふえて，y

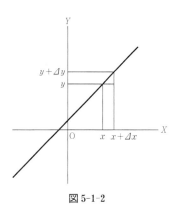

図 5-1-2

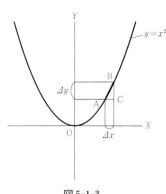

図 5-1-3

$+\varDelta y$ となったとします．このとき，A $=(x,y)$ から B $=(x$ $+\varDelta x,y+\varDelta y)$ に移り，変化率は $\dfrac{\varDelta y}{\varDelta x}$ によって定義されます．

二次関数(1)について，変化率 $\dfrac{\varDelta y}{\varDelta x}$ をじっさいに計算してみましょう．

$$y+\varDelta y = (x+\varDelta x)^2,\ \ y = x^2$$
$$\Rightarrow\ \ \varDelta y = (x+\varDelta x)^2 - x^2 = 2x\varDelta x + (\varDelta x)^2$$
$$\frac{\varDelta y}{\varDelta x} = 2x + \varDelta x$$

この変化率 $\dfrac{\varDelta y}{\varDelta x}$ は，x だけでなく，$\varDelta x$ にも依存します．図 5-1-3 からわかるように，x が大きくなるにしたがって，$\dfrac{\varDelta y}{\varDelta x}$ も大きくなります．いま，A を通って X 軸に平行な直線が B を通って Y 軸に平行な直線と交わる点を C とします．

$$\overline{\mathrm{AC}} = \varDelta x,\ \ \ \ \overline{\mathrm{BC}} = \varDelta y$$

直角三角形 $\triangle\mathrm{BAC}$ を考えてみると，$\dfrac{\overline{\mathrm{BC}}}{\overline{\mathrm{AC}}} = \dfrac{\varDelta y}{\varDelta x}$ は $\theta = \angle\mathrm{BAC}$ によって決まります．この比を角 θ のタンジェントといい，$\tan\theta$ という記号であらわし，タンジェント・シータとよみます(短くタン・シータともいいます)．

$$\tan\theta = \frac{\varDelta y}{\varDelta x}$$

このようにして定義した変化率 $\dfrac{\varDelta y}{\varDelta x}$ は x の増分 $\varDelta x$ の大きさに依存して変わってきます．ここで，x の増分 $\varDelta x$ がかぎりなく 0 に近づいたときに，変化率 $\dfrac{\varDelta y}{\varDelta x}$ がどのように変わるかをみてみましょう．二次関数(1)については

$$\frac{\varDelta y}{\varDelta x} = 2x + \varDelta x$$

x の増分 $\varDelta x$ がかぎりなく 0 に近づいたときに，変化率 $\dfrac{\varDelta y}{\varDelta x}$ が $2x$ に近づくことはすぐわかるでしょう．このことを記号を使ってつぎのようにあらわします．

$$\lim_{\varDelta x \to 0} \frac{\varDelta y}{\varDelta x} = 2x$$

$\varDelta x$ がかぎりなく 0 に近づいたときに，変化率 $\dfrac{\varDelta y}{\varDelta x}$ がかぎりなく $2x$ に近づくことを意味します．数学では，変化率 $\dfrac{\varDelta y}{\varDelta x}$ の極限が $2x$ であるといいます．極限を英語でいうと Limit です．上の表現で $\lim\limits_{\varDelta x \to 0} \dfrac{\varDelta y}{\varDelta x}$ という記号は，$\varDelta x \to 0$ のときの $\dfrac{\varDelta y}{\varDelta x}$ の極限を意味します．

二次関数の場合，$\lim\limits_{\varDelta x \to 0} \dfrac{\varDelta y}{\varDelta x}$ は単純に $\varDelta x = 0$ とおけばよいわけです．ことさら $\lim\limits_{\varDelta x \to 0} \dfrac{\varDelta y}{\varDelta x}$ というような複雑な表現を使わなくてもよいのではないかと思うかもしれませんが，もっと複雑な関数の場合，極限の考え方が大切な役割をはたします．第5巻『関数をしらべる―微分法』では，$\lim\limits_{\varDelta x \to 0} \dfrac{\varDelta y}{\varDelta x}$ の考え方が中心になっています．

練習問題

(1) 二次関数 $y = x^2 - 3x + 2$ について，つぎの各点における勾配 $\lim\limits_{\varDelta x \to 0} \dfrac{\varDelta y}{\varDelta x}$ を計算しなさい．

$\quad (-2, 12), \quad (-1, 6), \quad (2, 0), \quad (5, 12)$

(2) 二次関数 $y = -3x^2 + 5x - 12$ について，つぎの各点における勾配 $\lim\limits_{\varDelta x \to 0} \dfrac{\varDelta y}{\varDelta x}$ を計算しなさい．

$\quad (-1, -20), \quad (2, -14), \quad (5, -62), \quad (-2, -34)$

(3) 二次関数 $y = ax^2 + bx + c$ について，任意の点 (x, y) における勾配 $\lim\limits_{\varDelta x \to 0} \dfrac{\varDelta y}{\varDelta x}$ を計算しなさい．

(4) 二次関数 $y = ax^2 + bx + c$ について，$\lim\limits_{\varDelta x \to 0} \dfrac{\varDelta y}{\varDelta x} = 0$ となるような x の値を求めなさい．$a > 0$ のとき，このような

x の値は与えられた二次関数の谷底となり，$a<0$ のときには，山頂となることをたしかめなさい．

二次曲線と放物線

二次曲線と放物線

　二次関数のグラフがあらわす曲線はふつう放物線とよばれています．放物線は円錐曲線の一種です．円錐曲線については，第2巻『図形を考える―幾何』の第9章「ギリシアの数学」でかんたんにふれましたが，じつは大へんむずかしい問題です．円錐曲線についても，ギリシアの数学者アルキメデス，アポロニウスの研究を中心にお話ししたいと思います．

　最初に，かんたんな二次関数を取り上げます．放物線として考えるときには，X 軸と Y 軸をとりかえて，つぎのような形であらわす方が便利です．

　(1)
$$y^2 = x$$

この二次関数のグラフは図 5-2-1 に示すような形をしています．(1)であらわされる二次関数を y について解けば

　(2)
$$y = \pm\sqrt{x}$$

となって，図 5-2-1 に示すように $y=\sqrt{x}$ と $y=-\sqrt{x}$ の2つの分枝から成り立っています．ただし，この関数(2)は，$x \geqq 0$ のところだけしか定義できません．

　さて，直線 ℓ と点 F をつぎのようにえらびます．

$$\ell: x = -\frac{1}{4}, \quad \mathrm{F} = \left(\frac{1}{4}, 0\right)$$

定理　二次関数(1)によってあらわされる曲線 ϕ の上の任意の点を $\mathrm{P}=(x, y)$ とすれば，P と F の間の距離 $\overline{\mathrm{PF}}$ は，P と直線 ℓ の間の距離 $\overline{\mathrm{PH}}$ と等しくなる．［P から直線 ℓ に下ろした垂線の足を H とする．］

証明　$y=\sqrt{x}$ の分枝だけを考えれば十分です．曲線 ϕ 上の

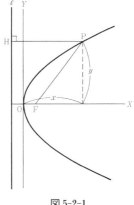

図 5-2-1

点 $P = (y^2, y)$ と $F = \left(\dfrac{1}{4}, 0\right)$ の間の距離 $\overline{PF}$ は

$$\overline{PF} = \sqrt{\left(y^2 - \dfrac{1}{4}\right)^2 + y^2} = \sqrt{y^4 + \dfrac{2}{4}y^2 + \dfrac{1}{16}} = y^2 + \dfrac{1}{4} = \overline{PH}$$

Q. E. D.

放物線は，与えられた直線 ℓ との間の距離 $\overline{PH}$ と与えられた点 F との間の距離 $\overline{PF}$ が等しくなるような点 P の軌跡として定義されます．このとき，F を焦点，ℓ を準線，X 軸を主軸といいます．

定理 座標軸 (X, Y) を適当にとって
$$\ell\colon x = -c, \qquad F = (c, 0)$$
とあらわせるとする．直線 ℓ との間の距離 $\overline{PH}$ と与えられた点 F との間の距離 $\overline{PF}$ が等しくなるような点 $P = (x, y)$ の軌跡は，つぎの二次方程式であらわされる．

$$(3) \qquad\qquad y^2 = 4cx$$

証明 $P = (x, y)$ と $F = (c, 0)$ の間の距離は，
$$\overline{PF} = \sqrt{(x-c)^2 + y^2}$$
P と直線 ℓ の間の距離は，$\overline{PH} = x + c$.
$$\overline{PF} = \overline{PH} \iff \sqrt{(x-c)^2 + y^2} = x + c$$
$$\iff (x-c)^2 + y^2 = (x+c)^2 \iff y^2 = 4cx$$

Q. E. D.

練習問題 つぎの二次関数のグラフの放物線について，準線，焦点を計算しなさい．

(1) $x = 4y^2$ 　　　　　　　(2) $x = -4y^2$

(3) $y = x^2$ 　　　　　　　(4) $y = -x^2$

(5) $y = x^2 - 6x + 10$ 　　　(6) $y = -x^2 + 6x - 10$

(7) $y - b = c(x-a)^2$ 　　$(c \neq 0)$

(8) $(y-b)^2 = c(x-a)$ 　　$(c \neq 0)$

72 ページの練習問題の答え
(1) -7, -5, 1, 7 　(2) 11, -7, -25, 17 　(3) $2ax + b$
(4) $-\dfrac{b}{2a}$

放物線と反射鏡の原理

一般の放物線 $y^2 = 4cx$ について，準線は直線 $\ell\colon x = -c$ で，焦点は $F = (c, 0)$ です．F を焦点というのは，つぎのような理由からです．いま，断面が放物線 $y^2 = 4cx$ となるような反

射鏡があるとします．このとき，遠くの光源からの平行な光線はすべて，この反射鏡で反射されて上の点 F にあつまります．このような意味で，F を焦点というわけです．焦点をF であらわすのは，焦点の英語 Focus の頭文字をとったものです．

定理 放物線 $y^2 = 4cx$ 上の任意の点 $\mathrm{P} = (x, y)$ における接線を APB とする．〔A はこの接線と X 軸との交点とする．〕このとき，P を通り，X 軸に平行な直線 PC と接線 PB の間の角 $\angle \mathrm{BPC}$ と，P と焦点 F をむすぶ直線 PF と接線 AP の間の角 $\angle \mathrm{APF}$ とは等しい．

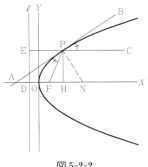

図 5-2-2

証明 前に証明した二次関数のグラフの曲線の接線の勾配にかんする定理を使います．ただ注意しなければならないのは，X 軸と Y 軸が転置されていることです．

$y^2 = 4cx$ を $x = \dfrac{1}{4c}y^2$ と書きなおすと，Y 軸に対する接線の

勾配は $\dfrac{1}{2c}y$ となることがわかります．x と y の役割が転置さ

れていることに留意して，$\mathrm{P} = (x, y)$ から X 軸に下ろした垂線の足を H とし，$\theta = \angle \mathrm{APH}$ とおきます．

$$\overline{\mathrm{PH}} = y, \qquad \overline{\mathrm{OH}} = x = \frac{1}{4c}y^2, \qquad \tan\theta = \frac{1}{2c}y$$

$$\overline{\mathrm{AH}} = \overline{\mathrm{PH}}\tan\theta = y \times \frac{1}{2c}y = \frac{1}{2c}y^2 = 2x$$

$$\overline{\mathrm{AO}} = \overline{\mathrm{AH}} - \overline{\mathrm{OH}} = 2x - x = x$$

$$\overline{\mathrm{AF}} = \overline{\mathrm{AO}} + \overline{\mathrm{OF}} = \overline{\mathrm{OH}} + \overline{\mathrm{DO}} = \overline{\mathrm{DH}} = \overline{\mathrm{PE}}$$

〔D は X 軸と準線の交点，E は P を通り X 軸に平行な直線と準線の交点．〕放物線の性質から，

$$\overline{\mathrm{PE}} = \overline{\mathrm{PF}} \quad \Rightarrow \quad \overline{\mathrm{AF}} = \overline{\mathrm{PF}} \quad \Rightarrow \quad \angle \mathrm{APF} = \angle \mathrm{PAF}$$

直線 EPC は X 軸に平行だから，

$$\angle \mathrm{BPC} = \angle \mathrm{PAF} \quad \Rightarrow \quad \angle \mathrm{APF} = \angle \mathrm{BPC}$$

Q. E. D.

点 P で，放物線 $y^2 = 4cx$ の接線に対して $90°$ の角度をもつ直線 PN を立てます（PN を，接線 AB の P における法線とよびます）．このとき，$\angle \mathrm{NPC}$ を入射角，$\angle \mathrm{NPF}$ を反射角といいます．上の定理は，平行線 CP の入射角と焦点への

直線 PF の反射角とが等しいことを意味します．遠くの光源からの平行な光線が，この放物線 $y^2=4cx$ の表面をもった反射鏡に反射されて F にあつまることが証明されたわけです．

例題 1 放物線 $y^2=4x$ 上の点 P における接線が X 軸と交わる点を A とすれば，原点 O は点 A と点 P から X 軸に下ろした垂線の足 H とをむすぶ線分 PH の中点となる．

証明 上の定理の証明から明らかですが，念のため，証明をしておきます．P の座標を $\left(\dfrac{a^2}{4}, a\right)$ とすれば，A における X 軸に対する接線の勾配は，$m=\dfrac{2}{a}$.

$$y-a = m\left(x-\frac{a^2}{4}\right) = \frac{2}{a}\left(x-\frac{a^2}{4}\right) = \frac{2}{a}x - \frac{a}{2}$$

$$\Rightarrow \quad y = \frac{2}{a}x + \frac{a}{2}$$

この接線が X 軸と交わる点 A の X 座標 x は

$$\frac{2}{a}x + \frac{a}{2} = 0 \quad \Rightarrow \quad x = -\frac{a^2}{4} \quad \Rightarrow \quad \overline{PO} = \frac{a^2}{4} = \overline{HO}$$

Q. E. D.

例題 2 放物線 $y^2=4x$ 上の 2 つの点 A, B をむすぶ線分 AB に平行な接線が放物線と接する点 P を通り，X 軸に平行な直線が線分 AB と交わる点を Q とすれば，Q は線分 AB の中点となる．

証明 2 点 A, B の座標を $\left(\dfrac{a^2}{4}, a\right)$, $\left(\dfrac{b^2}{4}, b\right)$ とすれば，線分 AB の勾配は

$$m = \frac{a-b}{\dfrac{a^2}{4} - \dfrac{b^2}{4}} = \frac{4}{a+b}$$

放物線 $y^2=4x$ 上の任意の点 $\left(\dfrac{y^2}{4}, y\right)$ における X 軸に対する接線の勾配は $m=\dfrac{2}{y}$. したがって，線分 AB に平行な接線が放物線と接する点 P の座標を $\left(\dfrac{y^2}{4}, y\right)$ とすれば

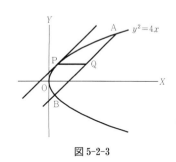

図 5-2-3

74 ページの練習問題の答え

(1) $x=-\dfrac{1}{16}$, $\left(\dfrac{1}{16}, 0\right)$ (2) $x=\dfrac{1}{16}$, $\left(-\dfrac{1}{16}, 0\right)$ (3) $y=-\dfrac{1}{4}$, $\left(0, \dfrac{1}{4}\right)$

(4) $y=\dfrac{1}{4}$, $\left(0, -\dfrac{1}{4}\right)$ (5) $y=\dfrac{3}{4}$, $\left(3, \dfrac{5}{4}\right)$ (6) $y=-\dfrac{3}{4}$, $\left(3, -\dfrac{5}{4}\right)$

(7) $y=b-\dfrac{1}{4c}$, $\left(a, b+\dfrac{1}{4c}\right)$

(8) $x=a-\dfrac{c}{4}$, $\left(a+\dfrac{c}{4}, b\right)$

$$\frac{4}{a+b}=\frac{2}{y} \quad\Rightarrow\quad y=\frac{a+b}{2}$$

P を通り X 軸に平行な直線が線分 AB と交わる点は線分 AB の中点となります。　　　　　　　　　　　　Q. E. D.

例題 3 放物線 $y^2=4x$ の外の点 P から放物線に引いた接線の接点を A, B とすれば，P を通り X 軸に平行な直線が線分 AB と交わる点 Q は線分 AB の中点となる。

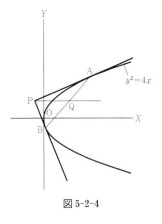

図 5-2-4

証明 A の座標を $\left(\dfrac{a^2}{4},a\right)$ とすれば，A における接線の方程式は $y=\dfrac{2}{a}x+\dfrac{a}{2}$。P の座標を (p,q) とおけば

$$q=\frac{2}{a}p+\frac{a}{2} \quad\Rightarrow\quad a^2-2qa+4p=0$$

同じように，B の座標を $\left(\dfrac{b^2}{4},b\right)$ とすれば

$$q=\frac{2}{b}p+\frac{b}{2} \quad\Rightarrow\quad b^2-2qb+4p=0$$

$$a^2-b^2-2q(a-b)=0 \quad\Rightarrow\quad q=\frac{1}{2}\frac{a^2-b^2}{a-b}=\frac{a+b}{2}$$

P を通り X 軸に平行な直線が線分 AB と交わる点 Q は線分 AB の中点となります。　　　　　　　　　　Q. E. D.

例題 4 放物線 $y^2=4x$ の準線上の点 P から放物線に引いた2つの接線はお互いに直交する。

証明 2つの接線の接点 A, B の座標を $\left(\dfrac{a^2}{4},a\right)$，$\left(\dfrac{b^2}{4},b\right)$ とすれば，A, B における接線の方程式は

$$y=\frac{2}{a}x+\frac{a}{2}, \qquad y=\frac{2}{b}x+\frac{b}{2}$$

この2つの接線の交点 $P=(x,y)$ は

$$\frac{2}{a}x+\frac{a}{2}=\frac{2}{b}x+\frac{b}{2} \quad\Rightarrow\quad \left(\frac{2}{a}-\frac{2}{b}\right)x=\frac{b}{2}-\frac{a}{2}$$

$$\Rightarrow\quad x=\frac{ab}{4},\ y=\frac{a+b}{2}$$

点 $P=(x,y)$ が準線上にあるとすれば，

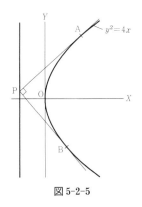

図 5-2-5

$$x = -1 \quad \Rightarrow \quad \frac{ab}{4} = -1 \quad \Rightarrow \quad \frac{2}{a} \times \frac{2}{b} = -1$$

2つの直線 $y = \dfrac{2}{a}x + \dfrac{a}{2}$, $y = \dfrac{2}{b}x + \dfrac{b}{2}$ が直交することがわかります.　　　　　　　　　　　　　　　　　Q. E. D.

　念のため，2つの直線が直交するための条件を証明しておきます.

2つの直線が直交するための条件　2つの一次方程式
$$y = mx + n, \qquad y = m'x + n' \qquad (m, m' \neq 0)$$
によってあらわされる直線がお互いに直交するための必要，十分条件は
$$m \times m' = -1$$

証明　$m > 0$ の場合を考えればよい. 2つの方程式の交点をAとし，Aを通って X 軸に平行な直線を引き，$\overline{AB} = 1$ となるような点Bをとります. Bを通り，Y 軸に平行な直線が上の2つの直線と交わる点をC, Dとすれば，$\overline{BC} = m$, $\overline{BD} = -m'$.

　この2つの直線が直交するための必要，十分な条件は
$$\triangle ABC \backsim \triangle DBA \quad \Leftrightarrow \quad \frac{\overline{BC}}{\overline{BA}} = \frac{\overline{BA}}{\overline{BD}} \quad \Leftrightarrow \quad m = -\frac{1}{m'}$$
　　　　　　　　　　　　　　　　　　　　　　　　　Q. E. D.

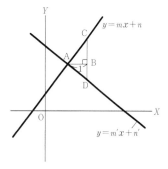

図 5-2-6

例題5　放物線 $y^2 = 4x$ について，お互いに直交するような2つの接線の交点Pは準線上にある.

証明　2つの接線の接点 A, B の座標を $\left(\dfrac{a^2}{4}, a\right)$, $\left(\dfrac{b^2}{4}, b\right)$ とすれば，A, Bにおける接線の方程式は $y = \dfrac{2}{a}x + \dfrac{a}{2}$, $y = \dfrac{2}{b}x + \dfrac{b}{2}$ となります. したがって，この2つの接線の交点 P $= (x, y)$ は
$$\frac{2}{a}x + \frac{a}{2} = \frac{2}{b}x + \frac{b}{2} \quad \Rightarrow \quad \left(\frac{2}{a} - \frac{2}{b}\right)x = \frac{b}{2} - \frac{a}{2}$$
$$\Rightarrow \quad x = \frac{ab}{4}, \quad y = \frac{a+b}{2}$$

この2直線が直交すれば

$$\frac{2}{a} \times \frac{2}{b} = -1 \quad \Rightarrow \quad x = \frac{ab}{4} = -1$$

求める軌跡は放物線の準線 $x=-1$ となります. Q. E. D.

練習問題

(1) 放物線 $y^2=4cx$ 上の点Pから X 軸に下ろした垂線の足をHとし,HOを延長して原点Oが中点となるような点Aをとれば,PAはPにおけるこの放物線の接線となる.

(2) m は一定で,p が自由に動くとき,直線 $y=mx+p$ と放物線 $y^2=4cx$ の交点P, Qをむすぶ弦の中点Rの軌跡は,接線の勾配が m となるような放物線 $y^2=4cx$ 上の点を通り X 軸に平行な直線となる.

(3) 放物線 $y^2=4cx$ の弦 AB の両端 A, B における接線が交わる点をPとし,弦 AB の中点をQとすれば,直線 PQ は X 軸と平行となる.

(4) 放物線 $y^2=\dfrac{2}{3}x$ について,点 $P=(216, 12)$ における接線の方程式を求め,その X 軸との交点Aと X 軸に下ろした垂線の足Hをむすぶ線分の中点が原点Oとなっていることを計算してたしかめなさい.

(5) 放物線 $y^2=\dfrac{2}{3}x$ について,$A=(24, -4)$,$B=(216, 12)$ における接線の交点Pを求め,弦 AB の中点Qとむすぶ直線 PQ を求めなさい.

79ページの練習問題の答え
(1) 例題1の証明を逆にたどればよい.
(2) 例題2を適用する.
(3) 例題3を適用する.
(4) $y=\dfrac{1}{36}x+6$, $A=(-216, 0)$, $H=(216, 0)$.
(5) $P=(-72, 4)$, $Q=(120, 4)$, $y=4$

問題1　二次関数 $y^2 = 4ax$ によってあらわされる放物線について，準線の方程式，焦点の座標を計算し，接線の勾配が m となるような点の座標 $P = (x, y)$ をじっさいに計算して求めなさい.

問題2（アルキメデスのレンマ）　放物線の弦 AB の一端 A における接線と点 B を通り主軸に平行な直線との交点を C とする. 弦 AB 上の任意の点 P を通り，BC に平行な直線が接線 AC，放物線と交わる点を Q, R とすれば，

$$\overline{QR} : \overline{RP} = \overline{AP} : \overline{PB} = \overline{AQ} : \overline{QC}$$

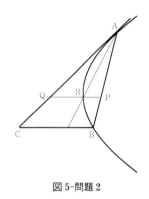

図 5-問題 2

問題3　準線 ℓ 上の任意の点 P から放物線に引いた 2 つの接線の接点 Q, R をむすぶ弦は放物線の焦点 F を通る.

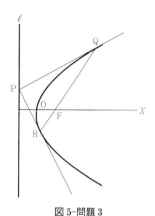

図 5-問題 3

問題4　与えられた放物線上の任意の点 A における接線と法線（75 ページ参照）が主軸と交わる点をそれぞれ P, N とすれば，焦点 F は線分 PN の中点となる.

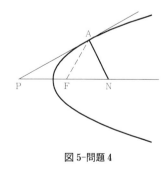

図 5-問題 4

問題5　与えられた放物線の焦点 F を通る任意の弦の 2 つの端点 P, Q における接線の交点 R の軌跡を求めなさい.

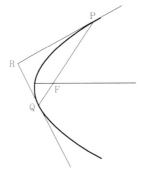

図 5-問題 5

問題6　与えられた放物線の主軸上の定点 A を通る任意の弦の 2 つの端点 P, Q における接線の交点 R の軌跡を求めなさい.

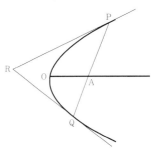

図 5-問題 6

問題7　与えられた放物線の焦点 F を通る任意の弦の 2 つの端点 P, Q における法線の交点 R の軌跡を求めなさい.

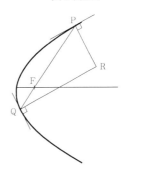

図 5-問題 7

問題8　与えられた放物線の外にあって主軸に垂直な直線 ℓ の上の任意の点 P から放物線に引いた 2 つの接線の接点 Q, R における法線の交点 S の軌跡を求めなさい.

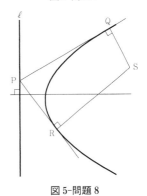

図 5-問題 8

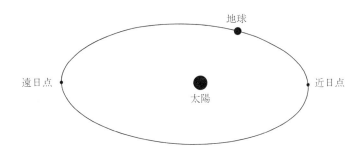

第 6 章
円と楕円

地球の公転軌道と楕円

地球が太陽のまわりを楕円の軌道をえがいて回っていることはみなさんもよく知っていると思います．楕円は，2つの焦点からの距離の和が一定となるような点の軌跡です．太陽を1つの焦点として，地球が楕円の周上を回っているわけです．

　地球の公転の周期は約 365.24 日ですが，その公転軌道はながい年月を通じて，わずかずつですが変化しています．1年を通じて地球が太陽にもっとも近づくのは1月頃で，その距離は近日点距離といって，ほぼ1億 4700 万 km です．これに対して，地球が太陽からもっとも遠くなるのは7月頃で，その遠日点距離はほぼ1億 5200 万 km です．2つの焦点の間の距離はだいたい 500 万 km です．地球の公転軌道は長半径1億 4950 万 km，短半径1億 4940 万 km の楕円となるわけです．地球の公転軌道を 1000 億分の1の縮尺でえがくと，長半径 149.5 cm，短半径 149.4 cm，2つの焦点の間の長さが5 cm の楕円で，ほとんど円といってもよいわけです．ケプラーは観測の結果，地球の公転軌道が楕円となることを発見したわけですが，その観測の精度はまさに驚嘆に値するものだといってよいと思います．

1

円

第 2 巻『図形を考える─幾何』では，ユークリッド幾何についてお話ししました．ユークリッド幾何は主として，三角形と円について，その性質をしらべるものでした．ここでは，代数の考え方を使って円の幾何的性質をしらべ，さらにすすんで，楕円についても，かんたんにその構造を分析することにしたいと思います．

円の方程式

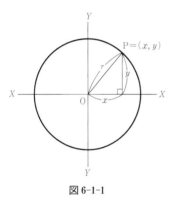

図 6-1-1

円は，ある 1 点 O からの距離が一定の長さ r となるような点 P の軌跡です．O が中心で，r が半径です．O が原点となるような座標軸 (X, Y) を考え，P の座標を (x, y) とします．ピタゴラスの定理によって，$P = (x, y)$ と原点 $O = (0, 0)$ の距離は $\sqrt{x^2 + y^2}$ によって与えられます．したがって，円の代数的表現はつぎのようになります．

$$x^2 + y^2 = r^2$$

第 2 巻『図形を考える─幾何』で証明した円にかんする命題のなかには，代数の考え方を使うと比較的かんたんに証明できる問題もあります．その代表的な例をいくつかあげておきましょう．

例題 1 直径の円周角は直角である．

証明 与えられた直径 AB の両端の座標が $A = (r, 0)$，$B = (-r, 0)$ となるように (X, Y) 軸をえらびます．$P = (x, y)$ から X 軸に下ろした垂線の足を C とすれば

$$C = (x, 0), \quad \overline{PC}^2 = y^2, \quad \overline{AC}^2 = (x - r)^2, \quad \overline{BC}^2 = (x + r)^2$$
$$\overline{PA}^2 = \overline{AC}^2 + \overline{PC}^2 = (x - r)^2 + y^2,$$
$$\overline{PB}^2 = \overline{BC}^2 + \overline{PC}^2 = (x + r)^2 + y^2$$
$$\overline{PA}^2 + \overline{PB}^2 = \{(x - r)^2 + y^2\} + \{(x + r)^2 + y^2\}$$
$$= 2(x^2 + y^2 + r^2) = 4r^2,$$
$$\overline{AB}^2 = \{r - (-r)\}^2 = 4r^2 \quad \Rightarrow \quad \overline{PA}^2 + \overline{PB}^2 = \overline{AB}^2$$

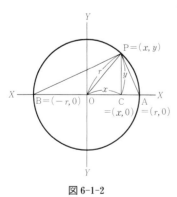

図 6-1-2

ピタゴラスの定理の逆によって，△PAB は直角三角形となります． Q. E. D.

練習問題 中心 O＝(0,0)，半径 $r=5$ の円 $x^2+y^2=25$ について，つぎのことをじっさいに計算して証明しなさい．

(1) A＝(4,3)，B＝(−4,−3) がこの円上にあり，線分 AB は直径となる．

(2) この円上に任意の点 P＝(x,y) をとるとき，△PAB が直角三角形となる．

例題2 三角形 △ABC の各頂点 A, B, C から等しい距離にある点 P を求めなさい．

解答 △ABC の各頂点 A, B, C の座標が A＝(a, b)，B＝$(−c,0)$，C＝$(c,0)$ となるように (X, Y) 軸をえらびます．P＝(x,y) が A, B, C から等しい距離にあるとすれば

$$\overline{PA}=\overline{PB}=\overline{PC}$$

$\Rightarrow \quad \sqrt{(x-a)^2+(y-b)^2}=\sqrt{(x+c)^2+y^2}=\sqrt{(x-c)^2+y^2}$

$\Rightarrow \quad x=0, \quad y=\dfrac{a^2+b^2-c^2}{2b}$

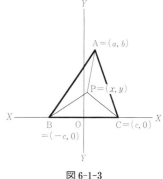

図 6-1-3

P は辺 BC の垂直二等分線上にあります．他の辺 AB, CA についても同じようにして，P はそれぞれの辺の垂直二等分線上にあることが示されます．〔P は三角形 △ABC の外心です．〕

練習問題 つぎの三角形 △ABC の外心，外接円の半径の長さを計算しなさい．

(1) A＝(3,6)，B＝(1,2)，C＝(5,4)

(2) A＝(2,5)，B＝(−4,−1)，C＝(6,1)

例題3(アポロニウスの円) 2つの定点 A, B との間の距離の比 $\overline{PA}:\overline{PB}$ が一定の値 $m:n \,(m>n>0)$ をとるような点 P の軌跡を求めなさい．

$$\overline{PA}:\overline{PB}=m:n$$

解答 A を原点として，直線 AB を X 軸にとり，それに直交して Y 軸をとる．線分 AB の長さを a とし，P の座標を (x,y) とおけば

1

円

$$\overline{\text{PA}} : \overline{\text{PB}} = \sqrt{x^2+y^2} : \sqrt{(x-a)^2+y^2} \Rightarrow \frac{\sqrt{x^2+y^2}}{\sqrt{(x-a)^2+y^2}} = \frac{m}{n}$$

$$m^2\{(x-a)^2+y^2\} = n^2(x^2+y^2)$$

$$\Rightarrow \ (m^2-n^2)x^2 - 2m^2ax + (m^2-n^2)y^2 + m^2a^2 = 0$$

$$\left(x - \frac{m^2}{m^2-n^2}a\right)^2 + y^2 = \left(\frac{mn}{m^2-n^2}a\right)^2$$

求める軌跡は $\left(\dfrac{m^2}{m^2-n^2}a, 0\right)$ を中心として，半径 $\dfrac{mn}{m^2-n^2}a$

の円となります．

$$\frac{m^2}{m^2-n^2}a - \frac{mn}{m^2-n^2}a = \frac{m}{m+n}a,$$

$$\frac{m^2}{m^2-n^2}a + \frac{mn}{m^2-n^2}a = \frac{m}{m-n}a$$

は線分 AB を $m : n$ の比にそれぞれ内分，外分する点となり，アポロニウスの円はこの 2 つの点をむすぶ線分を直径とする円となるわけです．

85 ページの練習問題（上）の答え
(1) $4^2+3^2=5^2$，$(-4)^2+(-3)^2=5^2$，$\frac{1}{2}\{(4,3)+(-4,-3)\}=(0,0)$
(2) 本文の証明を $r=5$ の場合に同じようにくり返せばよい．

85 ページの練習問題（下）の答え
(1) $\left(\frac{8}{3}, \frac{11}{3}\right)$，$\frac{5\sqrt{2}}{3}$
(2) $(1,0)$，$\sqrt{26}$

練習問題 アポロニウスの円をつぎの場合に自分で計算して求め，作図しなさい．
(1) $A=(1,2)$，$B=(5,4)$，$m:n=2:1$
(2) $A=(4,6)$，$B=(14,1)$，$m:n=3:2$
(3) $A=(1,2)$，$B=(5,4)$，$m:n=1:2$

円の接線

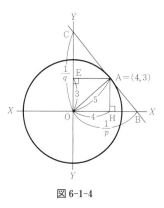

図 6-1-4

原点 $O=(0,0)$ を中心とする半径 $r=5$ の円の方程式を考えます．

$$x^2+y^2=25$$

この円上の点 $A=(4,3)$ における接線の方程式を

$$px+qy=1$$

として，p, q の値を求めましょう．

この方程式のグラフ ℓ が X 軸，Y 軸と交わる点をそれぞれ B, C とします．

$$B = \left(\frac{1}{p}, 0\right), \qquad C = \left(0, \frac{1}{q}\right)$$

直線 ℓ が円の接線のとき，$\angle OAB = 90°$ になるので，A から

X 軸に下ろした垂線の足を H とすれば，$\triangle$OHA と $\triangle$OAB が相似となります．したがって

$$\overline{\text{OH}} : \overline{\text{OA}} = \overline{\text{OA}} : \overline{\text{OB}} \quad \Rightarrow \quad 4 : 5 = 5 : \frac{1}{p} \quad \Rightarrow \quad p = \frac{4}{25}$$

同じように，A から Y 軸に下ろした垂線の足を E とすれば，$\triangle$OEA と $\triangle$OAC が相似となり

$$3 : 5 = 5 : \frac{1}{q} \quad \Rightarrow \quad q = \frac{3}{25}$$

このようにして，A $=(4, 3)$ における円の接線の方程式は，つぎのようにあらわされることがわかります．

$$\frac{4}{25}x + \frac{3}{25}y = 1 \quad \Rightarrow \quad 4x + 3y = 25$$

A $=(4, 3)$ は円の上にあるから，$4^2 + 3^2 = 25$.

$$4(x-4) + 3(y-3) = 0$$

練習問題 つぎの各点がそれぞれの円の上にあることを示し，その点における円の接線の方程式をじっさいに計算しなさい．
(1) 原点 O を中心とする半径 13 の円と $(5, 12)$
(2) 原点 O を中心とする半径 29 の円と $(21, -20)$
(3) 原点 O を中心とする半径 61 の円と $(-11, -60)$

一般的な場合について，円の接線の方程式を計算しておきましょう．原点 O を中心とする半径 r の円を考えます．

$$x^2 + y^2 = r^2$$

この円上の点 A $=(x_0, y_0)$ での接線の方程式を

$$px + qy = 1$$

とします．ここで，p, q の値を求めようというわけです．

この方程式のグラフ ℓ が，X 軸，Y 軸と交わる点をそれぞれ B, C とします．

$$\text{B} = \left(\frac{1}{p}, 0 \right), \qquad \text{C} = \left(0, \frac{1}{q} \right)$$

A から X 軸に下ろした垂線の足を H とすれば，$\triangle$OHA と $\triangle$OAB は相似となり

$$\overline{\text{OH}} : \overline{\text{OA}} = \overline{\text{OA}} : \overline{\text{OB}} \quad \Rightarrow \quad x_0 : r = r : \frac{1}{p} \quad \Rightarrow \quad p = \frac{x_0}{r^2}$$

同じように，A から Y 軸に下ろした垂線の足を E とすれば，

△OEA と △OAC が相似となり

$$y_0 : r = r : \frac{1}{q} \quad \Rightarrow \quad q = \frac{y_0}{r^2}$$

　このようにして，$A = (x_0, y_0)$ における円の接線の方程式はつぎのようにあらわされることがわかります．
$$x_0 x + y_0 y = r^2$$
$A = (x_0, y_0)$ は円の上にあるから，$x_0^2 + y_0^2 = r^2$.
$$x_0(x - x_0) + y_0(y - y_0) = 0$$
$p = 0$，あるいは $q = 0$ の場合にも上の公式が成り立ちます．

定理　原点 O を中心とする半径 r の円 $x^2 + y^2 = r^2$ 上の点 $A = (x_0, y_0)$ における接線の方程式はつぎのような形をとる．
$$x_0(x - x_0) + y_0(y - y_0) = 0$$

例題 4　中心 (a, b)，半径 r の円の方程式を求め，円上の点 (x_0, y_0) における円の接線の方程式を計算しなさい．

解答　中心 (a, b)，半径 r の円の方程式は
$$(x - a)^2 + (y - b)^2 = r^2$$
$\xi = x - a$，$\eta = y - b$ とおけば，$\xi^2 + \eta^2 = r^2$.
　また，$\xi_0 = x_0 - a$，$\eta_0 = y_0 - b$ とおけば，$\xi_0^2 + \eta_0^2 = r^2$.
　(ξ_0, η_0) における円 $\xi^2 + \eta^2 = r^2$ の接線の方程式は
$$\xi_0 \xi + \eta_0 \eta = r^2$$
$$\xi_0(\xi - \xi_0) + \eta_0(\eta - \eta_0) = 0$$
もとの変数にもどって
$$(x_0 - a)(x - a) + (y_0 - b)(y - b) = r^2$$
$$(x_0 - a)(x - x_0) + (y_0 - b)(y - y_0) = 0$$

練習問題　つぎの各点がそれぞれの円の上にあることを示し，円の接線の方程式をじっさいに計算して求めなさい．
(1)　$(7, 2)$ を中心とする半径 13 の円と点 $(12, 14)$
(2)　$(2, -5)$ を中心とする半径 29 の円と点 $(23, -25)$
(3)　$(-15, -65)$ を中心とする半径 61 の円と点 $(-26, -125)$

　円の接線の方程式を求めるもう 1 つの方法を説明すること
にしましょう. 前と同じように, 原点 O を中心とする半径 r
の円の方程式を考えます.

$$(1) \qquad x^2 + y^2 = r^2$$

この円上の点 $\mathrm{A} = (x_0, y_0)$ での接線の方程式を

$$(2) \qquad px + qy = 1$$

とします. ここで, p, q の値を求めようというわけです.

　$\mathrm{A} = (x_0, y_0)$ における円の接線を求めるという設問を見方
を変えて, つぎのように考えてみます. (1), (2) の連立方程
式を同時にみたす解 (x, y) が 1 つしかないような p, q の値
を求めれば, そのときの方程式 (2) のグラフが $\mathrm{A} = (x_0, y_0)$ に
おける円 (1) の接線になります.

　連立方程式 (1), (2) を同時にみたす解 (x, y) を求めるため
に, (2) から

$$y = \frac{1}{q} - \frac{p}{q} x$$

この式を (1) に代入して

$$x^2 + \left(\frac{1}{q} - \frac{p}{q} x \right)^2 = r^2$$

$$\left(1 + \frac{p^2}{q^2} \right) x^2 - 2 \frac{p}{q^2} x + \left(\frac{1}{q^2} - r^2 \right) = 0$$

$$(p^2 + q^2) x^2 - 2px + (1 - q^2 r^2) = 0$$

この二次方程式の根が 1 つしかないための必要かつ十分な条
件は

$$\frac{D}{4} = p^2 - (p^2 + q^2)(1 - q^2 r^2) = 0 \quad \Rightarrow \quad p^2 + q^2 = \frac{1}{r^2}$$

そのとき, 方程式の根は, $x = \dfrac{p}{p^2 + q^2} = pr^2, \ y = \dfrac{q}{p^2 + q^2} = qr^2.$

　したがって, (2) が $\mathrm{A} = (x_0, y_0)$ における円の接線になって
いるためには

$$x_0 = pr^2, \ y_0 = qr^2 \quad \Rightarrow \quad p = \frac{x_0}{r^2}, \ q = \frac{y_0}{r^2}$$

$\mathrm{A} = (x_0, y_0)$ における円の接線の方程式 (2) は

1

円

$$\frac{x_0}{r^2}x+\frac{y_0}{r^2}y = 1 \quad \Rightarrow \quad x_0x+y_0y = r^2$$

したがって，$x_0(x-x_0)+y_0(y-y_0)=0$.

練習問題　前の練習問題の接線の方程式を上の方法で計算しなさい．

答え　略

円の外の点から引いた接線の長さを求める

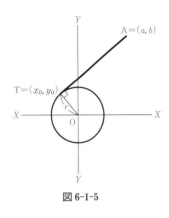

図 6-1-5

例題5　原点 $(0,0)$ を中心として半径 r の円の外の点 $\mathrm{A}=(a, b)$ からこの円に引いた接線の長さを求めなさい．

解答　$\mathrm{A}=(a,b)$ から $(0,0)$ を中心として半径 r の円
$$x^2+y^2=r^2$$
に引いた接線の接点を $\mathrm{T}=(x_0, y_0)$ とすれば，接線の方程式は
$$x_0x+y_0y = r^2$$
この直線は $\mathrm{A}=(a,b)$ を通るから，$ax_0+by_0=r^2$.

$\mathrm{T}=(x_0, y_0)$ は円の上にあるから，$x_0^2+y_0^2=r^2$.

$$\begin{aligned}
\overline{\mathrm{AT}}^2 &= (a-x_0)^2+(b-y_0)^2 \\
&= (a^2+b^2)-2(ax_0+by_0)+(x_0^2+y_0^2) \\
&= a^2+b^2-r^2
\end{aligned}$$

ゆえに，
$$\overline{\mathrm{AT}}^2 = \sqrt{a^2+b^2-r^2}$$

［$\mathrm{A}=(a,b)$ は円 $x^2+y^2=r^2$ の外にあるから，$a^2+b^2-r^2>0$.］

88 ページの練習問題の答え
(1)　$(x-7)^2+(y-2)^2=169$,　$5x+12y=228$
(2)　$(x-2)^2+(y+5)^2=841$,　$21x-20y=983$
(3)　$(x+15)^2+(y+65)^2=3721$,　$11x+60y=-7786$

練習問題　つぎの各点からそれぞれの円に引いた接線の長さ，接点を求めなさい．

(1)　$(0,0)$ を中心とする半径 3 の円と点 $(3,3)$

(2)　$(0,0)$ を中心とする半径 2 の円と点 $(3,4)$

(3)　$(3,2)$ を中心とする半径 3 の円と点 $(7,5)$

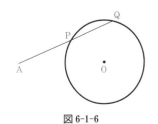

図 6-1-6

例題6（方ベキの定理）　円 O の外にある点 A を通る任意の直線が円 O と交わる点を P, Q とすれば，$\overline{\mathrm{AP}}\times\overline{\mathrm{AQ}}$ は一定の値をとる．

証明　円 O の方程式が $x^2+y^2=r^2$ となるように (X, Y) 軸をとり，$\mathrm{A}=(a,b)$ とし，A を通る直線の方程式を $px+qy=1$

とすれば，$pa+qb=1$．したがって，
$$p(x-a)+q(y-b) = 0$$
円 O と交わる点 P, Q の座標を (x_1, y_1), (x_2, y_2) とすれば，x_1, x_2 はつぎの二次方程式の根となります．
$$(p^2+q^2)x^2 - 2px + (1-q^2r^2) = 0$$
したがって，根と係数の関係によって

$$x_1+x_2 = \frac{2p}{p^2+q^2}, \qquad x_1x_2 = \frac{1-q^2r^2}{p^2+q^2}$$

$$\overline{\mathrm{AP}}^2 = (x_1-a)^2 + (y_1-b)^2 = \frac{p^2+q^2}{q^2}(x_1-a)^2$$

$$\overline{\mathrm{AQ}}^2 = (x_2-a)^2 + (y_2-b)^2 = \frac{p^2+q^2}{q^2}(x_2-a)^2$$

$$\overline{\mathrm{AP}}^2 \times \overline{\mathrm{AQ}}^2 = \left(\frac{p^2+q^2}{q^2}\right)^2 (x_1-a)^2(x_2-a)^2$$

$$(x_1-a)(x_2-a) = x_1x_2 - a(x_1+x_2) + a^2$$

$$= \frac{1-q^2r^2}{p^2+q^2} - \frac{2pa}{p^2+q^2} + a^2$$

$$= \frac{q^2}{p^2+q^2}(a^2+b^2-r^2)$$

$\overline{\mathrm{AP}} \times \overline{\mathrm{AQ}} = a^2+b^2-r^2$ は一定となります．〔$\mathrm{A}=(a,b)$ は円 O の外にあるから，$a^2+b^2-r^2>0$．〕A から円に引いた接線の接点を T とすれば，$\overline{\mathrm{AP}} \times \overline{\mathrm{AQ}} = \overline{\mathrm{AT}}^2$. 　　　Q. E. D.

練習問題　つぎの各点を通る任意の直線がそれぞれの円と交わる点 P, Q について，$\overline{\mathrm{AP}} \times \overline{\mathrm{AQ}}$ をじっさいに計算して求めなさい．

(1)　$(0, 0)$ を中心とする半径 3 の円と点 $(3, 3)$

(2)　$(0, 0)$ を中心とする半径 2 の円と点 $(3, 4)$

(3)　$(3, 2)$ を中心とする半径 3 の円と点 $(7, 5)$

極線と根軸

例題 7（極線）　原点 O を中心として半径 r の円と点 $\mathrm{P}=(p, q)$ がある．このとき
$$px+qy = r^2$$
をみたすような点 $\mathrm{Q}=(x, y)$ の軌跡は，線分 OP あるいはそ

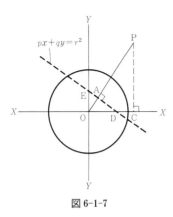

図 6-1-7

の延長上にある

$$\overline{\mathrm{OP}} \times \overline{\mathrm{OA}} = r^2$$

をみたすような点 A で OP に立てた垂直な直線となる. [この直線を円 O にかんする点 P の極線といい, 点 P を円 O にかんする直線 ℓ の極点といいます.]

逆に, 最初の点 P は, 円 O にかんする点 Q の極線上にある.

証明　P から X 軸に下ろした垂線の足を C とすれば, $\overline{\mathrm{CO}} = p$, $\overline{\mathrm{CP}} = q$. また, 問題の方程式のグラフが X 軸, Y 軸と交わる点をそれぞれ D, E とすれば

$$\overline{\mathrm{OD}} = \frac{r^2}{p}, \qquad \overline{\mathrm{OE}} = \frac{r^2}{q}$$

2 つの直角三角形 $\triangle$POC, $\triangle$DEO について

$$\overline{\mathrm{CP}} : \overline{\mathrm{OD}} = q : \frac{r^2}{p} = \frac{pq}{r^2}, \ \overline{\mathrm{CO}} : \overline{\mathrm{OE}} = p : \frac{r^2}{q} = \frac{pq}{r^2}$$

$$\Rightarrow \ \overline{\mathrm{CP}} : \overline{\mathrm{OD}} = \overline{\mathrm{CO}} : \overline{\mathrm{OE}}$$

したがって, $\triangle$POC, $\triangle$DEO は相似となり, $\angle$COP $=\angle$OED.
2 つの直角三角形 $\triangle$POC, $\triangle$OEA も相似となり

$$\overline{\mathrm{PC}} : \overline{\mathrm{OA}} = \overline{\mathrm{OP}} : \overline{\mathrm{EO}} \ \Rightarrow \ q : \overline{\mathrm{OA}} = \overline{\mathrm{OP}} : \frac{r^2}{q}$$

$$\Rightarrow \ \overline{\mathrm{OP}} \times \overline{\mathrm{OA}} = q \times \frac{r^2}{q} = r^2$$

逆に, 最初の点 P が円 O にかんする点 Q の極線上にあることは, つぎの方程式で, (p, q) と (x, y) の役割を交換して考えればよい.

$$px + qy = r^2 \qquad\qquad \text{Q.E.D.}$$

練習問題　つぎの各円にかんする各点の極線をじっさいに計算して求めなさい.

(1)　$(0,0)$ を中心とする半径 3 の円と点 $(1,2)$

(2)　$(0,0)$ を中心とする半径 2 の円と点 $(5,-7)$

(3)　$(3,2)$ を中心とする半径 3 の円と点 $(7,5)$

例題 8(根軸)　2 つの円 O_1, O_2 に引いた接線の長さが等しい点 P の軌跡を求めなさい.

解答　2 つの円 O_1, O_2 の方程式がつぎのようにあらわされる

90 ページの練習問題(下)の答え

(1)　3; $(3,0)$, $(0,3)$

(2)　$\sqrt{21}$; $\left(\dfrac{12\pm 8\sqrt{21}}{25}, \dfrac{16\mp 6\sqrt{21}}{25}\right)$

(3)　4; $\left(\dfrac{147}{25}, \dfrac{29}{25}\right)$, $(3,5)$

91 ページの練習問題の答え

(1)　9　　(2)　21　　(3)　16

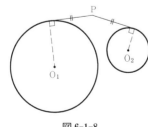

図 6-1-8

とします.
$$(x-a_1)^2+(y-b_1)^2 = r_1^2, \qquad (x-a_2)^2+(y-b_2)^2 = r_2^2$$
$P=(p,q)$ とおけば, P から円 O_1, O_2 に引いた接線の長さが等しいという条件は
$$(p-a_1)^2+(q-b_1)^2-r_1^2 = (p-a_2)^2+(q-b_2)^2-r_2^2$$
$$2(a_2-a_1)p+2(b_2-b_1)q = (a_2^2+b_2^2-r_2^2)-(a_1^2+b_1^2-r_1^2)$$
求める軌跡は直線です. [この直線を 2 つの円 O_1, O_2 の根軸といいます.]

練習問題　つぎの 2 つの円 O_1, O_2 の根軸の方程式を求めなさい.

(1) $(0,0)$ を中心とする半径 3 の円と $(5,6)$ を中心とする半径 2 の円

(2) $(3,-1)$ を中心とする半径 2 の円と $(-1,5)$ を中心とする半径 4 の円

(3) $(0,0)$ を中心とする半径 3 の円と $(1,2)$ を中心とする半径 4 の円

第6章 第1節 円 問 題

問題1　与えられた3点 A$=(3,5)$，B$=(9,7)$，C$=(5,11)$ を通る円の方程式を求めなさい.

問題2　つぎの2つの方程式のグラフが円となり，交点をもたないような (p,q) の範囲を求めなさい.

$$x^2+y^2+2x+6y+p=0, \qquad x^2+y^2-4x-2y+q=0$$

問題3　中心 (a_1,b_1)，半径 r_1 の円 O_1 と中心 (a_2,b_2)，半径 r_2 の円 O_2 との交点を通り，与えられた点 (p,q) を通る円の方程式を求めなさい.

問題4　原点を中心として半径1の円 O_1 と (a,b) を中心として半径 r の円 O_2 との共通の接線の方程式を求めなさい.

問題5　中心を (a_1,b_1)，(a_2,b_2) とし，同じ半径 r をもつ2つの円 O_1，O_2 の共通弦を直径とする円の方程式を求めなさい.

問題6　つぎの方程式によってあらわされる円と直線がある.

$$(x-p)^2+(y-q)^2=r^2, \qquad ax+by+c=0$$

この直線がこの円に接するために必要，十分な条件は

$$(pa+qb+c)^2=r^2(a^2+b^2)$$

問題7　与えられた円 O と直交する任意の円 O′ をとるとき，円 O の任意の直径 PQ の両端 P, Q の円 O′ にかんする方ベキの和は一定の値をとる.〔円 O と円 O′ が直交するというのは，この2つの円の交点を通るそれぞれの円の直径が直交することを意味し，点 P の円 O′ にかんする方ベキというのは，P から円 O′ に引いた接線の長さの自乗を意味します.〕

問題8　ある直線 ℓ の一方の側に2つの円 O_1，O_2 が与えられている.　直線 ℓ と2つの円 O_1，O_2 に接する円 O の方程式を計算しなさい.

問題9　定円 O とその外に2つの定点 A, B がある.　2点 A, B を通る任意の円と定円 O との共通の弦 PQ の延長はある一定の点を通る.

問題10　正三角形 △ABC の3つの辺 BC, CA, AB に下ろした垂線 PQ, PR, PS の自乗の和がある一定の値 k^2 をとるような点 P の軌跡を求めなさい.

92ページの練習問題の答え
(1)　$x+2y=9$　　(2)　$5x-7y=4$
(3)　$4x+3y=27$

93ページの練習問題の答え
(1)　$5x+6y=33$　　(2)　$-2x+3y=1$
(3)　$x+2y=-1$ の一部〔2つの円の共通接線の外部〕

第6章 円と楕円

94

$$\overline{PQ}^2 + \overline{PR}^2 + \overline{PS}^2 = k^2$$

問題 11　3 つの定点 A, B, C との間の距離の自乗の和が一定の値 k^2 となる点 P の軌跡を求めなさい.

$$\overline{PA}^2 + \overline{PB}^2 + \overline{PC}^2 = k^2$$

問題 12　2 つの円 O_1, O_2 の根軸は，点 O_2 の円 O_1 にかんする極線および点 O_1 の円 O_2 にかんする極線から等しい距離にある.

楕　円

楕円の方程式

楕円は，ある与えられた2つの点 A, B からの距離の和が一定となるような点の軌跡として定義されます．第2巻『図形を考える―幾何』で楕円についてかんたんにふれましたが，ここでは代数の方法を使って楕円の性質をしらべます．

2つの点 A, B の座標が A＝$(-c, 0)$，B＝$(c, 0)$ となるように座標軸 (X, Y) をとって，2つの点 A, B からの距離の和がある与えられた長さ $l＝2r$ に等しくなるような点 P の座標を (x, y) であらわします．P＝(x, y) から X 軸に下ろした垂線の足を H とすれば，H＝$(x, 0)$ となり，ピタゴラスの定理によって

$$\overline{PA}^2 = \overline{PH}^2 + \overline{AH}^2 = y^2 + (x+c)^2,$$
$$\overline{PB}^2 = \overline{PH}^2 + \overline{BH}^2 = y^2 + (x-c)^2$$
$$\overline{PA} + \overline{PB} = \sqrt{y^2 + (x+c)^2} + \sqrt{y^2 + (x-c)^2}$$

2点 A, B からの距離の和が $l＝2r$ に等しいという条件を代数的にあらわすと

(1) $$\sqrt{y^2 + (x+c)^2} + \sqrt{y^2 + (x-c)^2} = 2r$$

ここで，つぎのような計算をします．よく使う手法ですので，おぼえておくと便利です．まず，(1)式の両辺の逆数をとります．

$$\frac{1}{\sqrt{y^2 + (x+c)^2} + \sqrt{y^2 + (x-c)^2}} = \frac{1}{2r}$$

この左辺の分母，分子に $\sqrt{y^2 + (x+c)^2} - \sqrt{y^2 + (x-c)^2}$ を掛けます．このとき

$$(\sqrt{y^2 + (x+c)^2} + \sqrt{y^2 + (x-c)^2}) \times$$
$$(\sqrt{y^2 + (x+c)^2} - \sqrt{y^2 + (x-c)^2})$$
$$= \{y^2 + (x+c)^2\} - \{y^2 + (x-c)^2\} = 4cx$$

に留意すれば

図中：

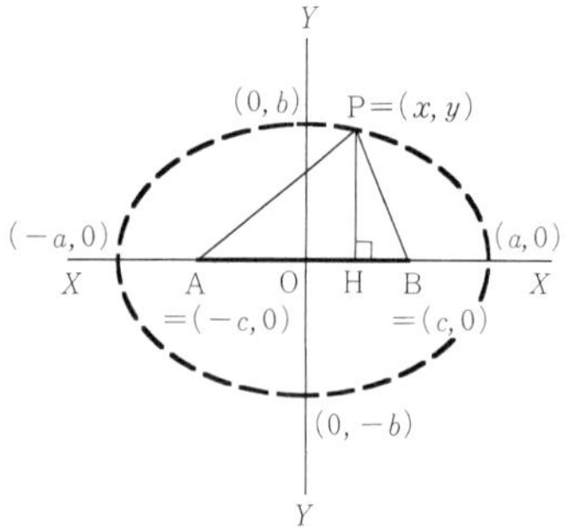

Y

$(0, b)$　P＝(x, y)

$(-a, 0)$　　　　　　　　$(a, 0)$
X　　A　O　H　B　　X
　　＝$(-c, 0)$　　　＝$(c, 0)$

$(0, -b)$

Y

図 6-2-1

(2) $$\sqrt{y^2+(x+c)^2}-\sqrt{y^2+(x-c)^2}=\frac{2cx}{r}$$

(1), (2)式を足し合わせて, 2で割れば

$$\sqrt{y^2+(x+c)^2}=r+\frac{cx}{r}$$

$$y^2+(x+c)^2=\left(r+\frac{cx}{r}\right)^2 \Rightarrow \left(1-\frac{c^2}{r^2}\right)x^2+y^2=r^2-c^2$$

$$\Rightarrow \frac{x^2}{r^2}+\frac{y^2}{r^2-c^2}=1$$

ここで, $a=r$, $b=\sqrt{r^2-c^2}$ とおけば

(3) $$\frac{x^2}{a^2}+\frac{y^2}{b^2}=1$$

これが, 楕円の方程式になるわけです.

　この楕円のグラフは X 軸, Y 軸とつぎの4つの点で交わります.

$$(a,0), \quad (-a,0), \quad (0,b), \quad (0,-b)$$

図 6-2-1 からわかるように, r と c の間にはつぎの関係がみたされていなければなりません.

$$r>c>0, \quad a>b>0$$

$2a, 2b$ をそれぞれ楕円(3)の長径, 短径といいます. 〔a を楕円(3)の長半径といい, b を短半径といいます.〕 2つの点 A $=(-c,0)$, B$=(c,0)$ をこの楕円の焦点といって, ふつう F, F′ という記号を使います.

　A$=$B のときには, $c=0$, $a=b=r$ で, 方程式(3)はつぎのようになります.

$$x^2+y^2=r^2$$

つまり, 中心が O$=(0,0)$, 半径 r の円となるわけです.

練習問題 つぎの楕円の方程式をじっさいに計算して求めなさい.

(1) F$=(-6,0)$, F′$=(6,0)$, $l=20$

(2) F$=\left(-\frac{1}{3},0\right)$, F′$=\left(\frac{1}{3},0\right)$, $l=1$

(3) F$=(-4\sqrt{2},0)$, F′$=(4\sqrt{2},0)$, $l=10\sqrt{2}$

　逆に, 上の方程式(3)をみたすような P$=(x,y)$ の軌跡は

楕円となります．つぎに，このことを証明します．この証明もむずかしいので，飛ばしてもかまいません．

$$(3) \qquad \frac{x^2}{a^2}+\frac{y^2}{b^2}=1 \qquad (a>b>0)$$

2つの正数 r,c をつぎのように定義します．

$$r=a, \qquad c=\sqrt{a^2-b^2}$$

また，A$=(-c,0)$，B$=(c,0)$ とおきます．P$=(x,y)$ が方程式(3)をみたすとき

$$\overline{\mathrm{PA}}+\overline{\mathrm{PB}}=\sqrt{y^2+(x+c)^2}+\sqrt{y^2+(x-c)^2}$$

が一定となることを示したいわけです．じじつ，$2r$ に等しくなります．

(3)を y^2 について解けば，$y^2=b^2-\dfrac{b^2}{a^2}x^2$．

$$(x+c)^2+y^2=(x+c)^2+\left(b^2-\frac{b^2}{a^2}x^2\right)$$
$$=\left(1-\frac{b^2}{a^2}\right)x^2+2cx+(b^2+c^2)$$

ここで，$a=r$，$1-\dfrac{b^2}{a^2}=\dfrac{c^2}{r^2}$，$b^2+c^2=r^2$ とおけば

$$(x+c)^2+y^2=\frac{c^2}{r^2}x^2+2cx+r^2=\left(r+\frac{c}{r}x\right)^2$$

$$\Rightarrow \quad \overline{\mathrm{PA}}=\sqrt{y^2+(x+c)^2}=r+\frac{c}{r}x$$

同じようにして，$\overline{\mathrm{PB}}=\sqrt{y^2+(x-c)^2}=r-\dfrac{c}{r}x$

$$\overline{\mathrm{PA}}+\overline{\mathrm{PB}}=\sqrt{y^2+(x+c)^2}+\sqrt{y^2+(x-c)^2}=2r$$

Q. E. D.

　　　変数 x の絶対値 $|x|$ は，$|x|\leq\dfrac{r^2}{c}$ という条件をみたさなければなりません．[ここで，$|x|=\max\{x,-x\}$ は x の絶対値を意味します．max は最大を意味する Maximum（起源はラテン語）からとったもので，{ } のなかの数のうちで最大の数の値をとるという記号です．最小を意味する Minimum からとった min とならんでよく数学では使われる記号です．]

97ページの練習問題の答え

(1) $\dfrac{x^2}{100}+\dfrac{y^2}{64}=1$　　(2) $4x^2+\dfrac{36}{5}y^2=1$

(3) $\dfrac{x^2}{50}+\dfrac{y^2}{18}=1$

練習問題　つぎの方程式のグラフが楕円となることを計算してたしかめなさい.

(1)　$\dfrac{x^2}{9}+\dfrac{y^2}{4}=1$　　(2)　$\dfrac{x^2}{25}+\dfrac{y^2}{16}=1$　　(3)　$4x^2+3y^2=5$

楕円の離心率

　楕円の方程式が与えられているとき, その焦点はかんたんに求めることができます.

$$\frac{x^2}{a^2}+\frac{y^2}{b^2}=1　　(a>b>0)$$

2つの焦点 F, F′ の座標を F$=(c, 0)$, F′$=(-c, 0)$ $(a>b>0)$ とおけば, 楕円上の2つの極点 $(a, 0)$, $(0, b)$ について, 焦点 F, F′ との間の距離の和が等しくなります.

$$(a-c)+(a+c) = \sqrt{(-c)^2+b^2}+\sqrt{c^2+b^2}$$
$$\Rightarrow　c = \sqrt{a^2-b^2}$$

　与えられた楕円について, 2つの焦点 F, F′ との間の距離と長径の長さの比を離心率といって, ふつう e という記号であらわします. 英語の Eccentricity の頭文字をとったものです.

$$e = \frac{c}{a} = \frac{\sqrt{a^2-b^2}}{a}　　(0<e<1)$$

離心率 e は, 0 と 1 の間の値をとり, 0 に近くなるにつれて, 円に近づくわけです.

練習問題

(1)　地球の公転軌道は長半径 1 億 4950 万 km, 短半径 1 億 4940 万 km の楕円であるとして, 地球の公転軌道の離心率 e を計算しなさい.

(2)　離心率 e を使うと, 楕円上の任意の点 P$=(x, y)$ と 2 つの焦点 F, F′ との間の距離 d, d' がつぎのようにあらわせることを証明しなさい.

$$d = a-ex,　　d' = a+ex$$

(3)　つぎの方程式であらわされる楕円の離心率 e を計算しなさい.

$$\text{(ⅰ)} \quad \frac{x^2}{9}+\frac{y^2}{4}=1 \qquad \text{(ⅱ)} \quad \frac{x^2}{25}+\frac{y^2}{16}=1$$

$$\text{(ⅲ)} \quad 4x^2+3y^2=5$$

楕円を特徴づけるもう 1 つの方法

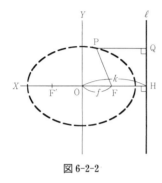

図 6-2-2

楕円を特徴づけるのに，もう 1 つの方法があります．ある 1 つの直線 ℓ と 1 つの点 F が与えられているとします．定点 F からの距離が，定直線 ℓ との間の距離のある一定割合 s になっているような点 P の軌跡を考えます．ただし，この一定割合 s は 1 より小さいとします：$0 < s < 1$．

定点 F から定直線 ℓ に下ろした垂線の足を H とし，$\overline{\text{OF}}=f$ とおきます．直線 FH を X 軸にとり，原点 O は定直線 ℓ からある距離 k に等しくなるようにとります：$\overline{\text{OH}}=k$．この k の値は，結果がかんたんになるように，計算の途中で決めます．Y 軸として原点 O を通り，定直線 ℓ に平行な直線をとります．

$\text{P}=(x,y)$ とおき，P から定直線 ℓ に下ろした垂線の足を Q とすれば

$$\overline{\text{PF}}:\overline{\text{PQ}}=s \;\Rightarrow\; \sqrt{(f-x)^2+y^2}=s(k-x)$$
$$\Rightarrow\; (f-x)^2+y^2=s^2(k-x)^2$$
$$\Rightarrow\; (1-s^2)x^2-2(f-s^2k)x+y^2=s^2k^2-f^2$$

ここで，$k=\dfrac{f}{s^2}$ とすれば，上の方程式の左辺の x の係数が 0 になります．

$$(1-s^2)x^2+y^2=\frac{1-s^2}{s^2}f^2$$

$a=\dfrac{f}{s},\ b=\dfrac{\sqrt{1-s^2}}{s}f$ とおけば

$$\frac{x^2}{a^2}+\frac{y^2}{b^2}=1 \qquad (a>b>0)$$

このようにして，求める軌跡が楕円になることが示されました．このとき

$$e=\frac{\sqrt{a^2-b^2}}{a}=s$$

99 ページの練習問題（上）の答え
(1) $\text{F}=(-\sqrt{5},0),\ \text{F}'=(\sqrt{5},0),\ l=6$
(2) $\text{F}=(-3,0),\ \text{F}'=(3,0),\ l=10$
(3) $\text{F}=\left(0,-\dfrac{\sqrt{15}}{6}\right),\ \text{F}'=\left(0,\dfrac{\sqrt{15}}{6}\right),$

$l=\dfrac{2\sqrt{15}}{3}$

99 ページの練習問題（下）の答え
(1) 0.0366
(2) $d=\overline{\text{PB}}=\sqrt{(x-c)^2+y^2},\ d'=\overline{\text{PA}}=$
$\sqrt{(x+c)^2+y^2}$ とおいて，本文と同じようにして，$d=r-\dfrac{cx}{r},\ d'=r+\dfrac{cx}{r}$．
(3) (ⅰ) $\dfrac{\sqrt{5}}{3}$ (ⅱ) $\dfrac{3}{5}$ (ⅲ) $\dfrac{1}{2}$

練習問題 楕円 $\dfrac{x^2}{a^2}+\dfrac{y^2}{b^2}=1\ (a>b>0)$ の中心 O と 1 つの焦点 F をむすぶ線分 OF を F をこえて延長した線（X 軸）上に $\overline{\mathrm{OH}}=\dfrac{a}{e}$ となるような点 H をとり，H で立てた垂直な直線を ℓ とします．楕円上の任意の点 P の焦点 F からの距離は，直線 ℓ との間の距離の e 倍となる．

ヒント
上の命題の証明を逆にたどればよい．

楕円の接線の方程式

楕円の接線の方程式も，円の場合と同じようにして計算することができます．つぎの方程式によって与えられる楕円を考えます．

$$(3) \qquad \frac{x^2}{a^2}+\frac{y^2}{b^2}=1$$

この楕円上の点 $\mathrm{A}=(x_0, y_0)$ における接線の方程式が

$$(4) \qquad mx+ny=1$$

によってあらわされるとします．$\mathrm{A}=(x_0, y_0)$ はこの楕円上にあるから

$$\frac{x_0^2}{a^2}+\frac{y_0^2}{b^2}=1$$

また，接線の方程式(4)は $\mathrm{A}=(x_0, y_0)$ を通らなければならないから

$$mx_0+ny_0=1$$

楕円の接線は，2 つの方程式(3)，(4)の共通の解が 1 つあって，しかも 1 つしかないような m, n の値を求めればよい．(4)の方程式を y について解けば

$$y=\frac{1}{n}-\frac{m}{n}x$$

この式を(3)に代入して

$$\frac{1}{a^2}x^2+\frac{1}{b^2}\left(\frac{1}{n}-\frac{m}{n}x\right)^2=1$$

$$\Rightarrow \quad \left(\frac{1}{a^2}+\frac{m^2}{n^2}\frac{1}{b^2}\right)x^2-2\frac{m}{n^2}\frac{1}{b^2}x+\frac{1}{n^2}\frac{1}{b^2}=1$$

$$(m^2a^2+n^2b^2)x^2-2ma^2x+a^2(1-n^2b^2)=0$$

この二次方程式がただ 1 つの根をもつための条件は判別式 D

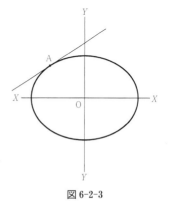

図 6-2-3

2
楕
円

101

の値が 0 となることです.

$$\frac{D}{4} = m^2 a^4 - (m^2 a^2 + n^2 b^2) a^2 (1 - n^2 b^2) = 0$$

この関係式を整理すれば

$$m^2 a^2 + n^2 b^2 = 1$$

このとき, 上の二次方程式の根が x_0 と等しくなり, 同時に y_0 の値も求められます.

$$x_0 = ma^2, \ y_0 = nb^2 \ \Rightarrow \ m = \frac{x_0}{a^2}, \ n = \frac{y_0}{b^2}$$

楕円上の点 $A = (x_0, y_0)$ における接線の方程式は

$$\frac{x_0 x}{a^2} + \frac{y_0 y}{b^2} = 1$$

あるいは, つぎのようにもあらわすことができます.

$$\frac{x_0(x - x_0)}{a^2} + \frac{y_0(y - y_0)}{b^2} = 0$$

円の場合は $a = b = r$ となって

$$x_0 x + y_0 y = r^2 \quad \text{あるいは} \quad x_0(x - x_0) + y_0(y - y_0) = 0$$

楕円の接線の方程式の公式が円の場合の拡張になっていることがわかります.

練習問題

(1) つぎの楕円上の点 $A = (x_0, y_0)$ における接線の方程式を計算して求めなさい.

（ⅰ） $\dfrac{x^2}{25} + \dfrac{y^2}{9} = 1$, $A = \left(\dfrac{5\sqrt{3}}{2}, \dfrac{3}{2}\right)$

（ⅱ） $\dfrac{x^2}{36} + \dfrac{y^2}{81} = 1$, $A = \left(3\sqrt{2}, \dfrac{9\sqrt{2}}{2}\right)$

(2) 楕円 $\dfrac{x^2}{a^2} + \dfrac{y^2}{b^2} = 1$ の接線の勾配が m のとき, 接線の方程式を求めなさい.

楕円と反射の原理

楕円の 2 つの焦点を F, F′ とします. この楕円上の任意の点 P をとって, 楕円の接線 APA′ を引くとき, 2 つの角 ∠FPA, ∠F′PA′ はつねに等しくなります.

$$\angle \mathrm{FPA} = \angle \mathrm{F'PA'}$$

つまり，1つの焦点 F から出た光は楕円面に反射して，もう1つの焦点 F′ に行くわけです．この性質は楕円の定義にもどるとすぐ証明できます．楕円は2つの焦点 F, F′ との間の距離の和がある一定の値 2r に等しい点の軌跡として定義されました．

$$\overline{\mathrm{PF}} + \overline{\mathrm{PF'}} = 2r$$

したがって，接線 APA′ 上の P 以外の任意の点 Q はかならず楕円の外にあるから

$$\overline{\mathrm{QF}} + \overline{\mathrm{QF'}} > \overline{\mathrm{PF}} + \overline{\mathrm{PF'}}$$

焦点 F から接線 APA′ に下ろした垂線の足を B とし，線分 FB を等しい長さだけ延長した点を C とすれば，$\overline{\mathrm{BF}} = \overline{\mathrm{BC}}$，$\overline{\mathrm{PF}} = \overline{\mathrm{PC}}$, $\angle \mathrm{FPA} = \angle \mathrm{CPA}$.

$$\overline{\mathrm{PC}} + \overline{\mathrm{PF'}} = \overline{\mathrm{PF}} + \overline{\mathrm{PF'}}$$

接線 APA′ 上の P 以外の任意の点 Q についても，$\overline{\mathrm{QF}} = \overline{\mathrm{QC}}$, $\angle \mathrm{FQA} = \angle \mathrm{CQA}$.

$$\overline{\mathrm{QC}} + \overline{\mathrm{QF'}} = \overline{\mathrm{QF}} + \overline{\mathrm{QF'}}$$

したがって，直線 APA′ 上の P 以外の任意の点 Q について

$$\overline{\mathrm{QC}} + \overline{\mathrm{QF'}} > \overline{\mathrm{PC}} + \overline{\mathrm{PF'}}$$

ゆえに，F′PC は直線となり，

$$\angle \mathrm{F'PA'} = \angle \mathrm{CPA} \quad \Rightarrow \quad \angle \mathrm{F'PA'} = \angle \mathrm{FPA}$$

Q. E. D.

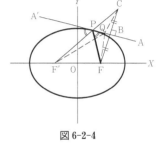

図 6-2-4

練習問題 楕円にかんする反射の原理を，つぎの性質を使って証明しなさい．

楕円の2つの焦点 F, F′ から接線 APA′ に下ろした垂線の足をそれぞれ B, B′ とする．このとき，2つの三角形 △FPB，△F′PB′ が相似となり，$\angle \mathrm{FPB} = \angle \mathrm{F'PB'}$.

ヒント
$\overline{\mathrm{FP}} = d = a - ex$, $\overline{\mathrm{F'P}} = d' = a + ex$, $\overline{\mathrm{OF}} = \overline{\mathrm{OF'}} = ae$ を使って，$\overline{\mathrm{FB}} : \overline{\mathrm{F'B'}} = \overline{\mathrm{FP}} : \overline{\mathrm{F'P}}$ を示す．

楕円の共役直径

楕円上の点 P における接線と平行な直径 QOQ′ の端点 Q, Q′ における接線は，与えられた点 P を一端とする直径 POP′ と平行となります．このような関係にある2つの直径 POP′, QOQ′ をお互いに共役(Conjugate)な直径といいます．長径と短径は共役直径です．

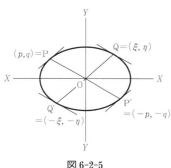

図 6-2-5

証明　楕円の方程式を $\dfrac{x^2}{a^2}+\dfrac{y^2}{b^2}=1$ とし，$P=(p,q)$，$Q=(\xi,\eta)$ とします．すると，P と P'，Q と Q' はそれぞれお互いに O にかんして対称の位置にあるから，$P'=(-p,-q)$，$Q'=(-\xi,-\eta)$ となります．$P=(p,q)$ における楕円の接線に平行な直径 QOQ' の方程式は

$$\frac{p}{a}\frac{x}{a}+\frac{q}{b}\frac{y}{b}=0$$

その端点の 1 つが $Q=(\xi,\eta)$ なので，

(1)
$$\frac{p}{a}\frac{\xi}{a}+\frac{q}{b}\frac{\eta}{b}=0$$

一方，$\dfrac{\xi^2}{a^2}+\dfrac{\eta^2}{b^2}=1$ の両辺に $\dfrac{q^2}{b^2}$ を掛けて，

$$\frac{q^2}{b^2}\frac{\xi^2}{a^2}+\frac{q^2}{b^2}\frac{\eta^2}{b^2}=\frac{q^2}{b^2}$$

$$\frac{q^2}{b^2}\frac{\xi^2}{a^2}+\left(-\frac{p}{a}\frac{\xi}{a}\right)^2=\frac{q^2}{b^2} \quad\Rightarrow\quad \left(\frac{q^2}{b^2}+\frac{p^2}{a^2}\right)\frac{\xi^2}{a^2}=\frac{q^2}{b^2}$$

$$\Rightarrow\quad \frac{\xi}{a}=\pm\frac{q}{b}$$

(1)に代入すれば，$\dfrac{\eta}{b}=\mp\dfrac{p}{a}$.

したがって，$P=(p,q)$ での楕円の接線に平行な直径 QOQ' の端点 $Q=(\xi,\eta)$ について

$$\left(\frac{\xi}{a},\frac{\eta}{b}\right)=\left(\frac{q}{b},-\frac{p}{a}\right) \quad\text{あるいは}\quad \left(-\frac{q}{b},\frac{p}{a}\right)$$

同じようにして，$Q=(\xi,\eta)$ における接線と平行な直径の端点 $P''=(p'',q'')$ について

$$\left(\frac{p''}{a},\frac{q''}{b}\right)=\left(-\frac{\eta}{b},\frac{\xi}{a}\right) \quad\text{あるいは}\quad \left(\frac{\eta}{b},-\frac{\xi}{a}\right)$$

ゆえに，

$$\left(\frac{p''}{a},\frac{q''}{b}\right)=\left(\frac{p}{a},\frac{q}{b}\right) \quad\text{あるいは}\quad \left(-\frac{p}{a},-\frac{q}{b}\right)$$

$\Rightarrow\quad p''=p,\ q''=q \quad$あるいは$\quad p''=-p,\ q''=-q$

つまり，P'' は P あるいは P' と同じ点になっています．これは点 Q における接線が直径 POP' と平行になっていることを示しています．　　　　　　　　Q. E. D.

102 ページの練習問題の答え
(1)　(i)　$3\sqrt{3}\,x+5y=30$
(ii)　$3\sqrt{2}\,x+2\sqrt{2}\,y=36$
(2)　求める接線の方程式を $y=mx+k$ とおき，$\dfrac{x^2}{a^2}+\dfrac{y^2}{b^2}=1$ に代入して整理すると，$(m^2a^2+b^2)x^2+2kma^2x+a^2k^2-a^2b^2=0$．この x についての 2 次方程式の判別式 $D=0$ とすると，$k^2=m^2a^2+b^2$．よって，求める接線の方程式は，$y=mx\pm\sqrt{m^2a^2+b^2}$.

練習問題 つぎの楕円の直径の共役直径を計算して求めなさい.

(1) $\dfrac{x^2}{25}+\dfrac{y^2}{9}=1,\;\; y=2x$　　(2) $\dfrac{x^2}{36}+\dfrac{y^2}{81}=1,\;\; y=-5x$

双対原理

定理 与えられた楕円の外の点 $\mathrm{P}=(p,q)$ から楕円に引いた接線の 2 つの接点をむすぶ線分を延長した線の上に点 $\mathrm{Q}=(\xi,\eta)$ をとれば, 点 $\mathrm{P}=(p,q)$ は $\mathrm{Q}=(\xi,\eta)$ から楕円に引いた接線の 2 つの接点をむすぶ線分の延長上にある. [楕円の外の点 P から楕円に引いた接線の 2 つの接点をむすぶ直線を与えられた点 P の極線といい, 逆に点 P をこの直線の極点といいます. この命題は楕円にかんする双対原理とよばれ, 楕円の重要な性質の 1 つです.]

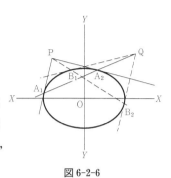

図 6-2-6

証明 楕円の方程式を $\dfrac{x^2}{a^2}+\dfrac{y^2}{b^2}=1$ として, $\mathrm{P}=(p,q)$ を通って, 上の楕円に引いた接線の 2 つの接点を $\mathrm{A}_1=(x_1,y_1)$, $\mathrm{A}_2=(x_2,y_2)$ とすれば

$$\frac{px_1}{a^2}+\frac{qy_1}{b^2}=1,\qquad \frac{px_2}{a^2}+\frac{qy_2}{b^2}=1$$

2 つの点 $\mathrm{A}_1=(x_1,y_1)$, $\mathrm{A}_2=(x_2,y_2)$ をむすぶ直線上の任意の点 $\mathrm{Q}=(\xi,\eta)$ は

$$\xi=\alpha x_1+\beta x_2,\qquad \eta=\alpha y_1+\beta y_2,\qquad \alpha+\beta=1$$

のようにあらわすことができます. [$0\leqq\alpha,\;\beta\leqq1$ のときには, Q は線分 $\mathrm{A}_1\mathrm{A}_2$ 上にあり, $\alpha<0,\;\beta>1$ あるいは $\alpha>1,\;\beta<0$ のときには, Q は線分 $\mathrm{A}_1\mathrm{A}_2$ の延長上にある.]

$$\frac{p\xi}{a^2}+\frac{q\eta}{b^2}=\frac{p(\alpha x_1+\beta x_2)}{a^2}+\frac{q(\alpha y_1+\beta y_2)}{b^2}$$

$$=\alpha\left(\frac{px_1}{a^2}+\frac{qy_1}{b^2}\right)+\beta\left(\frac{px_2}{a^2}+\frac{qy_2}{b^2}\right)=\alpha+\beta=1$$

(5) $$\frac{p\xi}{a^2}+\frac{q\eta}{b^2}=1$$

逆に, (5) の条件がみたされているときには, $\mathrm{Q}=(\xi,\eta)$ は 2 つの接点 $\mathrm{A}_1,\mathrm{A}_2$ をむすぶ直線上にあります. このことを証明するために, まず平面上の任意の点 $\mathrm{Q}=(\xi,\eta)$ がつぎのよ

うにあらわせることに注目します.
$$\xi = \alpha x_1 + \beta x_2, \qquad \eta = \alpha y_1 + \beta y_2$$
したがって
$$\frac{p\xi}{a^2} + \frac{q\eta}{b^2} = \frac{p(\alpha x_1 + \beta x_2)}{a^2} + \frac{q(\alpha y_1 + \beta y_2)}{b^2}$$
$$= \alpha\left(\frac{px_1}{a^2} + \frac{qy_1}{b^2}\right) + \beta\left(\frac{px_2}{a^2} + \frac{qy_2}{b^2}\right) = \alpha + \beta$$

したがって，この関係を(1)式に代入すれば，$\alpha + \beta = 1$.

P $=(p, q)$，Q $=(\xi, \eta)$ の立場を交換して考えてみると，P $=(p, q)$ が Q $=(\xi, \eta)$ から楕円に引いた接線の 2 つの接点をむすぶ直線の上にあることがわかります. Q. E. D.

練習問題　つぎの方程式によって与えられる楕円について，2 つの点 A, B がお互いに他の点の極線上にあることを計算してたしかめなさい.

(1)　$\dfrac{x^2}{25} + \dfrac{y^2}{9} = 1$,　A $= (5, 2)$,　B $= \left(10, -\dfrac{9}{2}\right)$

(2)　$\dfrac{x^2}{36} + \dfrac{y^2}{81} = 1$,　A $= (9, -18)$,　B $= (20, 18)$

答え　略

105 ページの練習問題の答え

(1)　$y = -\dfrac{9}{50}x$　　(2)　$y = \dfrac{9}{20}x$

第6章 第2節 楕 円 問 題

問題1 2つの焦点 F＝(−u, −v)，F′＝(u, v) との間の距離の和が l＝2r に等しい楕円の方程式を求めなさい．

問題2 一定の長さをもつ線分 PQ の上に定点 R がある（$\overline{\mathrm{PR}}$＝a，$\overline{\mathrm{QR}}$＝b）．2つの点 R, Q がそれぞれ直交する直線 XX, YY 上を動くとき，P の軌跡を求めなさい．

問題3 与えられた楕円の外の点 (p, q) から楕円に引いた接線の接点を求めなさい．

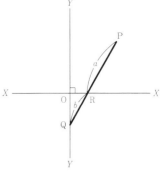

図 6-2-問題 2

問題4 楕円上の点 P における接線が長軸 A′A の延長と交わる点を Q とし，Q において長軸に立てた垂直の直線と PA，PA′ の延長との交点を R, R′ とすれば，Q は線分 RR′ の中点となる：$\overline{\mathrm{QR}}$＝$\overline{\mathrm{QR'}}$．

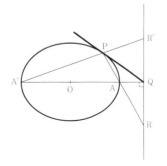

図 6-2-問題 4

問題5 楕円の焦点 F において長軸に立てた垂線が楕円と交わる点を K とする．K における楕円の接線上の任意の点 P から長軸に下ろした垂線 PQ が楕円と交わる点を R とすれば，$\overline{\mathrm{PQ}}$＝$\overline{\mathrm{RF}}$．

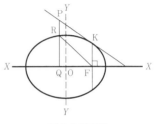

図 6-2-問題 5

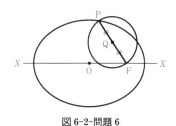

図 6-2-問題 6

問題 6　楕円の焦点 F と楕円上の任意の点 P をむすぶ線分 PF を直径とする円はある一定の円に接する.

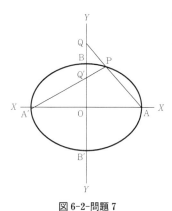

図 6-2-問題 7

問題 7　楕円の長径を AOA′ とし，楕円上の任意の点 P と A, A′ をむすぶ線分 PA, PA′ またはその延長が短軸 BOB′ またはその延長と交わる点を Q, Q′ とすれば，$\overline{\mathrm{OQ}} \times \overline{\mathrm{OQ'}}$ は一定の値をとる.

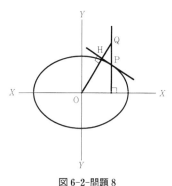

図 6-2-問題 8

問題 8　楕円上の任意の点 P における接線に楕円の中心 O から下ろした垂線 OH の延長が，P を通り長軸に垂直な直線と交わる点 Q の軌跡を求めなさい.

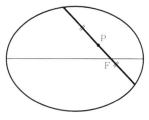

図 6-2-問題 9

問題 9　楕円の焦点 F を通る任意の弦の中点 P の軌跡を求めなさい.

問題 10　楕円上の定点 A における接線と平行な弦 PQ の中点 R の軌跡を求めなさい．

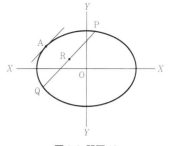

図 6-2-問題 10

問題 11　楕円の焦点 F から楕円上の任意の点 P における接線に下ろした垂線の足 Q の軌跡を求めなさい．

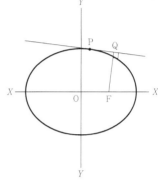

図 6-2-問題 11

問題 12　楕円に引いた 2 つの接線が直交するような点 P の軌跡を求めなさい．

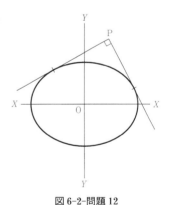

図 6-2-問題 12

第7章
双　曲　線

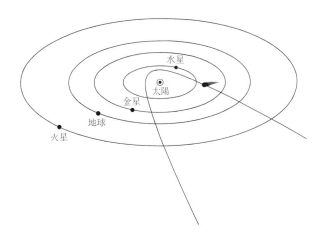

双曲線と彗星の軌道

　楕円は2つの焦点からの距離の和が一定となるような点の軌跡でした．地球などの惑星の公転軌道は楕円です．これに対して，双曲線は2つの焦点からの距離の差が一定となる点の軌跡です．彗星のなかには，双曲線の軌道をもつ星があります．

　彗星の軌道も周期彗星の場合，太陽を焦点とする楕円の軌道をもちます．地球と異なって，極端に細長い楕円が一般的ですが，例外的に，シュヴァスマン・ヴァハマン彗星のようにほとんど円に近い公転軌道をもつものもあります．彗星のなかには，放物線あるいは双曲線を公転軌道としてもつものがあります．これらの彗星は，一度あらわれただけで，永遠に太陽系にはもどってきません．これまで発見された彗星は約2000個ありますが，そのうち，双曲線の軌道をもつものが約80個，放物線の軌道をもつものが約200個発見されています．

1

双 曲 線

双曲線の方程式

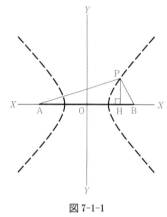

図 7-1-1

双曲線は，2つの点 A, B との間の距離の差が一定となるような点 P の軌跡として定義されます．双曲線の方程式を計算するために，A, B の座標が $A = (-c, 0)$，$B = (c, 0)$ となるように座標軸 (X, Y) をとります．A, B からの距離の差が定数 $l = 2r$ に等しくなるような点を $P = (x, y)$ とします．

$$\overline{PA} - \overline{PB} = \pm 2r$$

P から X 軸に下ろした垂線の足を H とすれば，$H = (x, 0)$.
ピタゴラスの定理によって

$$\overline{PA}^2 = \overline{PH}^2 + \overline{HA}^2 = y^2 + (x+c)^2,$$
$$\overline{PB}^2 = \overline{PH}^2 + \overline{HB}^2 = y^2 + (x-c)^2$$
$$\overline{PA} - \overline{PB} = \sqrt{y^2 + (x+c)^2} - \sqrt{y^2 + (x-c)^2}$$

(1) $$\sqrt{y^2 + (x+c)^2} - \sqrt{y^2 + (x-c)^2} = \pm 2r$$

楕円の場合と同じような計算をします．まず，(1)式の両辺の逆数をとります．

$$\frac{1}{\sqrt{y^2 + (x+c)^2} - \sqrt{y^2 + (x-c)^2}} = \pm \frac{1}{2r}$$

この左辺の分母，分子に $\sqrt{y^2 + (x+c)^2} + \sqrt{y^2 + (x-c)^2}$ を掛け，整理すれば

(2) $$\sqrt{y^2 + (x+c)^2} + \sqrt{y^2 + (x-c)^2} = \pm \frac{2cx}{r}$$

(1), (2)式を足し合わせて，2で割れば

$$\sqrt{y^2 + (x+c)^2} = \pm \left(r + \frac{cx}{r} \right)$$

$$y^2 + (x+c)^2 = \left(r + \frac{cx}{r} \right)^2 \quad \Rightarrow \quad \left(\frac{c^2}{r^2} - 1 \right) x^2 - y^2 = c^2 - r^2$$

$a = r$, $b = \sqrt{c^2 - r^2}$ とおけば

(3) $$\frac{x^2}{a^2} - \frac{y^2}{b^2} = 1$$

これが，双曲線の方程式です．ここで，$c > r > 0$.

　双曲線のグラフは 2 つの分枝に分かれます．X, Y 軸と交わる点 $(-a, 0), (a, 0)$ を双曲線の頂点といいます．X 軸を双曲線の主軸といい，Y 軸を副軸といいます．主軸と副軸と合わせて双曲線の双軸といいます．

　$r = 0$ のときには，(1)式に立ち帰って考えれば，$x = 0$ となります．2 点 A, B からの距離の差が 0，つまり 2 点 A, B との間の距離が等しくなるような点 P の軌跡は，線分 AB の垂直二等分線，つまり Y 軸になります．第 2 巻『図形を考える—幾何』で証明した通りです．

練習問題　つぎの双曲線の方程式を計算しなさい．

(1)　$A = (-5, 0)$, $B = (5, 0)$, $l = 2r = 6$

(2)　$A = (-1, 0)$, $B = (1, 0)$, $l = 2r = \dfrac{4}{3}$

(3)　$A = (-\sqrt{2}, 0)$, $B = (\sqrt{2}, 0)$, $l = 2r = 2$

　逆に，つぎの方程式(3)をみたすような $P = (x, y)$ の軌跡は双曲線となります．

(3) $$\frac{x^2}{a^2} - \frac{y^2}{b^2} = 1$$

この命題を証明することにしましょう．まず，r, c をつぎのように定義します．

$$r = a, \quad c = \sqrt{a^2 + b^2}$$

また，$A = (-c, 0)$, $B = (c, 0)$ とします．このとき
$$\overline{PA} = \sqrt{y^2 + (x + c)^2}, \quad \overline{PB} = \sqrt{y^2 + (x - c)^2}$$
$P = (x, y)$ が方程式(3)をみたすとき，つぎの関係式が成立することを示します．
$$\overline{PA} - \overline{PB} = \sqrt{y^2 + (x + c)^2} - \sqrt{y^2 + (x - c)^2} = 2r$$

まず，方程式(3)を y^2 について解けば，$y^2 = \dfrac{b^2}{a^2} x^2 - b^2$.

$$y^2 + (x + c)^2 = \left(\frac{b^2}{a^2} x^2 - b^2 \right) + (x^2 + 2cx + c^2)$$

$$= \left(1 + \frac{b^2}{a^2} \right) x^2 + 2cx + c^2 - b^2$$

$$= \frac{c^2}{r^2}x^2 + 2cx + r^2 = \left(\frac{c}{r}x + r\right)^2$$

$$\left[a = r, \quad 1 + \frac{b^2}{a^2} = \frac{c^2}{r^2}, \quad c^2 - b^2 = r^2\right]$$

$$\overline{\mathrm{PA}} = \sqrt{y^2 + (x+c)^2} = \frac{c}{r}x + r$$

同じようにして

$$\overline{\mathrm{PB}} = \sqrt{y^2 + (x-c)^2} = \frac{c}{r}x - r$$

$$\overline{\mathrm{PA}} - \overline{\mathrm{PB}} = \sqrt{y^2 + (x+c)^2} - \sqrt{y^2 + (x-c)^2} = 2r$$

　これまで，Y 軸の右側，$x \geqq 0$ の範囲で考えてきましたが，Y 軸の左側，$x \leqq 0$ の範囲についても，同じような計算をすれば

$$\overline{\mathrm{PA}} - \overline{\mathrm{PB}} = \sqrt{y^2 + (x+c)^2} - \sqrt{y^2 + (x-c)^2} = -2r$$

Q. E. D.

練習問題　つぎの方程式のグラフが双曲線となることを計算してたしかめ，r と 2 つの焦点 F, F′ の間の距離 $2c$ を求めなさい．

$$(1) \quad \frac{x^2}{9} - \frac{y^2}{16} = 1 \qquad (2) \quad \frac{9}{4}x^2 - \frac{9}{5}y^2 = 1 \qquad (3) \quad x^2 - y^2 = 1$$

113 ページの練習問題の答え

(1) $\dfrac{x^2}{9} - \dfrac{y^2}{16} = 1$　(2) $\dfrac{9}{4}x^2 - \dfrac{9}{5}y^2 = 1$

(3) $x^2 - y^2 = 1$

双曲線の焦点と離心率

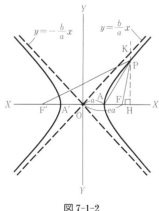

図 7-1-2

　双曲線はつぎの方程式によってあらわされることをみてきました．

$$\frac{x^2}{a^2} - \frac{y^2}{b^2} = 1$$

このとき，$\overline{\mathrm{PA}} - \overline{\mathrm{PB}} =$ 一定 となるような 2 つの点 A, B を双曲線の焦点といい，F, F′ であらわします．上の計算からわかるように，$\mathrm{F} = (\sqrt{a^2+b^2}, 0)$，$\mathrm{F'} = (-\sqrt{a^2+b^2}, 0)$．

　双曲線の離心率 e はつぎのように定義されます．

$$e = \frac{\sqrt{a^2+b^2}}{a}$$

楕円の場合と違って，双曲線の離心率 e はかならず 1 より大きな値をとります．双曲線が X 軸と交わる 2 つの点を A, A′

とすれば，$\overline{\mathrm{OA}}=\overline{\mathrm{OA'}}=a$，$\overline{\mathrm{OF}}=\overline{\mathrm{OF'}}=ea$．線分 AA' の中点 O は双曲線の中心，A, A' は双曲線の頂点，直線 AA' は双曲線の主軸です．双曲線の中心 O を通る弦を双曲線の直径といいます．

　楕円の場合，離心率 e は 0 と 1 の間にあります．離心率 e が 0 のときは円ですが，離心率 e が大きくなるにつれて，楕円は平べったくなり，e が 1 に近づいたときの極限は直線となります．e が 1 をこえると双曲線となるわけです．

練習問題

(1) つぎの方程式であらわされる双曲線の離心率 e を計算しなさい．

（ⅰ）$\dfrac{x^2}{9}-\dfrac{y^2}{16}=1$　　（ⅱ）$\dfrac{9}{4}x^2-\dfrac{9}{5}y^2=1$

（ⅲ）$x^2-y^2=1$

(2) 離心率 e を使うと，双曲線上の任意の点 $\mathrm{P}=(x, y)$ と 2 つの焦点 F, F' との間の距離 $d=\overline{\mathrm{PF}}$，$d'=\overline{\mathrm{PF'}}$ はつぎのようにあらわせることを証明しなさい．

$$d = ex-a, \qquad d' = ex+a \qquad (x>0)$$

双曲線の漸近線

　双曲線の方程式の左辺を因数分解し，右辺を 0 とおけば

$$\left(\frac{x}{a}-\frac{y}{b}\right)\left(\frac{x}{a}+\frac{y}{b}\right)=0$$

このとき，2 つの直線

$$\frac{x}{a}-\frac{y}{b}=0, \qquad \frac{x}{a}+\frac{y}{b}=0$$

を双曲線の漸近線といいます（図 7-1-2 参照）．x, y が ＋（プラス），－（マイナス）のどちらかの方向に無限に大きくなるとき，双曲線がこの直線に漸近的に近づくからです．

　双曲線の $x>0$，$y>0$ の部分を考えて，双曲線上の任意の点 $\mathrm{P}=(x, y)$ から Y 軸に平行に引いた直線が X 軸および漸近線と交わる点をそれぞれ H, K とすれば（図 7-1-2），$\overline{\mathrm{PH}}=y$，$\overline{\mathrm{KH}}=\dfrac{b}{a}x$．点 P は双曲線上にあるから，$y=\dfrac{b}{a}\sqrt{x^2-a^2}$．

$$\overline{\mathrm{KP}} = \overline{\mathrm{KH}} - \overline{\mathrm{PH}} = \frac{b}{a}x - \frac{b}{a}\sqrt{x^2-a^2} = \frac{b}{a}\left(x - \sqrt{x^2-a^2}\right)$$

この関係式の右辺はかんたんに計算できます.

$$\overline{\mathrm{KP}} = \frac{b}{a}\left(x - \sqrt{x^2-a^2}\right) = \frac{b}{a}\frac{\left(x-\sqrt{x^2-a^2}\right)\left(x+\sqrt{x^2-a^2}\right)}{x+\sqrt{x^2-a^2}}$$

$$= \frac{ab}{x+\sqrt{x^2-a^2}}$$

したがって,

$$\lim_{x\to+\infty}\overline{\mathrm{KP}} = \lim_{x\to+\infty}\frac{b}{a}\left(x-\sqrt{x^2-a^2}\right) = \lim_{x\to+\infty}\frac{ab}{x+\sqrt{x^2-a^2}} = 0$$

$\lim\limits_{x\to+\infty}\overline{\mathrm{KP}}=0$ は, 前に説明したように, x が無限に大きくなったときに, $\overline{\mathrm{KP}}$ がかぎりなく 0 に近づくことを意味します. 漸近線の漸という漢字は, だんだんとか, しだいに, という意味です. 漸近線の英語 Asymptote はギリシア語からきた言葉です.

つぎの極限は幾何学的に理解することもできます.

$$\lim_{x\to+\infty}\left(x-\sqrt{x^2-a^2}\right) = 0$$

半径 a の円 O をえがき, その定半径 OA の延長上に $\overline{\mathrm{OP}} = x$ となるような点 P をとる. P から円 O に接線 PQ を引き, P を中心として, 半径 $\overline{\mathrm{PQ}}$ の円をえがき, 定半径 OA との交点を R とすれば

$$\overline{\mathrm{OR}} = \overline{\mathrm{OP}} - \overline{\mathrm{PQ}} = x - \sqrt{x^2-a^2}$$

$x\to+\infty$ のとき, $\angle\mathrm{QOP}\to90^\circ \Rightarrow \mathrm{R}\to\mathrm{O} \Rightarrow \lim\limits_{x\to+\infty}\left(x-\sqrt{x^2-a^2}\right)$
$= \lim\limits_{x\to+\infty}\overline{\mathrm{OR}} = 0.$

練習問題 つぎの双曲線の漸近線を求めなさい.

(1) $\dfrac{x^2}{64} - \dfrac{y^2}{36} = 1$ (2) $4x^2-9y^2=1$ (3) $x^2-y^2=9$

双曲線を特徴づけるもう 1 つの方法

双曲線は, 定点 F との間の距離と定直線 ℓ との間の距離の比が 1 より大きな一定数 e に等しいような点 P の軌跡になります. このとき, 直線 ℓ を双曲線の準線といいます. 定点 F は双曲線の焦点となります.

114 ページの練習問題の答え
(1) $r=3,\ 2c=10$
(2) $r=\dfrac{2}{3},\ 2c=2$
(3) $r=1,\ 2c=2\sqrt{2}$

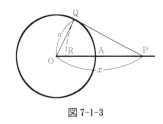

図 7-1-3

115 ページの練習問題の答え
(1) (i) $\dfrac{5}{3}$ (ii) $\dfrac{3}{2}$ (iii) $\sqrt{2}$

(2) $\overline{\mathrm{PF}}^2 = y^2 + (x-ea)^2 = b^2\left(\dfrac{x^2}{a^2}-1\right)$
$+(x-ea)^2 = (e^2-1)(x^2-a^2)+(x-ea)^2$
$= (ex-a)^2.$ 同じようにして, $\overline{\mathrm{PF'}}^2 =$
$(ex+a)^2.$

つぎの方程式によってあらわされる双曲線の分枝($x>0$）を取り上げます.

$$\frac{x^2}{a^2} - \frac{y^2}{b^2} = 1$$

X軸上に点 $A = \left(\dfrac{a}{e}, 0\right)$ をとり，Y軸に平行な直線 $\ell: x = \dfrac{a}{e}$ を考えます. このとき，双曲線上の任意の点 $P = (x, y)$ から直線 ℓ に下ろした垂線の足を H とおけば

$$\overline{\mathrm{PF}} = ex - a, \quad \overline{\mathrm{PH}} = x - \frac{a}{e} \quad \Rightarrow \quad \frac{\overline{\mathrm{PF}}}{\overline{\mathrm{PH}}} = \frac{ex - a}{x - \dfrac{a}{e}} = e$$

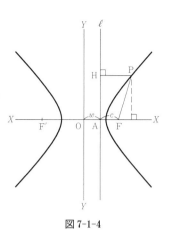

図 7-1-4

逆に，直線 ℓ と点 F が与えられているとして，点 F との間の距離 $\overline{\mathrm{PF}}$ と直線 ℓ との間の距離 $\overline{\mathrm{PH}}$ の比が 1 より大きな一定数 e に等しいような点 P の軌跡を考えます. まず，F を通り，直線 ℓ に垂直な直線を X 軸にとり，直線 ℓ を平行にある数 w だけ X 軸の負の方向に移動した直線を Y 軸にとります. この w の値は，計算の途中で適当に決めることにします. F と直線 ℓ の間の距離を c とすれば

$$\overline{\mathrm{PF}} = \sqrt{(x - w - c)^2 + y^2}, \qquad \overline{\mathrm{PH}} = x - w$$

$$\frac{\overline{\mathrm{PF}}}{\overline{\mathrm{PH}}} = \frac{\sqrt{(x - w - c)^2 + y^2}}{x - w} = e$$

$$e^2(x - w)^2 = (x - w - c)^2 + y^2$$

$$(e^2 - 1)x^2 - 2\{(e^2 - 1)w - c\}x - y^2 = c^2 - (e^2 - 1)w^2 + 2cw$$

ここで，$w = \dfrac{c}{e^2 - 1}$ とすれば，上の方程式は

$$(e^2 - 1)x^2 - y^2 = \frac{c^2 e^2}{e^2 - 1}$$

ここで，$a = \dfrac{ce}{e^2 - 1}$，$b = \dfrac{ce}{\sqrt{e^2 - 1}}$ とおけば

$$\frac{x^2}{a^2} - \frac{y^2}{b^2} = 1, \qquad e = \frac{\sqrt{a^2 + b^2}}{a}, \qquad w = \frac{a^2}{\sqrt{a^2 + b^2}}$$

練習問題 つぎの双曲線の準線を求めなさい.

(1) $\dfrac{x^2}{64} - \dfrac{y^2}{36} = 1$ (2) $4x^2 - 9y^2 = 1$ (3) $x^2 - y^2 = 1$

双曲線の接線の方程式

双曲線の接線の方程式も，楕円の場合と同じようにして計算することができます．つぎの方程式によって与えられる双曲線を考えます．

(3)
$$\frac{x^2}{a^2} - \frac{y^2}{b^2} = 1$$

この双曲線上の点 $P = (x_0, y_0)$ における接線の方程式が

(4)
$$mx + ny = 1$$

によってあらわされるとします．

接線の方程式(4)が双曲線上の点 $P = (x_0, y_0)$ を通るから，連立方程式(3), (4)の解

$$\frac{x_0^2}{a^2} - \frac{y_0^2}{b^2} = 1, \qquad mx_0 + ny_0 = 1$$

が1つしかないような m, n の値を求めればよいわけです．(4)から

$$y = \frac{1}{n} - \frac{m}{n}x$$

この式を(3)に代入して，整理すれば

$$\frac{1}{a^2}x^2 - \frac{1}{b^2}\left(\frac{1}{n} - \frac{m}{n}x\right)^2 = 1$$

$$\left(\frac{1}{a^2} - \frac{m^2}{n^2}\frac{1}{b^2}\right)x^2 + 2\frac{m}{n^2}\frac{1}{b^2}x - \frac{1}{n^2}\frac{1}{b^2} = 1$$

$$(m^2a^2 - n^2b^2)x^2 - 2ma^2x + a^2(1 + n^2b^2) = 0$$

この x の二次方程式の根が1つしかないための条件は判別式が0となることです．

$$\frac{D}{4} = m^2a^4 - (m^2a^2 - n^2b^2)a^2(1 + n^2b^2) = 0$$

$$m^2a^2 - n^2b^2 = 1$$

このとき，上の二次方程式の根が x_0 と等しくなり，$x_0 = ma^2$．同じように，

$$y_0 = -nb^2 \quad \Rightarrow \quad m = \frac{x_0}{a^2}, \quad n = -\frac{y_0}{b^2}$$

双曲線上の点 $P = (x_0, y_0)$ における接線の方程式は

116ページの練習問題の答え

(1) $y = \pm\frac{3}{4}x$　　(2) $y = \pm\frac{2}{3}x$

(3) $y = \pm x$

117ページの練習問題の答え

(1) $x = \pm 6.4$　　(2) $x = \pm\frac{3\sqrt{13}}{26}$

(3) $x = \pm\frac{\sqrt{2}}{2}$

$$\frac{x_0 x}{a^2} - \frac{y_0 y}{b^2} = 1 \quad \text{あるいは} \quad \frac{x_0(x-x_0)}{a^2} - \frac{y_0(y-y_0)}{b^2} = 0$$

練習問題 つぎの双曲線上の点 $P = (x_0, y_0)$ における接線の
方程式を計算しなさい.

(1) $\dfrac{x^2}{64} - \dfrac{y^2}{36} = 1, \quad P = (8\sqrt{2}, 6)$

(2) $4x^2 - 9y^2 = 1, \quad P = \left(\dfrac{\sqrt{10}}{2}, -1\right)$

(3) $x^2 - y^2 = 1, \quad P = (-2, \sqrt{3})$

定理 双曲線上の任意の点 P における双曲線の接線 PT は,
P と 2 つの焦点 F, F′ をむすぶ直線のつくる角を二等分する:
$\angle \mathrm{FPT} = \angle \mathrm{F'PT}$.

証明 2 つの焦点 F, F′ から接線 PT に下ろした垂線の足を
それぞれ H, H′ とし, 2 つの直角三角形 $\triangle$PFH, $\triangle$PF′H′ の
各辺の長さが比例し, 相似となることを示します. 双曲線の
方程式を $\dfrac{x^2}{a^2} - \dfrac{y^2}{b^2} = 1$ とすれば, $P = (x_0, y_0)$ における接線の
方程式は

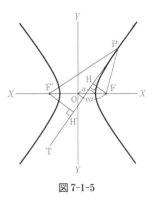

図 7-1-5

$$\frac{x_0 x}{a^2} - \frac{y_0 y}{b^2} = 1 \quad \Rightarrow \quad b^2 x_0 x - a^2 y_0 y = a^2 b^2$$

$$\Rightarrow \quad x_0 x - \frac{y_0}{e^2 - 1} y = a^2$$

$$[a^2 + b^2 = e^2 a^2, \quad b^2 = (e^2 - 1)a^2]$$

第 6 章第 1 節の問題 10 の解答に示したレンマを使うと,

$$\overline{\mathrm{PF}} = ex_0 - a, \qquad \overline{\mathrm{FH}} = \frac{eax_0 - a^2}{\sqrt{x_0^2 + \dfrac{y_0^2}{(e^2-1)^2}}}$$

$$\overline{\mathrm{PF}} : \overline{\mathrm{FH}} = (ex_0 - a) : \frac{eax_0 - a^2}{\sqrt{x_0^2 + \dfrac{y_0^2}{(e^2-1)^2}}} = \frac{1}{a}\sqrt{x_0^2 + \frac{y_0^2}{(e^2-1)^2}}$$

同じようにして

$$\overline{\mathrm{PF'}} : \overline{\mathrm{F'H'}} = (ex_0 + a) : \frac{eax_0 + a^2}{\sqrt{x_0^2 + \dfrac{y_0^2}{(e^2-1)^2}}} = \frac{1}{a}\sqrt{x_0^2 + \frac{y_0^2}{(e^2-1)^2}}$$

1
双
曲
線

ヒント
∠FPF′ を二等分する直線 PS を引き，
PS が P における接線と一致することを
示せばよい．直線 PS 上に P 以外の任意
の点 Q をとり，線分 PF′ 上に PK＝PF
となるような点 K をとる．△QKF′ に
注目して，2 辺の和は他の 1 辺より大き
いことを利用する．

ゆえに，$\overline{\mathrm{PF}} : \overline{\mathrm{FH}} = \overline{\mathrm{PF'}} : \overline{\mathrm{F'H'}}$．2 つの直角三角形 △PFH，
△PF′H′ は相似となり，∠FPH＝∠F′PH′．　　　Q. E. D.

練習問題　双曲線の定義を使って上の定理を直接証明しなさ
い．

共役な双曲線

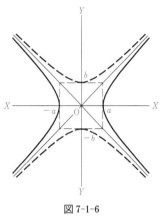

図 7-1-6

　　与えられた双曲線の方程式を
$$\frac{x^2}{a^2} - \frac{y^2}{b^2} = 1$$
とするとき，右辺の 1 を −1 によって置き換えた方程式
$$\frac{x^2}{a^2} - \frac{y^2}{b^2} = -1$$
もまた双曲線をあらわします．この双曲線を共役な双曲線と
いいます．共役な双曲線は元の双曲線と同じ漸近線をもちま
す．また，与えられた双曲線と共役な双曲線の 4 つの頂点を
通る長方形の対角線の長さは，双曲線の 2 つの焦点の距離に
等しくなります．この長方形の対角線の長さは
$$\sqrt{(2a)^2 + (2b)^2} = 2ea$$
となるからです．

119 ページの練習問題の答え
（1）　$3\sqrt{2}\,x - 4y = 24$　　（2）　$2\sqrt{10}\,x +$
$9y = 1$　　（3）　$-2x - \sqrt{3}\,y = 1$

第 7 章　双 曲 線　問　題

問題 1　2 つの焦点 $F = (-u, -v)$, $F' = (u, v)$ との間の距離の差が $l = 2r$ に等しい双曲線の方程式を求めなさい.

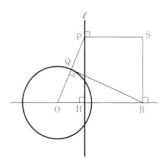

問題 2　定円 O とそれに交わる直線 ℓ がある. 円の中心 O と直線 ℓ 上の任意の点 P をむすぶ線分が円 O と交わる点を Q とし, Q における接線が, 直線 ℓ に垂直な円 O の半径 OH の延長と交わる点を R とする. P を通る直線 ℓ に垂直な直線が, R において直線 OH に立てた垂線と交わる点 S の軌跡を求めなさい.

図 7-問題 2

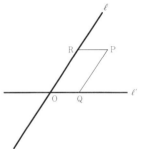

問題 3　点 O で交わる 2 つの直線 ℓ, ℓ' がある. 1 つの頂点が点 O にあって, 2 辺が直線 ℓ, ℓ' 上にあり, 面積がある一定の値 k^2 をとるような平行四辺形 $\square$ORPQ の第 4 の頂点 P の軌跡を求めなさい.

図 7-問題 3

問題 4　双曲線の外の点 (p, q) から双曲線に引いた接線の接点を求めなさい.

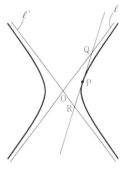

問題 5　双曲線上の任意の点 P は, その点における接線が 2 つの漸近線 ℓ, ℓ' と交わってできる線分 QR の中点となる.

図 7-問題 5

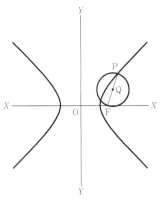

図 7-問題 6

問題 6 双曲線上の任意の点 P と焦点 F をむすぶ線分 PF を直径とする円 Q はある一定の円に接する.

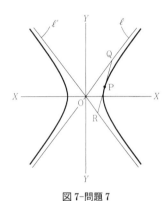

図 7-問題 7

問題 7 双曲線上の任意の点 P における接線と 2 つの漸近線 ℓ, ℓ' によってつくられる三角形 △QOR の面積は一定である.

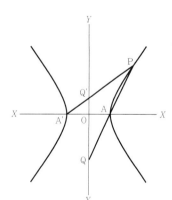

図 7-問題 8

問題 8 双曲線上の任意の点 P と 2 つの頂点 A, A′ をむすぶ線分 PA, PA′ またはその延長が副軸と交わる点をそれぞれ Q, Q′ とすれば, $\overline{OQ} \times \overline{OQ'}$ は一定の値をとる.

問題 9 双曲線の焦点 F を通る任意の弦の中点 P の軌跡を求めなさい.

問題 10 双曲線上の点 A における接線と平行な弦 PQ の中点 R の軌跡を求めなさい.

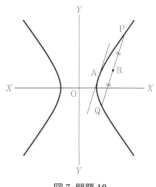

図 7-問題 10

問題 11 双曲線の焦点 F から双曲線上の任意の点 P における接線に下ろした垂線の足 Q の軌跡を求めなさい.

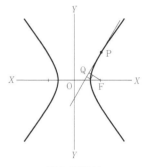

図 7-問題 11

問題 12 双曲線に引いた 2 つの接線が直交するような点 P の軌跡を求めなさい.

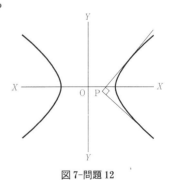

図 7-問題 12

第 8 章
円錐曲線

楕　円　　　　　　　双曲線　　　　　　　放物線

円錐曲線

　円，楕円，放物線，双曲線はいずれも円錐曲線とよばれます．ある1つの円錐を平面で切ったときにできる曲線だからです．

　楕円，双曲線，放物線という3種類の円錐曲線があることを最初に証明したのは，紀元前350年頃活躍したギリシアの数学者メナイクモスでした．メナイクモスは，プラトンの後継者といわれた偉大な数学者エウドクソスにまなび，円錐曲線をはじめとして，すぐれた業績をのこした数学者です．メナイクモスはまた，アレキサンドロス大王の数学の先生だったことでも有名です．「幾何学に王道なし」という言葉は，メナイクモスがアレキサンドロス大王にいった言葉とも伝えられています．

　メナイクモスが円錐曲線に興味をもったのは，デロスの問題といわれる立方体の倍積問題を解くためでした．倍積問題を解くことはもちろんできなかったのですが，メナイクモスの努力が円錐曲線の発見につながったわけです．メナイクモスの考え方を発展させて，上の図に示してあるように，平面と円錐の角度によってさまざまな曲線が得られことを発見したのは，アルキメデスです．

円錐曲線

　直円錐の底面に平行な平面で切ると円が得られます．少し斜めな平面で切ると楕円になります．円錐の1つの母線に平行な平面で切ると放物線になり，さらに，円錐の底面に垂直な平面で切ると双曲線が得られます．じつは，円錐の頂点を通って底面に垂直な平面で切ると2つの交差する直線になります．直線も円錐曲線の一種というわけです．

円錐を底面に対して少し斜めな平面で切ると楕円になる

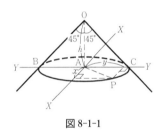

図 8-1-1

　円錐を主軸に垂直な平面で切れば，その切り口は円となります．このことを計算してみましょう．議論をかんたんにするために，頂角 90° の円錐を考えます．円錐の頂点 O から主軸に沿って h の距離の点 A をとり，A を通って主軸に垂直な平面を考えます．A を原点とする直交座標を XX, YY として，円錐との任意の交点 P の座標を (x, y) とすれば

$$x^2 + y^2 = h^2$$

　つぎに，同じ円錐を主軸に対して 60° の傾斜をもった平面で切ったとき，その切り口は楕円になることを示します．この平面と，円錐の主軸に垂直な底面とが交わってできる直線を XX 軸にとり，底面の中心 A を原点とし，XX 軸に直交する YY 軸を切り口の平面上にとります．円錐とこの平面の任意の交点 P の座標を (x, y) とし，P から底面に下ろした点を Q とすれば，$\overline{PQ} = \dfrac{1}{2}y$．したがって，P は円錐の頂点 O から主軸に沿って $h - \dfrac{1}{2}y$ の距離の垂直面上にあります．

P から XX 軸に下ろした垂線の足を R とすれば，$\overline{RQ} = \dfrac{\sqrt{3}}{2}y$．

　主軸から点 P までの距離，すなわち $\overline{AQ}$ は $h - \dfrac{1}{2}y$ である

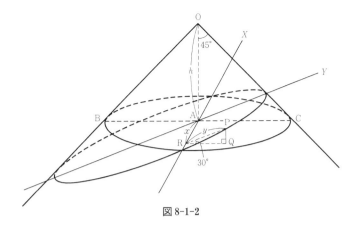

図 8-1-2

から，三角形 △ARQ にピタゴラスの定理を適用して，

$$x^2+\left(\frac{\sqrt{3}}{2}y\right)^2=\left(h-\frac{1}{2}y\right)^2 \quad \Rightarrow \quad \frac{x^2}{\frac{3}{2}h^2}+\frac{(y+h)^2}{3h^2}=1$$

問題の図形は，長半径 $\sqrt{3}\,h$，短半径 $\frac{\sqrt{6}}{2}h$ の楕円となります．

練習問題

(1) 頂角 60° の円錐を，主軸に対して 45° の傾斜をもち頂点から主軸に沿って h の距離の平面で切ったときの，切り口の方程式を計算しなさい．

(2) 頂角 60° の円錐を，主軸に対して 60° の傾斜をもち頂点から主軸に沿って h の距離の平面で切ったときの，切り口の方程式を計算しなさい．

円錐を主軸と平行な平面で切ると双曲線になる

つぎに，円錐を主軸と平行な平面で切ると，その切り口が双曲線になることを証明しましょう．前と同じように，頂角 90° の円錐を考えます．図に示すように，円錐を主軸と平行で，主軸からの距離が h の平面で切ったときにできる図形の頂点 A を原点として，A を通って主軸に平行な直線を XX 軸とし，A を原点として XX 軸に垂直に YY 軸を切り口の平面上にとります．円錐とこの平面との任意の交点 P

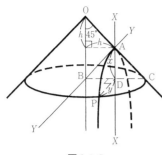

図 8-1-3

127 ページの練習問題の答え

(1) $\dfrac{x^2}{\frac{h^2}{2}} + \dfrac{\left(y+\frac{\sqrt{2}\,h}{2}\right)^2}{\frac{3h^2}{2}} = 1$ (長半径 $\frac{\sqrt{6}}{2}h$,

短半径 $\frac{\sqrt{2}}{2}h$ の楕円)

(2) $\dfrac{x^2}{\frac{3h^2}{8}} + \dfrac{\left(y+\frac{h}{4}\right)^2}{\frac{9h^2}{16}} = 1$ (長半径 $\frac{3}{4}h$,

短半径 $\frac{\sqrt{6}}{4}h$ の楕円)

の座標を (x, y) とし，P を通って円錐の主軸と垂直な平面が，円錐の主軸と交わる点を B とし，円錐の頂点 O と A をむすぶ母線と交わる点を C とします（円錐の頂点を通る円錐上の直線を母線といいます）．A を通り，円錐の主軸に平行な直線が線分 BC と交わる点を D とすれば

$$\overline{AD} = \overline{DC} = x, \quad \overline{PD} = y, \quad \overline{BP} = \overline{BC} = \overline{BD} + \overline{DC} = h + x$$
$$\overline{PD}^2 + \overline{BD}^2 = \overline{BP}^2 \quad \Rightarrow \quad y^2 + h^2 = (h + x)^2$$

ゆえに，

$$\frac{(x+h)^2}{h^2} - \frac{y^2}{h^2} = 1$$

これは双曲線の方程式です．

練習問題

(1) 頂角 $60°$ の円錐を，主軸と平行で主軸からの距離が h の平面で切ったときの，切り口の方程式を計算しなさい．

(2) 頂角 $120°$ の円錐を，主軸と平行で主軸からの距離が h の平面で切ったときの，切り口の方程式を計算しなさい．

円錐を母線と平行な平面で切ると放物線になる

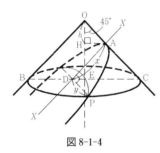

図 8-1-4

円錐を母線と平行な平面で切ると，その切り口は放物線になります．このことを証明しましょう．前と同じように，頂角 O が $90°$ の円錐を考えます．円錐を母線と平行な平面で切ったときにできる図形の頂点 A が，頂点 O から主軸に沿って高さ h の位置にあるとします．この平面上に A を原点として，A を通って母線と平行な直線を XX 軸としてとり，それに垂直に YY 軸をとります．この平面と円錐との任意の交点 P の座標を (x, y) とし，P を通り円錐の主軸と垂直な平面が，円錐の頂点 O を通り XX 軸と平行な母線と交わる点を B，母線 OA と交わる点を C とします．

円錐の頂点 O を通り，B, C を含む平面を取り出した図 8-1-5 を考えます．A を通り母線 OB に平行な直線が線分 BC と交わる点を D とし，O, A から線分 BC に下ろした垂線の足をそれぞれ E, F とし，A から OE に下ろした垂線の足を H とします．このとき

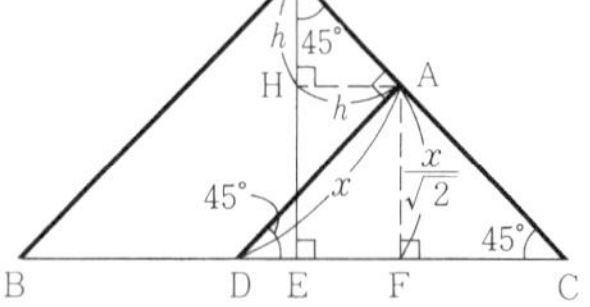

図 8-1-5

$$\overline{EF} = \overline{HA} = \overline{HO} = h, \quad \overline{DF} = \overline{FC} = \overline{AF} = \frac{x}{\sqrt{2}}$$

$$\overline{DE} = \overline{DF} - \overline{EF} = \left| \frac{x}{\sqrt{2}} - h \right|$$

つぎに，P を通り円錐の主軸と垂直な平面を考えます．この平面による円錐の切り口の図形は，E を中心として半径 $\overline{EC} = \frac{x}{\sqrt{2}} + h$ の円となります．ここで

$$\overline{PD} = y, \quad \overline{PE} = \overline{EC} = \frac{x}{\sqrt{2}} + h, \quad \overline{DE} = \left| \frac{x}{\sqrt{2}} - h \right|$$

ピタゴラスの定理によって
$$\overline{PD}^2 = \overline{PE}^2 - \overline{DE}^2$$
$$\Rightarrow \quad y^2 = \left(\frac{x}{\sqrt{2}} + h \right)^2 - \left(\frac{x}{\sqrt{2}} - h \right)^2 = 2\sqrt{2}\,hx$$

放物線の方程式 $y^2 = 2\sqrt{2}\,hx$ となります．

練習問題　記号は上の例と同じとします．
(1)　頂角 60° の円錐を，母線と平行な平面で切ったときの，切り口の方程式を求めなさい．
(2)　頂角 120° の円錐を，母線と平行な平面で切ったときの，切り口の方程式を求めなさい．

2

メナイクモスの円錐曲線

　メナイクモスは，円錐曲線の存在を平面幾何の考え方を使って証明したのですが，その証明は主としてグノモンの定理を使ったものでした．第 2 章第 3 節「グノモンの定理」でお話ししたことは，もっぱらメナイクモスの考え方にもとづいています．ここでは，放物線の場合についてメナイクモスの証明を紹介しておきましょう．

放物線の存在にかんするメナイクモスの証明

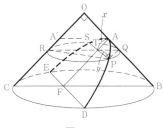

図 8-2-1

　円錐を母線と平行な平面で切ると，その切り口が放物線になることを幾何を使って証明します．例の通り，頂角 O が 90° の直円錐を考えます．円錐を母線と平行な平面で切ったときにできる図形の頂点を A とします．A を通る母線が，直円錐の底面と交わる点を B とし，また，BC が底面の円の直径となるように点 C をとります．母線と平行な平面で切ったときにできる曲線が底面と交わる 2 つの点を D, E とし，線分 DE が直径 BC と交わる点を F とします．この曲線上の任意の点 P を考えます．P を通り底面に平行な平面が母線 OB, OC と交わる点を Q, R とし，上の曲線とのもう 1 つの交点を S とします．線分 PS が直径 QR と交わる点を T とします．P は円 PQSRP の上にあって，PS は直径 QR と T で直角に交わります．三角形 △PQR を考えると，∠RPQ = 90°，PS⊥QR．$y = \overline{\mathrm{TP}}$ とおけば，方ベキの定理によって

$$y^2 = \overline{\mathrm{TP}}^2 = \overline{\mathrm{TP}} \times \overline{\mathrm{TS}} = \overline{\mathrm{TQ}} \times \overline{\mathrm{TR}}$$

△ATQ と △OCB は相似となるから，$\overline{\mathrm{AT}} : \overline{\mathrm{TQ}} = \overline{\mathrm{OC}} : \overline{\mathrm{CB}}$．

　A を通って円錐の底面に平行な直線が母線 OC と交わる点を A′ とすれば

$$\overline{\mathrm{A'A}} = \overline{\mathrm{TR}}, \qquad \overline{\mathrm{OA'}} = \overline{\mathrm{OA}}$$

△OA′A と △OCB は相似となるから，$\overline{\mathrm{OA'}} : \overline{\mathrm{A'A}} = \overline{\mathrm{OC}} : \overline{\mathrm{CB}}$．したがって，

$$\overline{\mathrm{AT}} : \overline{\mathrm{TQ}} = \overline{\mathrm{OA'}} : \overline{\mathrm{A'A}} = \overline{\mathrm{OA}} : \overline{\mathrm{TR}}$$

$x = \overline{\mathrm{AT}}$ とおけば，

$$x = \overline{\mathrm{TQ}} \times \frac{\overline{\mathrm{OA}}}{\overline{\mathrm{TR}}} \quad \Rightarrow \quad y^2 = \overline{\mathrm{TQ}} \times \overline{\mathrm{TR}} = x \times \frac{\overline{\mathrm{TR}}^2}{\overline{\mathrm{OA}}} = x \times \frac{\overline{\mathrm{AA'}}^2}{\overline{\mathrm{OA}}}$$

$$y^2 = ax \qquad \left(a = \frac{\overline{\mathrm{AA'}}^2}{\overline{\mathrm{OA}}} \right)$$

このようにして，切り口 APD が放物線となることがわかります． Q. E. D.

練習問題

(1) メナイクモスの方法を使って，直円錐を底辺に垂直な平面で切ると，その切り口が双曲線になることを証明

128 ページの練習問題の答え

(1) $\dfrac{(x + \sqrt{3}\,h)^2}{3h^2} - \dfrac{y^2}{h^2} = 1$

(2) $\dfrac{\left(x + \dfrac{h}{\sqrt{3}}\right)^2}{\dfrac{h^2}{3}} - \dfrac{y^2}{h^2} = 1$

129 ページの練習問題の答え

(1) $y^2 = \dfrac{2\sqrt{3}\,h}{3} x$　　(2) $y^2 = 6hx$

しなさい.

(2) メナイクモスの方法を使って，直円錐を底辺に対して斜めな平面で切ると，その切り口が楕円になることを証明しなさい.

答え 略

アポロニウスと円錐曲線

ヘレニズム

　円錐曲線について最初に体系的に研究したのはアポロニウスです．アポロニウスはユークリッド，アルキメデスとならんで，紀元前300年から紀元前200年にかけてギリシア数学の黄金時代をきずき上げた3人の偉大な数学者の1人です．この3人の数学者の生きた時代は正確には，ヘレニズムの時代といわれています．

　ヘレニズムの時代はふつう，アレキサンドロス大王が亡くなった紀元前323年からクレオパトラの死によってプトレマイオス王朝が終わった紀元前30年までのほぼ300年の時期を指します．華麗な古代ギリシアの文化が，地中海沿岸を越えて，広い地域にわたって花開いたときで，人類の長い歴史のなかでもとくに魅力的な時代です．ヘレニズムという言葉はもともと，ギリシアを意味するヘラスからきた言葉です．ギリシア風というような意味です．ヘレニズム時代の文化の中心はアレキサンドリアで，とくに数学がさかんでした．

　世界制覇の偉業を成しとげたアレキサンドロス大王は，わずか32歳でなくなりましたが，ヨーロッパとアジアを合一して，異なる民族，人種間の対立をなくして，すべての人々が一緒になって文化の創造をはかるという時代的潮流をのこしたのです．つぎの有名な言葉はアレキサンドロス大王の言葉です．

　　神は全人類のあまねき父にして，それゆえ全人類は同胞<ruby>同胞<rt>はらから</rt></ruby>である．人類をギリシア人と異邦人に区分すべきではな

く，善悪によって分かつべきである.

ユークリッド，アルキメデス，アポロニウスは，このヘレニズム時代の精神を象徴する数学者だったのです.

アポロニウス

　アポロニウスについては，くわしいことは何ものこっていません．紀元前 262 年に生まれ，紀元前 190 年に亡くなったと考えられています．アルキメデスより一世代，30 年ほど後の人というわけです．アポロニウスが生まれたのも，アルキメデスと同じようにアレキサンドリアではなく，小アジア南部のペルガの町だったといわれています．アポロニウスという名前は正式にはアポロニオスですが，慣例にしたがってアポロニウスということにします．アポロニオスは古代ギリシアではポピュラーな名前で，『古代科学全書』という書物には，何と 129 人ものアポロニオスの伝記がのっています．数学者のアポロニオスはペルガのアポロニオスとよばれています.

　アポロニウスはアレキサンドリアで学び，しばらくアレキサンドリア大学やペルガモンで教えたり，その後，プトレオマイオス 2 世の大蔵大臣をしたこともあったといわれています．アポロニウスは数多くの著作，論文を書きましたが，そのほとんどは消失してしまって，わずかしかのこっていません．アポロニウスの方がユークリッド，アルキメデスに比べて，消失してしまった著作，論文の数がずっと多いといわれています．パッポスの著した『解析宝典』という論文集のなかには，かなりの数のアポロニウスの論文が収録されています．また，17 世紀には，消失したギリシア数学の書物を復元することが盛んにおこなわれたのですが，もっぱらアポロニウスの論文の復元に焦点があてられていました.

　アポロニウスの主著は有名な『円錐曲線論』です．『円錐曲線論』は全 8 巻から成る大部の書物で，古代世界最高の数学書の 1 つといってよいと思います．アポロニウスは，この『円錐曲線論』のなかで，円錐を平面で切ったときにできる3 種類の曲線——放物線，楕円，双曲線——について，華麗な分析を展開したのです．放物線(Parabola)，楕円(Ellipse)，

双曲線（Hyperbola）という言葉をつくったのもアポロニウスでした．全8巻のうち，最初の4巻はギリシア語のままでのこっていますが，そのほかの4巻は消失してしまって，現在のこっていません．そのうちの3巻はアラビア語に翻訳されたものを通じて，その内容を知ることができます．アポロニウスの『円錐曲線論』はむずかしすぎて，残念ですが，そのほんの一部しか紹介できません．

アルキメデスと円錐曲線

発見されたアルキメデスの書物

　アルキメデスの業績は数学のほとんど全分野にわたっていますが，原著書の多くはのこっていません．たとえば円錐曲線にかんするアルキメデスの研究も原本はほとんど消失してしまって，16世紀初めに書かれたギリシア語の写本から知ることができるだけです．ユークリッドの『原本』がずっと読みつがれてきたのと対照的です．

　なかでも有名なのは，ながい間消失したとばかり思われていたアルキメデスのもっとも大切な書物が1906年，まったくの偶然から発見されたことです．この書物には，アルキメデス自身『方法』といってよく引用していた重要な論文も含まれていましたが，2000年近くもその所在がわからなかったのです．ことの起こりは，ヨハン・ハイベルグというノルウェーの学者がある書物をよんでいて，コンスタンティノープルのギリシア正教会の図書館に数学に関係すると思われるパリンプセストが所蔵されていると書かれているのを知ったことからはじまります．パリンプセスト（Palimpsest）は，一度書かれた羊皮紙の文字を消して，新しく文章を書き込んだものですが，もとの文字が完全には消えていないことが多いので，貴重な史料となっています．〔最近日本でも，松尾芭蕉の『奥の細道』の原書が見つかって話題になりました．

パリンプセストと同じように，もとの文章が完全には消えないでのこっていたので，芭蕉の推敲の跡がわかって大へん参考になったということです.〕

コンスタンティノープルはいまのイスタンブールですが，ビザンティン帝国の首都として，紀元395年から紀元1453年までじつに1000年間にわたって政治と文化の中心だったところです. ハイベルグはさっそくコンスタンティノープルに行き，問題のパリンプセストを丹念にしらべて判読に成功しました. そのパリンプセストは羊皮紙で185枚という大部なもので，アルキメデスのもっとも重要な論文である『浮力の原理』，『円周を測る』，『球と円柱』と一緒に『方法』が入っていることがわかったのです.『方法』は，これまでまったくその所在が知られていなかったのです.

アルキメデス・パリンプセストはもともと，アルキメデスの元の書物を10世紀頃，羊皮紙に写したものでした. 13世紀に入ってから，ギリシア正教会で「エウコロギオン」といって祈禱用の本として使うために，アルキメデスの文章を消して，祈禱文や儀式文集を書き込んだものだったのです. 幸いなことに，消し方が不完全だったために，ハイベルグはアルキメデスの『方法』をほぼ完全に復元することができたわけです. アルキメデスは古代世界最高の数学者で，近代科学の基礎をつくった偉大な学者です. そのアルキメデスのもっとも重要な論文の，しかも1つしかない写本を，中世の教会は祈禱文や儀式文集を書き込むために消してしまったのです. アルキメデスの，この書物はさらに数奇な運命をたどります.

1909年，ハイベルグはアルキメデス・パリンプセストをもう一度見る機会を与えられましたが，それ以後，この書物を目にした人はいませんでした. 1918年，第一次世界大戦はトルコの敗北をもって終わり，400年間にわたってコンスタンティノープルを支配したオスマン帝国は崩壊したのです. その後，1920年代に入ってからのことですが，アルキメデス・パリンプセストは教会から盗まれてしまいました. 間もなく，あるフランス人がもっていることがわかりました. ギリシア政府は何度も，フランス政府に対してアルキメデス・パリンプセストの書物の返還を要求したのですが，無視されつづけてきました. その書物が最近（1998年10月のことで

す），ニューヨークのクリスティという競売専門の業者によって競売に出されました．ギリシア政府はさっそく競売差止めの訴訟をおこしましたが，ニューヨークの連邦裁判所は，30 年以上もっていれば，盗んだものでも合法的な所有と認めるというフランスの法律を適用して，このフランス人によるアルキメデス・パリンプセストの所有は合法的なものであるという判断を下したのです．アルキメデス・パリンプセストは結局，220 万 2500 ドル（約 2 億 6000 万円）という値段で競り落とされました．新しい所有者はアルキメデス・パリンプセストを公開することを拒否しているといわれています．

アルキメデスの『方法』

　アルキメデスの『方法』は，ふかい洞察とするどい直感をもって，数学の本質について語ったもので，私たちが数学を学ぶときに大切な指針を示しています．数学は言葉と同じように，人間が人間であることをもっとも鮮明にあらわすものであって，1 人 1 人の人間的成長の営みを通じて，学び，考えてゆくものであることを，アルキメデスはこの『方法』のなかで強調しています．中国の生んだ偉大な思想家孔子はアルキメデスと近い時代の人です．孔子は『論語』のなかで，「学びて思わざればすなわち罔し，思うて学ばざればすなわち殆し」という有名な言葉をのこしていますが，アルキメデスの『方法』と一脈相通ずるところがあります．

　ハイベルグによって復元されたアルキメデスの『方法』には 15 の命題がのっています．いずれも，当時アレキサンドリア大学で教えていた数学者エラトステネスに宛てた書簡の形式をとっています．その命題の多くは円錐曲線にかんするもので，数学の命題がどのようにして導き出されたかを明らかにし，その証明を思いつくにいたったプロセスが述べられています．

アルキメデスの『平面の平衡』

　アルキメデスの『方法』の第 1 の命題は，平衡の原理を使って放物線の弓形の面積を求めるものです．これは，アルキ

メデスの『平面の平衡』のなかでもっとくわしく述べられています．平衡の原理はふつう梃子の原理といわれていますが，分銅を使った天秤の考え方を拡張したものです．梃子の両端におかれた2つの分銅が釣り合うのは，各分銅の重量と支点からの距離との積がお互いに等しいときであるという命題です．梃子の原理については，アルキメデスより1世紀以上も前に，アリストテレスが，その8巻からなる大著『物理学』のなかで述べています．しかし，アリストテレスが梃子の原理をたんに1つの一般的な原則として述べたのに対して，アルキメデスは，『平面の平衡』で，梃子の原理をじっさいに使って，いろいろな図形の面積，体積を計算しています．『平面の平衡』の第1巻は，平面上の直線図形を取り扱ったもので，三角形や台形の重心について述べられています．『好きになる数学入門』の第2巻『図形を考える―幾何』では，このアルキメデスの『平面の平衡』の第1巻から引用した命題をいくつかお話ししました．『平面の平衡』の第2巻では，放物線が取り上げられていますが，アルキメデスはそのなかで放物線の弓形の面積をじつにたくみに計算しています．

　アルキメデスは，そのために，平衡の原理とならんで，「取り尽くし法」を使っています．「取り尽くし法」については，第2巻『図形を考える―幾何』でもふれましたが，積分法のエッセンスが盛り込まれた考え方です．このことについては，第6巻『微分法を応用する―解析』でくわしくお話しすることにして，ここでは，放物線の弓形の面積についてのアルキメデスの計算を復元したいと思います．

　ある放物線の上に弓形 AB があります．この弓形 AB の面積を求めたいわけです．そこで，弦 AB の1つの端点 A で放物線に引いた接線を AC とします．B を通って放物線の軸と平行な直線が接線と交わる点を C とし，△ABC を考えます．このとき，放物線の弓形 AB の面積が △ABC の面積の $\frac{1}{3}$ になっていることを証明します．

　このことを証明するために，弦 AB の上の任意の点 P が与えられたときに，P を通り，放物線の主軸に平行な直線が弧 AB と交わる点を R とし，接線 AC と交わる点を Q とし

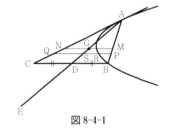

図 8-4-1

ます．アルキメデスは，△ABC，弓形 AB の面積がそれぞ
れ線分 PQ, PR の集まりであると考えて，この2つの図形の
面積の比を計算したのです．じつは，三角形あるいは弓形と
いうような図形の面積を線分の集まりとして計算するのは，
厳密にいうと正しくないのですが，アルキメデスの計算法は
ずっと後世になってから，積分法という考え方を使って正当
化されることになります．

　弦 AB を 2：1 の比に内分する点 M を通り主軸と平行な直
線が接線 AC と交わる点を N とします．線分 BC の中点を
D とし，AD と MN の交点を G とします．G が △ABC の重
心で，線分 AD を 2：1 の比に内分することは，第2巻『図
形を考える―幾何』で証明しました．

　アルキメデスは，D を支点とした梃子を考えて，平衡の原
理を適用します．そのために，線分 AD を D をこえて等し
い長さだけ延長した点 E をとります．

$$\overline{AD} = \overline{DE}$$

　アルキメデスの証明はつぎのレンマを使います．

レンマ　放物線の弦 AB の上の任意の点 P を通り，放物線
の主軸に平行な直線が弦の一端 A における接線および弧
AB と交わる点をそれぞれ Q, R とするとき

$$\overline{PQ} : \overline{PR} = \overline{AB} : \overline{PB}$$

PQ と AD の交点を S とおけば，

$$PQ \parallel BC, \quad \overline{AD} : \overline{SD} = \overline{AB} : \overline{PB}$$

　このレンマを使うと

$$\overline{PQ} : \overline{PR} = \overline{AB} : \overline{PB} = \overline{AD} : \overline{SD} = \overline{ED} : \overline{SD}$$
$$\Rightarrow \quad \overline{PR} \times \overline{ED} = \overline{PQ} \times \overline{SD}$$

つまり，E 点におかれた線分 PR は S 点におかれた線分 PQ
と D を支点として釣り合うわけです．P が弦 AB の上を A
から B に動くとき，PQ, PR はそれぞれ三角形 △ABC およ
び放物線の弓形 AB をおおいます．したがって，E におかれ
た放物線の弓形 AB は，△ABC をその重心 G においたとき
に，D を支点として釣り合うことになります．

$$[弓形\ AB] \times \overline{ED} = [\triangle ABC] \times \overline{GD}$$

$\overline{GD} = \dfrac{1}{3}\overline{AD} = \dfrac{1}{3}\overline{ED}$ であるから

$$[\text{弓形 AB}] = \frac{1}{3} \times [\triangle\text{ABC}] \qquad\qquad \text{Q. E. D.}$$

上のレンマは，第5章第2節の問題2と基本的には同じです．念のため，レンマの証明をしておきます．(X, Y) 軸を適当にとって，放物線の方程式を $y^2 = x$ とし，各点の座標がつぎのようにあらわされるとします．

$$A = (a^2, a), \qquad B = (b^2, b), \qquad R = (y^2, y)$$

A から直線 CB，QP の延長に下ろした垂線の足をそれぞれ H, K とすれば

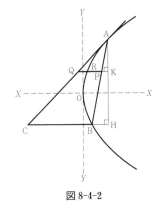

図 8-4-2

$$\overline{\text{AK}} : \overline{\text{PK}} = \overline{\text{AH}} : \overline{\text{BH}} = (a - b) : (a^2 - b^2) = \frac{1}{a + b}$$

$$\overline{\text{AK}} = a - y \;\; \Rightarrow \;\; \overline{\text{PK}} = (a + b)(a - y)$$

$$\overline{\text{PR}} = \overline{\text{RK}} - \overline{\text{PK}}$$
$$= (a^2 - y^2) - (a + b)(a - y) = (a - y)(y - b)$$

また，$A = (a^2, a)$ における放物線の接線の勾配は $\dfrac{1}{2a}$ だから

$$\overline{\text{AK}} : \overline{\text{QK}} = \frac{1}{2a}, \;\; \overline{\text{AK}} = a - y \;\; \Rightarrow \;\; \overline{\text{QK}} = 2a(a - y)$$

$$\overline{\text{PQ}} = \overline{\text{QK}} - \overline{\text{PK}}$$
$$= 2a(a - y) - (a + b)(a - y) = (a - b)(a - y)$$
$$\overline{\text{PQ}} : \overline{\text{PR}} = (a - b)(a - y) : (a - y)(y - b)$$
$$= (a - b) : (y - b) = \overline{\text{AB}} : \overline{\text{PB}}$$

$$\text{Q. E. D.}$$

練習問題 上のレンマの証明を使って，つぎの公式を証明しなさい．

$$[\triangle\text{ABC}] = \frac{1}{2}(a - b)^3, \qquad [\text{弓形 AB}] = \frac{1}{6}(a - b)^3$$

答え　略

直円柱に内接する球の体積にかんするアルキメデスの定理

アルキメデスは，直円柱にちょうど内接する球の体積は，その直円柱の体積の $\dfrac{2}{3}$ に等しくなるという有名な定理を発見したわけですが，『方法』にはじつにみごとな証明がのこ

されています.

定理 直円柱にちょうど内接する球の体積 S は，直円柱の体積 V の $\dfrac{2}{3}$ に等しい．

証明 3つの立体を考えます．半径1の球，半径1の円を底面とする高さ2の直円柱，半径1の円を底面とする高さ1の直円錐です．球は直円柱にちょうど内接し，直円錐は半球に内接しています．図8-4-3には，球の中心 O を通って底面 B_0C_0 に垂直な平面で切った断面がえがかれています．円 AEA_0D は球，正方形 BCC_0B_0 は円柱，$\triangle AED$ は直円錐の断面です．線分 AOA_0 はこの3つの立体の中心線です．

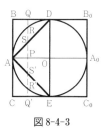

図 8-4-3

　線分 AO 上の任意の点 P を通り，底面 B_0C_0 に平行な平面が直円柱，球，直円錐の断面と交わる点をそれぞれ $Q(Q')$，$R(R')$，$S(S')$ とします．また，中心 O を通り，底面 B_0C_0 に平行な平面が直円柱，球，直円錐の断面と交わる点を D, E とします．

　みやすくするために，中心 O の左側の部分だけをとって，拡大した図8-4-4を使います．線分 AO 上の任意の点 P に対して，線分 AO 上に点 P_0 をつぎのようにとります．
$$\overline{P_0O} = \overline{AP} = x \qquad (0 \leqq x \leqq 1)$$
P_0 を通り，底面 B_0C_0 に平行な平面が直円柱，球，直円錐の断面と交わる点をそれぞれ $Q_0(Q_0')$，$R_0(R_0')$，$S_0(S_0')$ とすれば
$$\overline{SP} = \overline{AP} = x, \qquad \overline{R_0P_0} = \sqrt{1-x^2}$$
$$\overline{SP}^2 + \overline{R_0P_0}^2 = x^2 + (\sqrt{1-x^2})^2 = 1$$

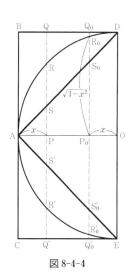

図 8-4-4

したがって，P を通り，底面 B_0C_0 に平行な平面と直円錐との交わりの断面 SS' の面積と，P_0 を通り，底面 B_0C_0 に平行な平面と球との交わりの断面 R_0R_0' の面積とを足し合わせると，P を通り，底面 B_0C_0 に平行な平面と直円柱との交わりの断面 QQ' の面積に等しくなります．また，P が線分 AO 上を A から O に動くとき，P_0 は線分 AO 上を O から A に動きます．したがって球 AA_0 の体積を S，直円錐 DAE の体積を C，直円柱 BCC_0B_0 の体積を V とすれば
$$\frac{1}{2}S + C = \frac{1}{2}V$$

[V は Volume(体積)の頭文字，S は Sphere(球)の頭文字，

C は Cone の頭文字です．円錐の英語は Cone，アイスクリーム・コーンのコーンです．〕

アルキメデスのときにはすでに，円錐の体積が外接する直円柱の体積の $\frac{1}{3}$ に等しいというデモクリトス – エウドクソスの定理はわかっていました．

$$C = \frac{1}{3} \times \frac{1}{2}V = \frac{1}{6}V$$

$$\frac{1}{2}S = \frac{1}{2}V - C = \frac{1}{2}V - \frac{1}{6}V = \frac{1}{3}V \;\Rightarrow\; S = \frac{2}{3}V$$

Q. E. D.

半径 r の球がちょうど内接するような直円柱の体積は $2\pi r^3$ だから，半径 r の球の体積 S について，つぎのよく知られている公式が得られるわけです．

$$S = \frac{4}{3}\pi r^3$$

念のために，デモクリトス – エウドクソスの定理を証明しておきましょう．

定理 直円錐の体積 C は外接する直円柱の体積 V の $\frac{1}{3}$ に等しい．

証明 2つの立体を考えます．底面が半径 1 の円で高さ 1 の直円柱に，底面が半径 1 の円で高さ 1 の直円錐が内接しているとします．図 8-4-5 には，直円柱の中心 O を通り底面に垂直平面で切った断面がえがかれています．BCC_0B_0 は直円柱，AC_0B_0 は直円錐の断面です．線分 AOA_0 は，この 2 つの立体の中心線です．〔前の場合と記号が少し変わっていることに注意してください．〕

いま，線分 AA_0 上の任意の点 P を通り底面 B_0C_0 に平行な平面が直円錐の断面と交わる点を S(S′) とします．また，O を通り底面 B_0C_0 に平行な平面が直円錐の断面と交わる点を D, E とします．線分 AO 上の任意の点 P に対して，線分 AO, OA_0 上にそれぞれ $P_0, \overline{P_0}$ をつぎのようにとります．

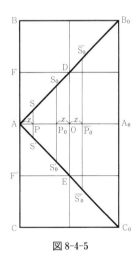

図 8-4-5

$$\overline{OP_0} = \overline{OP_0'} = \overline{AP} = x \qquad \left(0 \leqq x \leqq \frac{1}{2}\right)$$

$P_0, \overline{P_0}$ を通り底面 B_0C_0 に平行な平面と直円錐の断面との交点を $S_0(S_0')$, $\overline{S_0}(\overline{S_0'})$ とします.

$$\overline{SP} = x, \qquad \overline{S_0P_0} = |\overline{AO} - x| = |\overline{DO} - x|,$$
$$\overline{\overline{S_0}\,\overline{P_0}} = \overline{AO} + x = \overline{DO} + x$$
$$\overline{S_0P_0}^2 + \overline{\overline{S_0}\,\overline{P_0}}^2 = (\overline{DO} - x)^2 + (\overline{DO} + x)^2 = 2\overline{DO}^2 + 2x^2$$
$$= 2(\overline{DO}^2 + \overline{SP}^2)$$

したがって, $P_0, \overline{P_0}$ を通り底面 B_0C_0 に平行な 2 つの平面と直円錐との交わりの断面 $\overline{S_0S_0}$, $\overline{\overline{S_0}\,\overline{S_0}}$ を足し合わせた面積は, O を通り底面 B_0C_0 に平行な平面と円錐の交わりの断面 DE の面積と P を通り底面 B_0C_0 に平行な平面と直円錐との交わりの断面 SS' の面積との和の 2 倍に等しくなります. また, P が線分 AO 上を A から O に動くとき, P_0 は線分 AO 上を O から A に動き, $\overline{P_0}$ は線分 OA_0 上を O から A_0 に動きます. したがって

[円錐 AC_0B_0] $= 2$([断面 FF′ED に対応する円柱]
$\qquad\qquad\qquad$ $+$[断面 AED に対応する円錐の部分])

最初に与えられた円柱 BCB_0C_0 と円錐 AC_0B_0 の体積をそれぞれ V, C とすれば

$$[\text{断面 FF′ED に対応する円柱}] = \frac{1}{8}V,$$

$$[\text{断面 AED に対応する円錐の部分}] = \frac{1}{8}C$$

$$C = 2\left(\frac{1}{8}V + \frac{1}{8}C\right) = \frac{1}{4}V + \frac{1}{4}C \;\; \Rightarrow \;\; C = \frac{1}{3}V$$

$$\text{Q. E. D.}$$

アルキメデスのお墓とキケロ

　さきにお話ししたように, アルキメデスは紀元前 212 年, シシリー島のシラクサでローマ兵の手によって非業(ひごう)の死を遂げるわけですが, アルキメデスのお墓には直円柱に内接する球の彫刻が彫られていました. アルキメデスは, 直円柱に内接する球の体積は直円柱の体積の $\frac{2}{3}$ に等しくなるという有

名な定理を発見し，たいへん気に入っていました．生前，自分の墓に直円柱にちょうど内接する球の彫刻を彫るように頼んでいたのです．アルキメデスの死後間もなく，シシリー全島はローマ軍によって破壊しつくされ，アルキメデスのお墓も，その所在すらわからなくなってしまったのです．ところが，紀元前75年，「クエストル」(財務官と訳していますが，日本の県知事のような役職です)としてシシリー島に赴任したキケロが，偶然アルキメデスのお墓を発見したのです．お墓は草に埋もれて，原型を止めないほど壊されていましたが，キケロはさっそく，アルキメデスのお墓を修復し，有名な直円柱に内接する球の彫刻も復元したのです．この話はよく引用されて，数学の歴史に対するローマ人の唯一の貢献だと皮肉られていますが，キケロの名誉のために，ここで一言加えておきたいと思います．

キケロはローマ最大の雄弁家といわれていますが，キケロはすぐれた哲学者であるとともに，寡頭政治に反対して民主主義を守るために最後まで闘った政治家でもあったのです．キケロは紀元前106年，イタリアのアルピヌムで，騎士の家柄に生まれました．当時のローマは世襲制がきびしく，貴族の生まれでないものが出世するための唯一の道は雄弁術に長けていることだというまったく奇妙な社会でした．雄弁術で頭角をあらわしたキケロは紀元前81年，25歳のとき，アテナイに留学し，ストア学派の指導的哲学者ポセイドニオスにまなびました．キケロのギリシア留学はわずか2年間でしたが，古代ギリシアの学問，政治にふかく傾倒し，かれの一生を通じて大きな影響をうけることになったわけです．

やがて，ギリシア留学から帰国したキケロは，政治家として活躍することになります．シシリー島の「クエストル」に任命され，アルキメデスのお墓を発見したのもこの頃のことです．キケロは，紀元前64年，「コンスル」(執政官)にえらばれましたが，数多くの名演説をのこしています．とくに有名なのは元老院でおこなった「カティリナ弾劾」です．キケロの演説によって独裁者を目指したカティリナは追放され，ローマ市民は騒乱から救われたのです．キケロはその功績によって「祖国の父」とまで称えられることなりました．ところが，今度は独裁者カエサル(英語読みではシーザーです)の

手によってキケロ自身失脚して，海外に亡命する羽目に陥ります．この間，キケロは哲学，法律の研究に没頭し，何冊かの書物を執筆しています．紀元前44年，カエサルが暗殺され，帰国を許されたキケロは，ふたたび政治家として活躍をはじめ，自由と民主主義の再建のために闘うことになったのです．しかし，キケロの闘いも空しく，元老院は「三頭政治」の支配するところとなり，独裁者アントニウスの命令によってキケロ自身，暗殺されてしまいます．紀元前43年，キケロ63歳のときのことですが，キケロの首と手はローマに運ばれ，ロストラ(古代ローマのフォーラムにつくられた演説用の壇)の上に晒されました．

　キケロは自分自身のオリジナルな学問上の業績はありませんでしたが，ギリシア哲学をよく理解し，その政治，文化に対してふかい理解をもっていました．アルキメデスのお墓の修復に象徴されるように，キケロは，ギリシアの学問，思想，文化を後代に伝え，のこすために，重要な役割をはたしたのです．

第 9 章
測量と三角関数

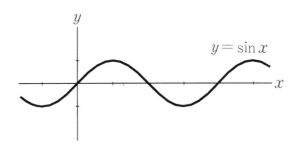

$y = \sin x$

サイン・カーブの小径（こみち）

　熊本大学に入ってすぐのところに，ギリシア彫刻の衣裳（いしょう）の襞（ひだ）を連想させるうつくしい小径があります．学生たちはサイン・カーブとよんでいます．これからお話しする三角関数の1つであるサイン関数のグラフを連想させるからです．sin（サイン）は，英語の Sine の略です．Sine はラテン語の Sinus からきた言葉で，衣裳の襞を意味します．

　熊本大学の前身は第五高等学校といって，かつては夏目漱石が教授として教えたこともある由緒ある学園でした．旧制の高等学校では，理科と文科に分かれていましたが，どちらも入学してすぐ解析幾何や微積分法を学んだものです．そして，三角関数の考え方にふかく印象づけられ，サイン曲線の美しさに魅了されたのではないでしょうか．五高の生徒たちは，このうつくしい小径にサイン・カーブというロマンチックな名前をつけて，1人静かに思索にふけったり，あるいは友人たちと語り合う場として使ったのです．

1

タレスの測量

タレスの測量

　　タレスがピラミッドの高さを測ったという有名な話は，第1巻『方程式を解く―代数』でふれました．タレスは自分の影の長さがちょうど身長に等しくなる時間をえらんで，ピラミッドの影の長さを測って，それがピラミッドの高さだとしたといわれています．

　　この，タレスの測り方は，三角形の比例の考え方をうまく使ったものですが，少し問題があるように思われます．それは，ピラミッドは底辺の大きな角錐の形をしていますので，影の長さをどこから測るのか，はっきりしない点があるからです．しかも，ピラミッドの高さは一般に，基底の長さの半分以下ですから，影の長さがちょうど高さに等しい時間には，ピラミッドの影は基底のなかに入ってしまって測ることができません．タレスは，リンド・パピルスに書きのこされていたもっと巧妙な方法を使ってピラミッドの高さを測ったのではないかと考えられています．つぎに説明する測り方はふつう，アルキメデスの方法といわれています．第2巻『図形を考える―幾何』でお話しした通りですが，タレスがエジプトで学んだのも，この方法だったと考えられます．

　　この方法ではまず，午後の適当な時間に，ピラミッドの頂点の影に印をつけ，Aとします．A点に立って，ピラミッドの頂点Cを見上げて，水平線に対する角度を測ります．この角度を仰角といいますが，A点における仰角 α が $\alpha=30°$ だったとします．つぎに何時間か経って，ピラミッドの頂点の影がBにうつったとします．B点でも，ピラミッドの頂点Cの仰角 β を測ります．$\beta=20°$ だったとします．A点とB点の間の直線距離 l を測ります．$l=75\,\mathrm{m}$ だったとします．

　　さて，白紙に上に測ったAB間の長さ $l=75\,\mathrm{m}$ を，適当な

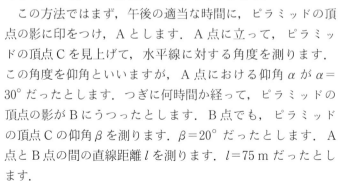

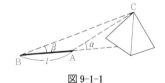

図 9-1-1

縮尺でえがきます．図 9-1-2 は 1/5000 の縮尺となっています．線分 AB を A の方向に延長しておきます．A 点，B 点でそれぞれ $\alpha=30°$，$\beta=20°$ の角をもつ 2 つの直線を引き，その交点を C とします．C 点から直線 AB に下ろした垂線の足を H とします．このとき，線分 CH の長さを測って，もとの長さにもどせば，ピラミッドの高さが求まるわけです．図の場合，$\overline{\mathrm{CH}}=1.5\,\mathrm{cm}$ ですから，ピラミッドの高さは，1.5 cm×5000＝75 m となるわけです．

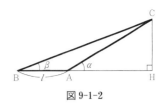

図 9-1-2

　中世のヨーロッパでは，教会の高い建物が数多く建てられました．建物の高さを測るのに，もう少しかんたんな方法が用いられました．まず，教会の尖塔（せんとう）の仰角が 60° になるような地点を探します．A とします．つぎに，仰角が 30° になるような地点 B を見つけ，AB 間の距離 l を測ります．このとき，教会の尖塔の高さは $\dfrac{\sqrt{3}}{2}l$ となります．図は，A, B, そして教会の尖塔 C の間の関係を示したものです．H は C から直線 AB に下ろした垂線の足です．すぐわかるように

$$\angle\mathrm{ACB} = \angle\mathrm{CAH} - \angle\mathrm{CBH} = 60° - 30° = 30°$$

したがって，三角形 △ABC は二等辺三角形となり

$$\overline{\mathrm{AC}} = \overline{\mathrm{AB}} = l, \qquad \overline{\mathrm{AH}} = \frac{1}{2}\overline{\mathrm{AC}} = \frac{1}{2}l,$$

$$\overline{\mathrm{CH}} = \sqrt{3} \times \overline{\mathrm{AH}} = \frac{\sqrt{3}}{2}l$$

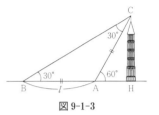

図 9-1-3

　タレスはこの他にも，数多くの測量法を考え出しました．つぎの方法も，タレスがはじめて使ったといわれています．

　A 点と B 点の間に大きな沼があって，AB 間の距離を直接測ることができません．ただし，A 点には高い塔があって，B 点からよく見えます．B 点に立って，AB と直角の方向に歩いて，A 点の方角との間の角が 60° となるような地点を C 点とします．BC 間の距離を，たとえば 180 m とすれば，$\overline{\mathrm{AB}}=\sqrt{3} \times 180\,\mathrm{m}≒312\,\mathrm{m}$.

　タレスたちが 60° や 30° の角を好んで使ったのは正三角形の性質をうまく利用できるからでした．じつは，A の方角が 45° となるように C をえらべばもっとかんたんです．このとき，△ABC は二等辺三角形となるから，$\overline{\mathrm{AB}}=\overline{\mathrm{BC}}$.

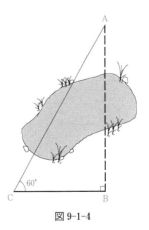

図 9-1-4

三角測量

　タレスはエジプトに留学して，僧侶から直接教えをうけたり，あるいはパピルス文書を通じて，エジプトの数学をまなびました．とくに，エジプトの測量法に魅了されたといわれています．エジプトの測量法は，三角形，とくに直角三角形をたくみに使ったものでした．現代風の表現では三角測量です．

　2つの地点 A, B の間に，大きな沼があって，直線距離を測ることができない場合をまた取り上げましょう．タレスのように，B 点から AB に直角にある距離を歩いて，C 点に達したとします．ところが，C と A の間に山があって，直接見通すことができないとします．このようなときに，AB 間の直線距離を測るのは，どうすればよいでしょうか．

　C 点で適当な角度だけ A 点の方向に曲がって，そのまま直線上を歩きます．しばらく歩いても A 点を見通すことのできる地点に到達しないときは，適当な地点で適当な角度だけ A 点の方向（場合によっては逆の方向）に曲がります．このような作業をつづけて，もし，A 点を見通すことのできる地点に到達したら，A 点の方向と歩いている方向との角度を測ります．そして，これまで歩いてきた距離と曲がった角度をはかり，縮図をえがいて，それをいくつもの三角形に分解して AB の距離を計算することができます．

　このように2つの地点の距離を測るのに，いくつもの三角形に分解して計算する測り方を三角測量といいます．この方法を使うと，ふくざつな形をした土地の面積も計算することができます．

伊能忠敬の地図

　日本の地図の原点は，『伊能図』といわれる地図です．正式には，『大日本沿海輿地全図』といって，伊能忠敬の手によって作成されたものです．いまから200年近く前，1821年に完成された地図です．伊能忠敬が，1800年から1816年にかけて，じつに17年にわたって日本全国を測量して歩い

てつくった各地の地図を総合したものです．伊能忠敬自身は完成を見ることなく，1818年に亡くなりました．『伊能図』は，忠敬のお弟子さんたちが中心になって，3年がかりで完成させたのです．

　伊能忠敬は，1745年，いまの千葉県佐倉に生まれました．家業の酒造りを継ぎ，家運を盛り返した人ですが，1783年，1786年の2回の天明の大飢饉のさいには，私財をなげうって，近在の農民たちを救ったといわれています．40歳をすぎてから数学・天文学に興味をもち，50歳のときに家業を長男にゆずり，翌年江戸に出て，天文学者高橋至時（よしとき）の門に入り，天文学と測量術を学んだのです．1800年，忠敬は55歳のときに，自ら費用を負担して，蝦夷地（えぞ）（いまの北海道）を測量して，その地図をつくりました．日本で，実測による最初の地図といわれています．その後，17年にわたって，日本全国を回って実測地図の作成に従事したわけです．『伊能図』は，大中小の3種あって，それぞれ縮尺3万6000分の1，21万6000分の1，43万2000分の1です．道路，海岸線の実測線から村落，社寺の名称にいたるまでくわしく記入されています．

　『伊能図』は，200年近くも前に作成されたとは思えないような正確な地図で，しかも芸術的な美しさをもっています．私は『伊能図』を見るたびに，忠敬の苦労を偲ぶ（しの）とともに，50歳近い忠敬が数学に魅了されて，その考え方を生かして日本で最初の地図をつくろうと思い立った心意気に打たれます．

　余談になりますが，東京に中高一貫の六年制のすばらしい私立の学園があります．先生たちが，1人1人の生徒の先天的，後天的資質，能力をできるだけ発展させようと努力されていて，リベラルな雰囲気をもった魅力的な学園です．その学園には，伊能忠敬の直系のご子孫が，ご兄弟で先生をされていました．お兄さんは化学の先生で，弟さんは美術の先生でした．もう1人，日本の生んだもっとも偉大な哲学者である西田幾太郎のお孫さんが数学の先生をされていました．子どもたちはこれらのすばらしい先生方から科学の精神を学び，芸術の高貴にふれ，数学の魅力を知ることができたのです．

関孝和と和算

伊能忠敬の測量は三角測量の考え方だけでなく，天文学の知識もたくみに使ったものでした．バビロニアの時代から，数学者は天文学者を兼ねていましたが，江戸時代の日本でも同じです．日本で発達した数学を和算といいます．内容的には，バビロニア，エジプト，ギリシアの数学と違うところはまったくありませんが，中国から伝わった算木という計算器械を使って数学の問題を考えた点に和算の特徴があります．江戸時代の日本が生んだ最高の数学者は関孝和です．

関孝和は 1640 年頃，今の群馬県の藤岡に生まれ，17 世紀後半から 18 世紀の初めにかけて，江戸で活躍した数学者です．孝和は算木を使って代数の問題を解くことを考え出した最初の数学者といわれています．孝和は算木を使って，二次方程式の解法を発見し，2 つの根の正負を判定する条件を見いだしています．孝和はまた，二次方程式の根を近似的に求める方法を発見し，三次あるいはもっと高次の方程式の場合に拡張することに成功しています．孝和の近似解法は，第 1 巻『方程式を解く―代数』でお話ししたバビロニア人による平方根を計算する近似法を，一般的な場合に適用できるようになっています．バビロニア人の近似法はニュートンが一般化し，ふつうニュートンの方法とよばれています．孝和はニュートンと同時代の人ですが，まったく独立にこの近似法を発見したわけです．孝和はまた第 4 巻『図形を変換する―線形代数』でお話しする線形代数の分野でも，興味深い結果を導きだしました．

関孝和は幾何の分野でも，数多くの業績をのこしています．とくに，正多角形の各辺の長さ，内接円の半径，外接円の半径の間の関係をしらべて，円の周，弧の長さを求める方法を研究しています．円の性質を考察することを「円理」といいますが，孝和は，「円理」を深く研究して，積分と同じ考え方に到達していたのです．

三角関数の定義

三角関数

　これまで，三角形を使った三角測量についてお話ししてきました．三角関数を導入することによって，三角測量の意味をもっと一般的な立場から理解できるだけでなく，図形の性質をしらべるさいにたいへん役立ちます．ここでもピタゴラスの定理が重要な役割をはたします．これからお話しする三角関数の考え方は一見むずかしそうですが，じつは単純明快な考え方で，しかも一度マスターすると，数学全般の問題を考えるさいにたいへん重宝なものです．みなさんにもぜひ，三角法の「言葉」を身につけて，いろいろな問題を自由に解けるようになってほしいと思います．

　これまで何度も出てきた1つの角が $60°$ であるような直角三角形 $\triangle ABC$ を考えます．$\angle A = 60°$，$\angle C = 90°$ とします．このとき，$\angle B = 30°$ となります．$\angle A$ と $\angle B$ は足すとちょうど $90°$ になります．このように，和が $90°$ になるような2つの角 $\angle A$，$\angle B$ をお互いに余角といいます．

$$\angle A + \angle B = 90°$$

　各頂点 A, B, C に対する辺の長さをそれぞれ a, b, c とします．ピタゴラスの定理は

$$a^2 + b^2 = c^2$$

という関係が成り立つことを意味します．この式の両辺を c^2 で割ると

$$\left(\frac{a}{c}\right)^2 + \left(\frac{b}{c}\right)^2 = 1$$

　くどいようですが，$\dfrac{a}{c}, \dfrac{b}{c}$ をもう一度計算しておきましょう．線分 AC を C をこえて同じ長さだけ延長した点を D とします：$\overline{AC} = \overline{CD} = b$.

　このとき，$\triangle BAD$ は正三角形となり

図 9-2-1

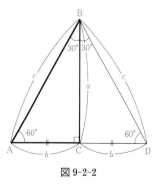

図 9-2-2

$$\frac{a}{c} = \frac{\sqrt{3}}{2}, \qquad \frac{b}{c} = \frac{1}{2}$$

三角測量では，この2つの比が重要な役割をはたしました．そこで，これらの比に名前をつけて，計算を便利にしようというわけです．

一般に，∠C が直角の直角三角形 △ABC を考えます．∠A=α とおき，3つの辺の長さをそれぞれ a, b, c であらわします．

$$a = \overline{BC}, \qquad b = \overline{CA}, \qquad c = \overline{AB}$$

このとき，$\frac{a}{c}$ を ∠A の正弦(せいげん)といって，$\sin\alpha$ という記号であらわし，サイン・アルファとよみます．

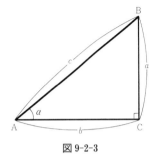

図 9-2-3

$$\sin\alpha = \frac{a}{c}$$

$\sin\alpha$ は，∠A=α に対する辺 BC の長さと斜辺 AB の長さの比として定義するわけです．

同じように，$\frac{b}{c}$ を ∠A=α の余弦(よげん)といって，$\cos\alpha$ という記号であらわし，コサイン・アルファとよみます．

$$\cos\alpha = \frac{b}{c}$$

$\cos\alpha$ は，∠B に対する辺 AC の長さと斜辺 AB の長さの比として定義するわけです．

たとえば，

$$\sin 30° = \frac{1}{2}, \qquad \sin 45° = \frac{\sqrt{2}}{2}, \qquad \sin 60° = \frac{\sqrt{3}}{2}$$

$$\cos 30° = \frac{\sqrt{3}}{2}, \qquad \cos 45° = \frac{\sqrt{2}}{2}, \qquad \cos 60° = \frac{1}{2}$$

三角関数と単位円

sin を正弦と訳すのは，つぎのような理由からです．図9-2-4 には，点 O を中心とする単位円がえがかれています．単位円というのは，半径1の円を指します．単位1の長さはそのときどきに自由にえらべますが，1度えらんだら，1つの問題を考えている間は変えることはできません．基準として

とった半径を OA とし，弧 AP に対する中心角を α としま
す．〔角度の測り方はかならず時計の針の動きと逆の方向を
正の値とし，時計の針の動きと同じ方向を負の値とします．〕
P から基準半径 OA に下ろした垂線の足を H とし，$\overline{\mathrm{PH}}=a$，
$\overline{\mathrm{OH}}=b$ とおきます．このとき，$\sin\alpha,\cos\alpha$ はつぎのように
なります．

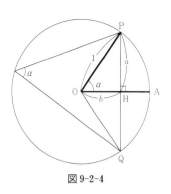

図 9-2-4

$$\sin\alpha = a, \qquad \cos\alpha = b$$

図 9-2-4 に示されているように，P から半径 OA に下ろした
垂線を延長して，円 O と交わる点を Q とすれば，

$$\sin\alpha = \overline{\mathrm{PH}} = \frac{1}{2}\overline{\mathrm{PQ}}$$

円周角は中心角の半分になることは第 2 巻『図形を考える
―幾何』で証明しました．弦 PQ の円周角は α に等しく，
$\sin\alpha$ は，円周角 α の弦 PQ の半分の長さに等しくなります．
このようなわけで，sin を正弦と訳したのです．cos（コサイ
ン）を余弦と訳したのは，$\cos\alpha = \sin(90°-\alpha)$ で，$\beta = 90°-$
α は α の余角だからです．

ピタゴラスの定理と三角関数

さて，$\sin\alpha,\cos\alpha$ の定義にもどって考えましょう．ピタ
ゴラスの定理

$$a^2+b^2 = c^2, \qquad \left(\frac{a}{c}\right)^2+\left(\frac{b}{c}\right)^2 = 1$$

を $\sin\alpha,\cos\alpha$ で表現すれば

$$(\sin\alpha)^2+(\cos\alpha)^2 = \left(\frac{a}{c}\right)^2+\left(\frac{b}{c}\right)^2 = 1$$

数学では，つぎのような表記法を使います．

$$\sin^2\alpha = (\sin\alpha)^2, \qquad \cos^2\alpha = (\cos\alpha)^2$$

ピタゴラスの定理はつぎのようにあらわされることになりま
す．

$$\sin^2\alpha+\cos^2\alpha = 1$$

1 つの例として，$\alpha = 45°$ の場合を取り上げましょう．図
9-2-5 に示されているように，△ABC は直角二等辺三角形
になります．

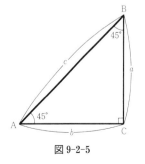

図 9-2-5

$$a = b = \frac{\sqrt{2}}{2}c$$

$$\Rightarrow \quad \sin 45^\circ = \frac{a}{c} = \frac{1}{\sqrt{2}}, \quad \cos 45^\circ = \frac{b}{c} = \frac{1}{\sqrt{2}}$$

$$\sin^2 45^\circ + \cos^2 45^\circ = \frac{1}{2} + \frac{1}{2} = 1$$

また，古代エジプトの測量によく使われた各辺の長さの比が3 : 4 : 5となるような直角三角形 △ABC を考えます．図9-2-6 に示してある通りですが，∠A＝α とおけば

$$\sin \alpha = \frac{4}{5} = 0.8, \quad \cos \alpha = \frac{3}{5} = 0.6$$

すぐあとで紹介する三角関数の表を使うと，α＝53.13° となることがわかります．もっとも，この値は近似値です．

かんたんに計算できる $\sin\alpha, \cos\alpha$ の値をならべておきましょう．

図 9-2-6

$$\sin 0^\circ = 0, \quad \sin 30^\circ = \frac{1}{2}, \quad \sin 45^\circ = \frac{\sqrt{2}}{2},$$

$$\sin 60^\circ = \frac{\sqrt{3}}{2}, \quad \sin 90^\circ = 1$$

$$\cos 0^\circ = 1, \quad \cos 30^\circ = \frac{\sqrt{3}}{2}, \quad \cos 45^\circ = \frac{\sqrt{2}}{2},$$

$$\cos 60^\circ = \frac{1}{2}, \quad \cos 90^\circ = 0$$

角度 α がさまざまな値をとるときの $\sin\alpha, \cos\alpha$ の値は三角関数表で与えられています．

練習問題 つぎの角度のサイン(sin)，コサイン(cos)をじっさいに直角三角形を作図して(分度器と物差しの目盛りを使って)求め，つぎに三角関数表から求めた結果と比較しなさい．

15°, 18°, 22.5°, 38°, 41.3°, 48°, 54°, 50.6°, 72°, 75°

[15°, 18°, 38° などについては，三角関数表から直接よみとれます．sin 41.3° は，つぎのようにして計算します．

$$\sin 41^\circ = 0.6561, \quad \sin 42^\circ = 0.6691$$

答え　略

三角関数表

角	sin	cos	tan	角	sin	cos	tan
0°	0.0000	1.0000	0.0000	45°	0.7071	0.7071	1.0000
1°	0.0175	0.9998	0.0175	46°	0.7193	0.6947	1.0355
2°	0.0349	0.9994	0.0349	47°	0.7314	0.6820	1.0724
3°	0.0523	0.9986	0.0524	48°	0.7431	0.6691	1.1106
4°	0.0698	0.9976	0.0699	49°	0.7547	0.6561	1.1504
5°	0.0872	0.9962	0.0875	50°	0.7660	0.6428	1.1918
6°	0.1045	0.9945	0.1051	51°	0.7771	0.6293	1.2349
7°	0.1219	0.9925	0.1228	52°	0.7880	0.6157	1.2799
8°	0.1392	0.9903	0.1405	53°	0.7986	0.6018	1.3270
9°	0.1564	0.9877	0.1584	54°	0.8090	0.5878	1.3764
10°	0.1736	0.9848	0.1763	55°	0.8192	0.5736	1.4281
11°	0.1908	0.9816	0.1944	56°	0.8290	0.5592	1.4826
12°	0.2079	0.9781	0.2126	57°	0.8387	0.5446	1.5399
13°	0.2250	0.9744	0.2309	58°	0.8480	0.5299	1.6003
14°	0.2419	0.9703	0.2493	59°	0.8572	0.5150	1.6643
15°	0.2588	0.9659	0.2679	60°	0.8660	0.5000	1.7321
16°	0.2756	0.9613	0.2867	61°	0.8746	0.4848	1.8040
17°	0.2924	0.9563	0.3057	62°	0.8829	0.4695	1.8807
18°	0.3090	0.9511	0.3249	63°	0.8910	0.4540	1.9626
19°	0.3256	0.9455	0.3443	64°	0.8988	0.4384	2.0503
20°	0.3420	0.9397	0.3640	65°	0.9063	0.4226	2.1445
21°	0.3584	0.9336	0.3839	66°	0.9135	0.4067	2.2460
22°	0.3746	0.9272	0.4040	67°	0.9205	0.3907	2.3559
23°	0.3907	0.9205	0.4245	68°	0.9272	0.3746	2.4751
24°	0.4067	0.9135	0.4452	69°	0.9336	0.3584	2.6051
25°	0.4226	0.9063	0.4663	70°	0.9397	0.3420	2.7475
26°	0.4384	0.8988	0.4877	71°	0.9455	0.3256	2.9042
27°	0.4540	0.8910	0.5095	72°	0.9511	0.3090	3.0777
28°	0.4695	0.8829	0.5317	73°	0.9563	0.2924	3.2709
29°	0.4848	0.8746	0.5543	74°	0.9613	0.2756	3.4874
30°	0.5000	0.8660	0.5774	75°	0.9659	0.2588	3.7321
31°	0.5150	0.8572	0.6009	76°	0.9703	0.2419	4.0108
32°	0.5299	0.8480	0.6249	77°	0.9744	0.2250	4.3315
33°	0.5446	0.8387	0.6494	78°	0.9781	0.2079	4.7046
34°	0.5592	0.8290	0.6745	79°	0.9816	0.1908	5.1446
35°	0.5736	0.8192	0.7002	80°	0.9848	0.1736	5.6713
36°	0.5878	0.8090	0.7265	81°	0.9877	0.1564	6.3138
37°	0.6018	0.7986	0.7536	82°	0.9903	0.1392	7.1154
38°	0.6157	0.7880	0.7813	83°	0.9925	0.1219	8.1443
39°	0.6293	0.7771	0.8098	84°	0.9945	0.1045	9.5144
40°	0.6428	0.7660	0.8391	85°	0.9962	0.0872	11.4301
41°	0.6561	0.7547	0.8693	86°	0.9976	0.0698	14.3007
42°	0.6691	0.7431	0.9004	87°	0.9986	0.0523	19.0811
43°	0.6820	0.7314	0.9325	88°	0.9994	0.0349	28.6363
44°	0.6947	0.7193	0.9657	89°	0.9998	0.0175	57.2900
45°	0.7071	0.7071	1.0000	90°	1.0000	0.0000	

$$\sin 41.3^\circ = \sin 41^\circ + \frac{3}{10} \times (\sin 42^\circ - \sin 41^\circ)$$

$$= 0.6561 + \frac{3}{10} \times (0.6691 - 0.6561) = 0.66$$

もっとくわしい三角関数表からみると，$\sin 41.3^\circ = 0.66000$ となっています．（もっとも，この値も近似値です．）

三角関数の性質

サイン(sin)，コサイン(cos)の定義をもう一度考えてみましょう．∠C が直角である直角三角形 △ABC の各辺の長さを a, b, c とし，∠A$=\alpha$，∠B$=\beta$ とおきます．このとき，∠A$=\alpha$ について，サイン，コサインの定義を適用すれば

$$\sin \alpha = \frac{a}{c}, \quad \cos \alpha = \frac{b}{c}$$

また，∠B$=\beta$ について，サイン，コサインの定義を適用すれば

$$\sin \beta = \frac{b}{c}, \quad \cos \beta = \frac{a}{c}$$

$\beta = 90^\circ - \alpha$ であるから

$$\sin(90^\circ - \alpha) = \cos \alpha, \quad \cos(90^\circ - \alpha) = \sin \alpha$$

三角関数の定義について

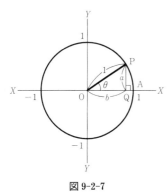

図 9-2-7

sin(サイン)をなぜ正弦と訳したかを説明するために，単位円を使いました．三角関数の意味を考えるさいに，この単位円を使うとたいへん便利です．図 9-2-7 では，(X, Y) 平面の原点 O を中心として，単位円がえがかれています．この単位円の円周上に任意の点 P をとり，P から X 軸に下ろした垂線の足を Q とします．∠POQ の大きさを θ であらわすことにします：$\theta = $∠POQ．

前に説明したように，θ は X 軸から出発して時計の針の動きと反対の方向に進むとき，正数であらわし，時計の針の動きと同じ方向に進むとき，負数であらわします．P が X 軸上の点 A$=(1, 0)$ から出発して正の方向に動くとき，θ は 0 から少しずつ大きくなって，P が単位円を 1 周して，また

A＝(1, 0) にもどってきたとき，$\theta=360°$ となります．P が第 2 周目に入ると，θ の大きさは，$360°$ より大きくなるわけですが，第 1 周目と区別することはできません．たとえば，$\theta=390°$ と $\theta=30°$ とは，角としては，まったく同じ役割をはたしているわけです．

また，P が A＝(1, 0) から出発して負の方向に動くとき，θ は負の値をとることになりますが，正の方向を進んできた場合とまったく同じ役割をはたすわけです．たとえば，$\theta=-40°$ と $\theta=320°$ とは角としては同じです．

練習問題 つぎの角度を単位円の上に記しなさい．

　　$45°$，　　$60°$，　　$75°$，　　$90°$，　　$135°$，　　$180°$，　　$225°$，
　　$270°$，　　$300°$，　　$405°$，　　$-45°$，　　$-60°$，　　$-75°$，
　　$-90°$，　　$-135°$，　　$-180°$，　　$-225°$，　　$-270°$，
　　$-300°$，　　$-405°$

答え　略

さて，$\overline{PQ}=a$，$\overline{OQ}=b$ とおけば，$\sin\theta, \cos\theta$ はつぎのように定義されました．

$$\sin\theta = a, \qquad \cos\theta = b$$

つまり，P の座標が $(\cos\theta, \sin\theta)$ となることを意味します．

三角関数 $\sin\theta, \cos\theta$ をこのように理解すると，θ が $90°$ をこえてもうまく定義することができます．図 9-2-8 には，$\theta=120°$ の場合が示されています．このとき，P の座標は，$\left(-\dfrac{1}{2}, \dfrac{\sqrt{3}}{2}\right)$ となります．

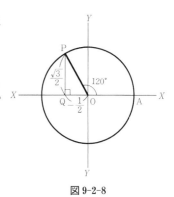

図 9-2-8

$$\sin 120° = \frac{\sqrt{3}}{2}, \qquad \cos 120° = -\frac{1}{2}$$

$\theta=120°$ のとき，$\theta=180°-60°$ となり

$$\sin 120° = \sin(180°-60°) = \sin 60° = \frac{\sqrt{3}}{2}$$

$$\cos 120° = \cos(180°-60°) = -\cos 60° = -\frac{1}{2}$$

一般に

$$\sin(180°-\theta) = \sin\theta, \qquad \cos(180°-\theta) = -\cos\theta$$
$$\sin(180°+\theta) = -\sin\theta, \qquad \cos(180°+\theta) = -\cos\theta$$
$$\sin(360°-\theta) = -\sin\theta, \qquad \cos(360°-\theta) = \cos\theta$$

$$\sin(360° + \theta) = \sin\theta, \qquad \cos(360° + \theta) = \cos\theta$$

練習問題 θ がつぎの値をとるときの $\sin\theta, \cos\theta$ の値を計算しなさい.

$90°$,	$135°$,	$150°$,	$180°$,	$210°$,	$225°$,
$240°$,	$270°$,	$300°$,	$315°$,	$330°$,	$360°$,
$540°$,	$570°$,	$675°$,	$720°$,	$1020°$,	$1500°$

また，負の角度についても，sin, cos を定義することができます.

$$\sin(-\theta) = -\sin\theta, \qquad \cos(-\theta) = \cos\theta$$

答え　略

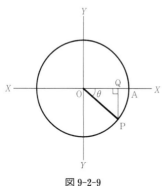

図 9-2-9

練習問題 θ がつぎの値をとるときの $\sin\theta, \cos\theta$ の値を計算しなさい.

$-90°$,	$-135°$,	$-150°$,	$-180°$,
$-210°$,	$-225°$,	$-240°$,	$-270°$,
$-300°$,	$-315°$,	$-330°$,	$-360°$

答え　略

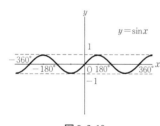

図 9-2-10

θ を変数 x と考えて，$\sin\theta, \cos\theta$ の値を y であらわすと，三角関数のグラフを求めることができます. つぎの 2 つの図にはそれぞれ

$$y = \sin x, \qquad y = \cos x$$

のグラフがえがかれています.

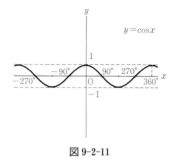

図 9-2-11

正接関数

前に定義した勾配も三角関数の 1 つで，正接 tan といい，タンジェントとよみます.

$$\tan \theta = \frac{a}{b} = \frac{\sin \theta}{\cos \theta}$$

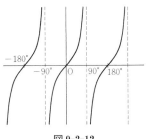

図 9-2-12

たとえば

$$\tan 0° = 0, \quad \tan 30° = \frac{1}{\sqrt{3}}, \quad \tan 45° = 1,$$

$$\tan 60° = \sqrt{3}, \quad \tan 90° = +\infty$$

$\tan \theta$ は，θ が $90°$ より大きいとき，あるいは負の値をとるときにも定義できます．θ が一般角の場合には，正接関数のグラフは図 9-2-12 に示すような形になります．

三角関数は，この他にも何種類かありますが，もっぱら $\sin, \cos$ を主として，必要に応じて $\tan$ を使えば十分です．

第 10 章
三角関数の公式

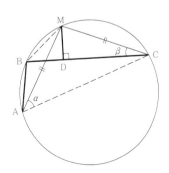

「折れた弦」の定理と三角関数の加法定理

　アルキメデスは「折れた弦」の定理として，三角関数の加法定理を考えました．

「折れた弦」の定理　円 O の上に折れた弦 ABC があり，弦 AB は弦 BC より短いとする．

$$\overline{AB} < \overline{BC}$$

弧 ABC の中点を M とし，M から弦 BC に下ろした垂線の足を D とすれば，D は折れた弦 ABC の中点となる．

$$\overline{AB} + \overline{BD} = \overline{DC}$$

　半径 1 の単位円を考え，$\angle MAC = \alpha$，$\angle MCB = \beta$ とおけば

$$\overline{MA} = \overline{MC} = 2\sin\alpha, \quad \overline{MB} = 2\sin\beta$$
$$\overline{AB} = 2\sin(\alpha-\beta)$$
$$\overline{DC} = \overline{MC}\cos\beta = 2\sin\alpha\cos\beta,$$
$$\overline{BD} = \overline{MB}\cos\alpha = 2\sin\beta\cos\alpha$$

「折れた弦」の定理の結論に代入すれば

$$2\sin(\alpha-\beta) + 2\sin\beta\cos\alpha = 2\sin\alpha\cos\beta$$
$$\sin(\alpha-\beta) = \sin\alpha\cos\beta - \sin\beta\cos\alpha$$

このようにしてサイン関数の加法定理が得られるわけです．

1

倍角，半角の公式

倍角の公式

$$\sin 2\alpha = 2 \sin \alpha \cos \alpha$$
$$\cos 2\alpha = \cos^2\alpha - \sin^2\alpha$$

証明 半径 1 の単位円 O の直径 AOB をとり，弧 PA の中心角が 2α になるような点 P を単位円 O 上にとります．

$$\overline{OA} = \overline{OB} = \overline{OP} = 1, \quad \overline{AB} = 2, \quad \angle POA = 2\alpha$$

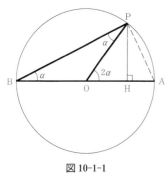

図 10-1-1

三角形 $\triangle OPB$ は二等辺三角形だから，$\angle OBP = \dfrac{1}{2} \angle POA = \alpha$．また，P から直径 AOB に下ろした垂線の足を H とすれば

$$\angle AHP = \angle APB = 90°, \quad \angle APH = \angle PBA = \alpha$$

直角三角形 $\triangle POH$ に注目して

$$\overline{PH} = \overline{OP} \sin 2\alpha = \sin 2\alpha$$

直角三角形 $\triangle APB, \triangle APH$ に注目して

$$\overline{AP} = \overline{AB} \sin \alpha = 2 \sin \alpha$$
$$\Rightarrow \quad \overline{PH} = \overline{AP} \cos \alpha = 2 \sin \alpha \cos \alpha$$

ゆえに，$\sin 2\alpha = 2 \sin \alpha \cos \alpha$．

ふたたび，直角三角形 $\triangle POH$ に注目して

$$\overline{OH} = \overline{OP} \cos 2\alpha = \cos 2\alpha$$

また，直角三角形 $\triangle APH$ に注目して

$$\overline{AH} = \overline{AP} \sin \alpha = 2 \sin \alpha \times \sin \alpha = 2 \sin^2\alpha$$
$$\Rightarrow \quad \overline{OH} = \overline{OA} - \overline{HA} = 1 - 2 \sin^2\alpha$$

ゆえに，$\cos 2\alpha = 1 - 2 \sin^2\alpha = \cos^2\alpha - \sin^2\alpha$．　Q. E. D.

倍角の公式を，よく知られている場合について，計算してたしかめておきましょう．

$$\sin 60° = \sin(2 \times 30°) = 2 \times \sin 30° \times \cos 30°$$
$$= 2 \times \frac{1}{2} \times \frac{\sqrt{3}}{2} = \frac{\sqrt{3}}{2}$$

$$\sin 90^\circ = \sin(2\times 45^\circ) = 2\times \sin 45^\circ \times \cos 45^\circ$$

$$= 2\times \frac{\sqrt{2}}{2}\times \frac{\sqrt{2}}{2} = 1$$

$$\cos 60^\circ = \cos(2\times 30^\circ) = \cos^2 30^\circ - \sin^2 30^\circ$$

$$= \left(\frac{\sqrt{3}}{2}\right)^2 - \left(\frac{1}{2}\right)^2 = \frac{1}{2}$$

$$\cos 90^\circ = \cos(2\times 45^\circ) = \cos^2 45^\circ - \sin^2 45^\circ$$

$$= \left(\frac{\sqrt{2}}{2}\right)^2 - \left(\frac{\sqrt{2}}{2}\right)^2 = 0$$

練習問題

(1)　つぎの tan にかんする倍角の公式を証明しなさい.

$$\tan 2\alpha = \frac{2\tan \alpha}{1-\tan^2 \alpha}$$

(2)　$\alpha = 30^\circ, 45^\circ$ の場合について, tan にかんする倍角の公式が成り立つことを, じっさいに計算してたしかめなさい.

ヒント

(1)　$\tan \alpha = \dfrac{\sin \alpha}{\cos \alpha}$ の定義と sin, cos にかんする倍角の公式を使う.

(2)　$\tan 30^\circ = \dfrac{1}{\sqrt{3}}$, $\tan 60^\circ = \sqrt{3}$,

$\tan 45^\circ = 1$, $\tan 90^\circ = +\infty$

半角の公式

cos にかんする倍角の公式は, $\sin^2 \alpha + \cos^2 \alpha = 1$ を使うと, つぎのようにあらわすことができます.

$$\cos 2\alpha = 1-2\sin^2 \alpha = 2\cos^2 \alpha - 1$$

この倍角の公式で, α を $\dfrac{\alpha}{2}$ で置き換えると

$$\cos \alpha = 1-2\sin^2 \frac{\alpha}{2} = 2\cos^2 \frac{\alpha}{2} - 1$$

したがって, つぎの半角の公式が得られます.

$$\sin^2 \frac{\alpha}{2} = \frac{1-\cos \alpha}{2}$$

$$\cos^2 \frac{\alpha}{2} = \frac{1+\cos \alpha}{2}$$

練習問題　つぎの関係式を証明しなさい.

$$\tan \alpha = \frac{\sqrt{1+\tan^2 2\alpha}-1}{\tan 2\alpha} \qquad (0^\circ < \alpha < 45^\circ)$$

ヒント

$x = \tan \alpha$ とおけば, $\tan 2\alpha = \dfrac{2\tan \alpha}{1-\tan^2 \alpha} \Rightarrow$

$x^2 + \dfrac{2}{\tan 2\alpha}x - 1 = 0.$

1
倍数、半角の公式

163

例題1　つぎの値を計算しなさい.
$$\sin 15°, \qquad \cos 15°$$

解答　半角の公式で，$\alpha = 30°$ とおけば

$$\sin^2 15° = \frac{1-\cos 30°}{2} = \frac{1-\dfrac{\sqrt{3}}{2}}{2} = \frac{2-\sqrt{3}}{4}$$

$$\Rightarrow \quad \sin 15° = \sqrt{\frac{2-\sqrt{3}}{4}} = \frac{\sqrt{6}-\sqrt{2}}{4}$$

$$\cos^2 15° = \frac{1+\cos 30°}{2} = \frac{1+\dfrac{\sqrt{3}}{2}}{2} = \frac{2+\sqrt{3}}{4}$$

$$\Rightarrow \quad \cos 15° = \sqrt{\frac{2+\sqrt{3}}{4}} = \frac{\sqrt{6}+\sqrt{2}}{4}$$

練習問題

（1）　つぎの値を半角の公式を使って計算しなさい.
$$\sin 22.5°, \qquad \cos 22.5°, \qquad \sin 75°, \qquad \cos 75°$$

（2）　つぎの値が正しいことを証明しなさい.
$$\tan 22.5° = \sqrt{2}-1$$

例題2　つぎの等式を証明しなさい.

$$\frac{\sin \alpha}{1+\cos \alpha} = \frac{1-\cos \alpha}{\sin \alpha} = \frac{\sin \dfrac{\alpha}{2}}{\cos \dfrac{\alpha}{2}}$$

証明　つぎの公式を使えばよい.

$$\sin \alpha = 2 \sin \frac{\alpha}{2} \cos \frac{\alpha}{2},$$

$$1+\cos \alpha = 2 \cos^2 \frac{\alpha}{2}, \qquad 1-\cos \alpha = 2 \sin^2 \frac{\alpha}{2}$$

練習問題　つぎの等式を証明しなさい.

（1）　$\dfrac{\sin \alpha}{1+\cos \alpha} + \dfrac{1+\cos \alpha}{\sin \alpha} = \dfrac{2}{\sin \alpha}$

ヒント
（1）　左辺を整理して，$\sin^2\alpha + \cos^2\alpha = 1$ を使う.

（2）　$\sin \alpha = 2\sin \frac{\alpha}{2}\cos \frac{\alpha}{2}$, $1+\cos\alpha = 2\cos^2\frac{\alpha}{2}$, $1-\cos\alpha = 2\sin^2\frac{\alpha}{2}$ を使って，左辺を整理する.

(2) $\dfrac{1+\sin\alpha-\cos\alpha}{1+\sin\alpha+\cos\alpha}=\dfrac{\sin\dfrac{\alpha}{2}}{\cos\dfrac{\alpha}{2}}=\tan\dfrac{\alpha}{2}$

三角関数の加法定理

三角関数の加法定理

　前節で証明した三角関数の倍角，半角の公式は，もっと一般的な，加法定理とよばれる公式の特別な場合です．

　三角関数の加法定理は，三角法で中心的な役割をはたす定理です．三角関数の加法定理を最初に考え出したのはアルキメデスです．もっとも，アルキメデスの時代には，これまでお話ししてきたような形での三角関数はありませんでしたので，アルキメデスは「折れた弦」の定理として，三角関数の加法定理を考えたのです．

　アルキメデスの「折れた弦」の定理が三角関数の加法定理そのものであることは，この章のはじめにかんたんにお話ししました．

　サイン，コサインの意味をもう一度考え直すことからはじめます．第2巻『図形を考える—幾何』で，角の大きさをはかるためにラジアンという単位を導入しました．ラジアンは図形の性質をしらべるのにたいへん便利な測り方ですので，これからはおもにラジアンを使うことにしたいと思います．

　半径rの円Oをえがきます．1ラジアンの大きさをもつ角は弧の長さが半径rに等しいときです．弧ABの長さが半径rに等しいとき，∠AOB＝1ラジアンというわけです．ラジアンを単位としてはかったとき，たんに，∠AOB＝1と記して，ラジアンを省略します．弧ACの長さがθrのとき，角∠AOCの大きさはθ（ラジアン）となります．

$$\angle\mathrm{AOC}=\theta$$

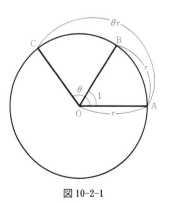

図 10-2-1

すぐわかるように

$$0° = 0, \quad 90° = \frac{\pi}{2}, \quad 180° = \pi, \quad 270° = \frac{3\pi}{2}, \quad 360° = 2\pi$$

練習問題

(1) つぎの角度をラジアンであらわしなさい.

15°, 75°, 105°, 120°, 210°, 240°, 300°, 330°

(2) つぎの角度を度(°)であらわしなさい.

$$\frac{3\pi}{5}, \quad \frac{5\pi}{6}, \quad \frac{8\pi}{3}, \quad \frac{15\pi}{4}, \quad \frac{37\pi}{15}, \quad 3\pi, \quad \frac{23\pi}{6}, \quad 4\pi$$

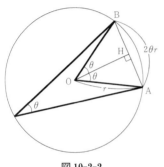

図 10-2-2

164 ページの練習問題(上)の答え

(1) $\dfrac{\sqrt{2-\sqrt{2}}}{2}$, $\dfrac{\sqrt{2+\sqrt{2}}}{2}$, $\dfrac{\sqrt{6}+\sqrt{2}}{4}$, $\dfrac{\sqrt{6}-\sqrt{2}}{4}$

(2) $\alpha=22.5°$ とおいて, 163 ページの練習問題(下)を使えばよい.

つぎに, 円周角と弧あるいは弦の長さとの間の関係をラジアンを使ってあらわすことにしましょう. いま, 半径 r の円 O をとり, 弧あるいは弦 AB の円周角を θ とすれば, 中心角 $\angle$AOB の大きさは 2θ となり

$$弧 AB の長さ = 2\theta r$$

一方, 中心 O から弦 AB に下ろした垂線の足を H とすれば

$$\overline{\mathrm{BH}} = \overline{\mathrm{OB}} \sin\theta = r\sin\theta \;\Rightarrow\; \overline{\mathrm{AB}} = 2r\sin\theta$$

とくに, $\theta = 2\pi$ のときを考えれば, 円周の長さ $=2\pi r$.

それでは, アルキメデスの「折れた弦」の定理と三角関数の加法定理の関係を明らかにしましょう. この章のはじめにお話ししたように, アルキメデスの「折れた弦」の定理からつぎの関係式を導きだすことができます.

$$\sin(\alpha-\beta) = \sin\alpha\cos\beta - \cos\alpha\sin\beta$$

サイン関数の加法定理は, もともとつぎの形をしています.

$$\sin(\alpha+\beta) = \sin\alpha\cos\beta + \cos\alpha\sin\beta$$

この形の加法定理を証明するためには, アルキメデスの「折れた弦」の定理をつぎのように修正する必要があります.

修正された「折れた弦」の定理 円 O の円周上に折れた弦 ABC があり, 弦 AB は弦 BC より短いとする : $\overline{\mathrm{AB}} < \overline{\mathrm{BC}}$.

弧 BC の中点を M とし, M から弦 AC に下ろした垂線の足を D とすれば

$$\overline{\mathrm{AD}} = \overline{\mathrm{AB}} + \overline{\mathrm{DC}}$$

証明 弦 AC 上に $\overline{\mathrm{ED}} = \overline{\mathrm{DC}}$ となるような点 E をとれば,

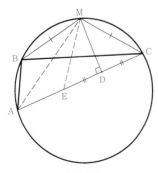

図 10-2-3

△MEC は二等辺三角形となり

$$\angle MEC = \angle MCE$$

M は弧 BC の中点だから，∠MBC＝∠MCB(＝α とおく)．
∠MAB と ∠MCB はともに弧 MB の円周角だから，∠MAB
＝∠MCB＝α．また，∠MAC と ∠MBC はともに弧 MC の
円周角だから，∠MAC＝∠MBC＝α．∠BMA と ∠BCA は
ともに弧 BA の円周角だから，∠BMA＝∠BCA(＝β とおく)

$$\angle MEC = \angle MCE = \angle MCB + \angle BCA = \alpha + \beta$$
$$\angle EMA = \angle MEC - \angle MAC = (\alpha + \beta) - \alpha = \beta$$

2 つの三角形 △BAM, △EAM について，1 辺 AM は共通，
その両端の 2 角はそれぞれ相等しい．したがって，△BAM
と △EAM は合同となり

$$\overline{AB} = \overline{AE} \quad \Rightarrow \quad \overline{AD} = \overline{AE} + \overline{ED} = \overline{AB} + \overline{DC}$$

Q. E. D.

修正された「折れた弦」の定理はつぎの加法定理そのもの
です．

$$\sin(\alpha + \beta) = \sin \alpha \cos \beta + \cos \alpha \sin \beta$$

証明 B から弦 AM に下ろした垂線の足を F とすれば

$$\overline{AM} = \overline{FM} + \overline{AF}$$

円 O の半径を 1 とすると，$\overline{AM} = 2\sin(\alpha + \beta)$，$\overline{BM} = 2\sin \alpha$，
$\overline{AB} = 2\cos \alpha$．

$$\overline{FM} = \overline{BM}\cos \beta = 2\sin \alpha \cos \beta,$$
$$\overline{AF} = \overline{AB}\cos \alpha = 2\sin \beta \cos \alpha$$

したがって，$2\sin(\alpha + \beta) = 2\sin \alpha \cos \beta + 2\sin \beta \cos \alpha$．

Q. E. D.

サイン関数にかんする加法定理をくり返しまとめておきま
す．

$$\sin(\alpha + \beta) = \sin \alpha \cos \beta + \cos \alpha \sin \beta$$
$$\sin(\alpha - \beta) = \sin \alpha \cos \beta - \cos \alpha \sin \beta$$

同じようにして，コサイン関数にかんする加法定理も求める
ことができます．

$$\cos(\alpha + \beta) = \cos \alpha \cos \beta - \sin \alpha \sin \beta$$
$$\cos(\alpha - \beta) = \cos \alpha \cos \beta + \sin \alpha \sin \beta$$

ヒント

$\cos\alpha = \sin\left(\dfrac{\pi}{2} - \alpha\right)$ とサイン関数の加法定理を使う.

練習問題 コサイン関数にかんする加法定理を証明しなさい.

三角関数の加法定理を使って,さまざまな角度に対するサイン,コサインの値を計算できます.このとき,つぎのサイン,コサインの値はわかっているとします.

$$\sin\frac{\pi}{6} = \sin 30° = \frac{1}{2}, \qquad \sin\frac{\pi}{4} = \sin 45° = \frac{\sqrt{2}}{2},$$

$$\sin\frac{\pi}{3} = \sin 60° = \frac{\sqrt{3}}{2}$$

$$\cos\frac{\pi}{6} = \cos 30° = \frac{\sqrt{3}}{2}, \qquad \cos\frac{\pi}{4} = \cos 45° = \frac{\sqrt{2}}{2},$$

$$\cos\frac{\pi}{3} = \cos 60° = \frac{1}{2}$$

たとえば,$\dfrac{\pi}{12} = 15°$,$\dfrac{5\pi}{12} = 75°$ のサイン,コサインを計算してみましょう.

$$\sin 15° = \sin(60° - 45°) = \sin 60° \cos 45° - \cos 60° \sin 45°$$
$$= \frac{\sqrt{3}}{2} \times \frac{\sqrt{2}}{2} - \frac{1}{2} \times \frac{\sqrt{2}}{2} = \frac{\sqrt{6} - \sqrt{2}}{4}$$

$$\cos 15° = \cos(60° - 45°) = \cos 60° \cos 45° + \sin 60° \sin 45°$$
$$= \frac{1}{2} \times \frac{\sqrt{2}}{2} + \frac{\sqrt{3}}{2} \times \frac{\sqrt{2}}{2} = \frac{\sqrt{6} + \sqrt{2}}{4}$$

$$\sin 75° = \sin(45° + 30°) = \sin 45° \cos 30° + \cos 45° \sin 30°$$
$$= \frac{\sqrt{2}}{2} \times \frac{\sqrt{3}}{2} + \frac{\sqrt{2}}{2} \times \frac{1}{2} = \frac{\sqrt{6} + \sqrt{2}}{4}$$

$$\cos 75° = \cos(45° + 30°) = \cos 45° \cos 30° - \sin 45° \sin 30°$$
$$= \frac{\sqrt{2}}{2} \times \frac{\sqrt{3}}{2} - \frac{\sqrt{2}}{2} \times \frac{1}{2} = \frac{\sqrt{6} - \sqrt{2}}{4}$$

166 ページの練習問題の答え

(1) $\dfrac{\pi}{12}$, $\dfrac{5\pi}{12}$, $\dfrac{7\pi}{12}$, $\dfrac{2\pi}{3}$, $\dfrac{7\pi}{6}$, $\dfrac{4\pi}{3}$, $\dfrac{5\pi}{3}$,

$\dfrac{11\pi}{6}$

(2) $108°$,$150°$,$480°$,$675°$,$444°$,$540°$,$690°$,$720°$

練習問題 つぎの関係式が正しいことを三角関数表を使ってたしかめなさい.

(1) $\sin 50° = \sin(35° + 15°)$
$$= \sin 35° \cos 15° + \cos 35° \sin 15°$$

(2) $\cos 50° = \cos(35° + 15°)$
$$= \cos 35° \cos 15° - \sin 35° \sin 15°$$

(3) $\sin 24° = \sin(36° - 12°)$

答え 略

$$= \sin 36° \cos 12° - \cos 36° \sin 12°$$

(4)　$\cos 24° = \cos(36° - 12°)$
$$= \cos 36° \cos 12° + \sin 36° \sin 12°$$

　三角関数にかんする加法定理で，$\alpha = \beta$ のとき
$$\sin 2\alpha = 2 \sin \alpha \cos \alpha, \qquad \cos 2\alpha = \cos^2\alpha - \sin^2\alpha$$
前節で求めた倍角の公式になるわけです．

プトレマイオスの定理と加法定理

　第2巻『図形を考える―幾何』の第4章の問題にプトレマイオスの定理が出てきました．プトレマイオスの定理もじつは，三角関数の加法定理そのものです．念のため，プトレマイオスの定理の証明を繰り返しておきましょう．

プトレマイオスの定理　円に内接する四角形 □ABCD について，相対する辺の積の和は対角線の積に等しい．
$$\overline{AB} \times \overline{DC} + \overline{AD} \times \overline{BC} = \overline{AC} \times \overline{BD}$$

証明　対角線 BD 上に，∠BAE = ∠CAD をみたすような点 E をとります．2 つの三角形 △ABE, △ACD について
$$\angle BAE = \angle CAD, \qquad \angle ABE = \angle ACD$$
したがって，△ABE, △ACD は相似となり，各辺の長さは比例します．
$$\overline{AB} : \overline{AC} = \overline{BE} : \overline{CD} \quad \Rightarrow \quad \overline{AB} \times \overline{DC} = \overline{AC} \times \overline{BE}$$
　同じように，2 つの三角形 △ADE, △ACB も相似となり，各辺の長さは比例します．
$$\overline{AD} : \overline{AC} = \overline{DE} : \overline{CB} \quad \Rightarrow \quad \overline{AD} \times \overline{BC} = \overline{AC} \times \overline{DE}$$
ゆえに，
$$\overline{AB} \times \overline{DC} + \overline{AD} \times \overline{BC} = \overline{AC} \times \overline{BE} + \overline{AC} \times \overline{DE}$$
$$= \overline{AC} \times (\overline{BE} + \overline{DE}) = \overline{AC} \times \overline{BD}$$
Q. E. D.

　プトレマイオスの定理を使って，つぎの三角関数の加法定理を導き出します．
$$\sin(\alpha - \beta) = \sin \alpha \cos \beta - \cos \alpha \sin \beta$$
そのために，半径 1 の単位円を考えて，BC は直径とします．
$\overline{BC} = 2$．

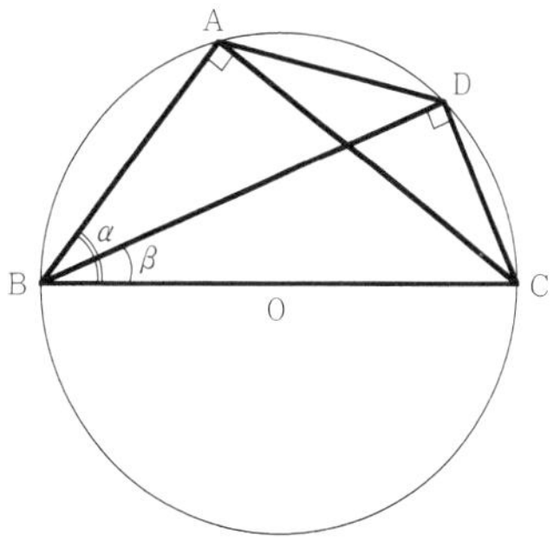

図 10-2-4

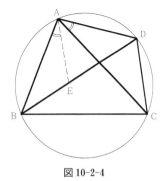

図 10-2-5

角の大きさをつぎのようにあらわします.

$$\alpha = \angle ABC, \quad \beta = \angle DBC, \quad \angle ACD = \angle ABD = \alpha - \beta$$

$$\overline{AC} = 2\sin\alpha, \quad \overline{DC} = 2\sin\beta, \quad \overline{AD} = 2\sin(\alpha-\beta)$$

$$\overline{BC} = 2, \quad \overline{AB} = 2\cos\alpha, \quad \overline{BD} = 2\cos\beta$$

$$\overline{AB}\times\overline{DC}+\overline{AD}\times\overline{BC} = 2\cos\alpha\times2\sin\beta+2\sin(\alpha-\beta)\times2$$

$$= 4\{\cos\alpha\sin\beta+\sin(\alpha-\beta)\}$$

$$\overline{AC}\times\overline{BD} = 2\sin\alpha\times2\cos\beta = 4\sin\alpha\cos\beta$$

プトレマイオスの定理によって

$$\sin(\alpha-\beta) = \sin\alpha\cos\beta-\cos\alpha\sin\beta$$

Q. E. D.

ヒント
プトレマイオスの定理で, 半径 1 の単位円を考えて, BD を直径とし, $\alpha = \angle ABD$, $\beta = \angle DBC$ とおけばよい.

練習問題 プトレマイオスの定理を適当に修正して, つぎの加法定理が成立するようにしなさい.

$$\sin(\alpha+\beta) = \sin\alpha\cos\beta+\cos\alpha\sin\beta$$

加法定理のエレガントな証明

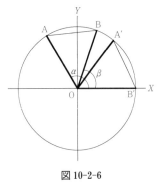

図 10-2-6

コサイン関数の加法定理について, エレガントな証明法を紹介します.

$$\cos(\alpha-\beta) = \cos\alpha\cos\beta+\sin\alpha\sin\beta$$

(X, Y) 平面の単位円上に X 軸から正の方向に α, β だけ回転して得られる点をそれぞれ A, B とすれば, A, B の座標をつぎのようにあらわせます.

$$A = (\cos\alpha, \sin\alpha), \quad B = (\cos\beta, \sin\beta)$$

$$\overline{AB}^2 = (\cos\alpha-\cos\beta)^2+(\sin\alpha-\sin\beta)^2$$

$$= (\cos^2\alpha-2\cos\alpha\cos\beta+\cos^2\beta)$$

$$+(\sin^2\alpha-2\sin\alpha\sin\beta+\sin^2\beta)$$

$$= 2-2\cos\alpha\cos\beta-2\sin\alpha\sin\beta$$

$$= 2-2(\cos\alpha\cos\beta+\sin\alpha\sin\beta)$$

つぎに, △AOB を負の方向に β だけ回転して得られる三角形を △A′OB′ とすれば, OB′ は X 軸と一致し,

$$\angle A'OB' = \angle AOB = \alpha-\beta$$

$$A' = (\cos(\alpha-\beta), \sin(\alpha-\beta)), \quad B' = (1, 0)$$

$$\overline{A'B'}^2 = \{\cos(\alpha-\beta)-1\}^2+\sin^2(\alpha-\beta)$$

$$= \{\cos^2(\alpha-\beta)-2\cos(\alpha-\beta)+1\}+\sin^2(\alpha-\beta)$$

$$= 2-2\cos(\alpha-\beta)$$

$$\overline{\mathrm{AB}} = \overline{\mathrm{A'B'}}$$
$$\Rightarrow \quad 2-2(\cos\alpha\cos\beta+\sin\alpha\sin\beta) = 2-2\cos(\alpha-\beta)$$

ゆえに,
$$\cos(\alpha-\beta) = \cos\alpha\cos\beta+\sin\alpha\sin\beta$$

練習問題　上の証明を適当に修正して，つぎの加法定理が成立するようにしなさい.
$$\cos(\alpha+\beta) = \cos\alpha\cos\beta-\sin\alpha\sin\beta$$

ヒント
単位円上に X 軸から負の方向に α，正の方向に β だけ回転して得られる点をそれぞれ A, B とおけばよい.

加法定理の公式
$$\cos(\alpha-\beta) = \cos\alpha\cos\beta+\sin\alpha\sin\beta$$
から他の公式をかんたんに導き出すことができます. β を $-\beta$ で置き換えれば
$$\cos\{\alpha-(-\beta)\} = \cos\alpha\cos(-\beta)+\sin\alpha\sin(-\beta)$$
ここで, $\cos(-\beta)=\cos\beta$, $\sin(-\beta)=-\sin\beta$ を使えば
$$\cos(\alpha+\beta) = \cos\alpha\cos\beta-\sin\alpha\sin\beta$$

また，この公式で，α を $\frac{\pi}{2}-\alpha$ で置き換えれば
$$\cos\left\{\left(\frac{\pi}{2}-\alpha\right)+\beta\right\} = \cos\left(\frac{\pi}{2}-\alpha\right)\cos\beta-\sin\left(\frac{\pi}{2}-\alpha\right)\sin\beta$$
ここで，
$$\cos\left\{\left(\frac{\pi}{2}-\alpha\right)+\beta\right\} = \cos\left\{\frac{\pi}{2}-(\alpha-\beta)\right\} = \sin(\alpha-\beta)$$
$$\cos\left(\frac{\pi}{2}-\alpha\right) = \sin\alpha, \quad \sin\left(\frac{\pi}{2}-\alpha\right) = \cos\alpha$$
ゆえに,
$$\sin(\alpha-\beta) = \sin\alpha\cos\beta-\cos\alpha\sin\beta$$
　さらに，この公式で，β を $-\beta$ で置き換えれば
$$\sin\{\alpha-(-\beta)\} = \sin\alpha\cos(-\beta)-\cos\alpha\sin(-\beta)$$
ゆえに,
$$\sin(\alpha+\beta) = \sin\alpha\cos\beta+\cos\alpha\sin\beta$$

練習問題　tan にかんするつぎの加法定理を証明しなさい.
$$\tan(\alpha+\beta) = \frac{\tan\alpha+\tan\beta}{1-\tan\alpha\tan\beta},$$

ヒント
$\tan\alpha=\frac{\sin\alpha}{\cos\alpha}$ に留意して，加法定理を使えばよい.

$$\tan(\alpha-\beta) = \frac{\tan\alpha-\tan\beta}{1+\tan\alpha\tan\beta}$$

三角関数の和と積にかんする公式

公式 I

$$\sin\alpha\sin\beta = \frac{1}{2}\{\cos(\alpha-\beta)-\cos(\alpha+\beta)\}$$

$$\sin\alpha\cos\beta = \frac{1}{2}\{\sin(\alpha+\beta)+\sin(\alpha-\beta)\}$$

$$\cos\alpha\cos\beta = \frac{1}{2}\{\cos(\alpha+\beta)+\cos(\alpha-\beta)\}$$

証明　三角関数の加法定理を使って
$$\cos(\alpha-\beta) = \cos\alpha\cos\beta+\sin\alpha\sin\beta$$
$$\cos(\alpha+\beta) = \cos\alpha\cos\beta-\sin\alpha\sin\beta$$
両辺の差をとって
$$\cos(\alpha-\beta)-\cos(\alpha+\beta) = 2\sin\alpha\sin\beta$$

Q. E. D.

答え　略

練習問題　上の公式Iの他の関係式を証明しなさい.

公式 II

$$\sin\alpha+\sin\beta = 2\sin\frac{\alpha+\beta}{2}\cos\frac{\alpha-\beta}{2}$$

$$\sin\alpha-\sin\beta = 2\cos\frac{\alpha+\beta}{2}\sin\frac{\alpha-\beta}{2}$$

$$\cos\alpha+\cos\beta = 2\cos\frac{\alpha+\beta}{2}\cos\frac{\alpha-\beta}{2}$$

$$\cos\alpha-\cos\beta = -2\sin\frac{\alpha+\beta}{2}\sin\frac{\alpha-\beta}{2}$$

証明

$$\alpha = \frac{\alpha+\beta}{2}+\frac{\alpha-\beta}{2}, \qquad \beta = \frac{\alpha+\beta}{2}-\frac{\alpha-\beta}{2}$$

$$\sin\alpha+\sin\beta$$
$$= \sin\left(\frac{\alpha+\beta}{2}+\frac{\alpha-\beta}{2}\right)+\sin\left(\frac{\alpha+\beta}{2}-\frac{\alpha-\beta}{2}\right)$$

$$= \sin\left(\frac{\alpha+\beta}{2}\right)\cos\left(\frac{\alpha-\beta}{2}\right) + \cos\left(\frac{\alpha+\beta}{2}\right)\sin\left(\frac{\alpha-\beta}{2}\right)$$

$$+ \left\{ \sin\left(\frac{\alpha+\beta}{2}\right)\cos\left(\frac{\alpha-\beta}{2}\right) - \cos\left(\frac{\alpha+\beta}{2}\right)\sin\left(\frac{\alpha-\beta}{2}\right) \right\}$$

$$= 2\sin\left(\frac{\alpha+\beta}{2}\right)\cos\left(\frac{\alpha-\beta}{2}\right) \qquad \text{Q. E. D.}$$

練習問題 上の公式 II の他の関係式を証明しなさい. 　　　答え　略

例題 三角関数の和と積にかんする公式を使って，$\sin 15°$ の値を計算しなさい.

解答

$$\sin 15° \cos 75° = \frac{1}{2}\{\sin(15°+75°)+\sin(15°-75°)\}$$

$$= \frac{1}{2}\{\sin 90°+\sin(-60°)\}$$

$$= \frac{1}{2}\left(1-\frac{\sqrt{3}}{2}\right) = \frac{2-\sqrt{3}}{4}$$

$\sin 15° = \sin(90°-75°) = \cos 75°$ に注目すれば，

$$(\sin 15°)^2 = \frac{2-\sqrt{3}}{4} = \frac{8-2\sqrt{12}}{16} = \frac{(\sqrt{6}-\sqrt{2})^2}{16}$$

$$\sin 15° = \frac{\sqrt{6}-\sqrt{2}}{4}$$

練習問題 三角関数の和と積にかんする公式を使って，$\cos 15°$ の値を計算しなさい.

三角関数と三角形

正弦定理

三角形 △ABC の 3 つの辺の長さ a, b, c と 3 つの角 ∠A,

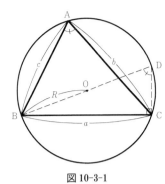

図 10-3-1

∠B, ∠C の正弦(sin)の間にはつぎの関係が成立する.

$$\frac{a}{\sin A} = \frac{b}{\sin B} = \frac{c}{\sin C} = 2R$$

（R：三角形 △ABC の外接円の半径）

証明 △ABC の外接円 O の直径を BOD とすれば，三角形 △BCD について

$$\overline{BD} = 2R, \quad \angle BCD = 90°, \quad \angle BDC = \angle A$$

$$\sin A = \frac{\overline{BC}}{\overline{BD}} = \frac{a}{2R} \Rightarrow \frac{a}{\sin A} = 2R$$

他の頂点についても同様. Q. E. D.

練習問題

（1） 上の命題を，三角形 △ABC が鋭角三角形ではなく，直角三角形および鈍角三角形の場合に証明しなさい.

（2） 3 つの辺の長さ a, b, c，3 つの角 ∠A, ∠B, ∠C，外接円の半径 R が一部分わかっているとき，必要ならば三角関数表を使って，残りの大きさを計算しなさい.

（ⅰ） $a=6$, ∠A$=60°$, ∠B$=45°$

（ⅱ） $a=8$, $b=10$, ∠A$=45°$

（ⅲ） ∠A$=45°$, ∠B$=60°$, $R=15$

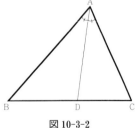

図 10-3-2

例題 1 三角形 △ABC の 1 つの角 ∠A の二等分線が底辺 BC と交わる点を D とすれば，D は BC を $\overline{AB} : \overline{AC}$ の比に内分する点となる.

$$\overline{DB} : \overline{DC} = \overline{AB} : \overline{AC}$$

証明 $\overline{BC}=a$, $\overline{AC}=b$, $\overline{AB}=c$, ∠A$=\alpha$, $\theta = \angle ADB$ とおけば

$$\angle BAD = \angle CAD = \frac{\alpha}{2}, \quad \sin \angle ADB = \sin \theta,$$

$$\sin \angle ADC = \sin(180° - \theta) = \sin \theta$$

三角形 △ABD, △ACD にそれぞれ正弦定理を適用して

$$\frac{\overline{DB}}{\sin \frac{\alpha}{2}} = \frac{c}{\sin \theta}, \qquad \frac{\overline{DC}}{\sin \frac{\alpha}{2}} = \frac{b}{\sin \theta}$$

ゆえに，$\overline{DB} : \overline{DC} = c : b = \overline{AB} : \overline{AC}$. Q. E. D.

173 ページの練習問題（下）の答え
$$\frac{\sqrt{6}+\sqrt{2}}{4}$$

175 ページの練習問題のヒント
（1） △ABD, △ACD に正弦定理を適用すればよい.
（2） △ABM, △ACM に正弦定理を適用すればよい.

練習問題　つぎの幾何の命題を正弦定理を使って証明しなさい.

(1)　△ABC の角 ∠A の外角の二等分線が底辺 BC と交わる点 D は BC を $\overline{AB} : \overline{AC}$ の比に外分する点となる.
$\overline{DB} : \overline{DC} = \overline{AB} : \overline{AC}.$

(2)　△ABC の底辺 BC の中点を M とし, ∠AMB, ∠AMC の二等分線が辺 AB, AC と交わる点をそれぞれ P, Q とすれば, PQ は BC と平行となる.

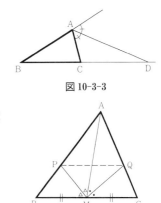

図 10-3-3

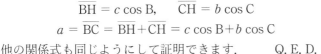

図 10-3-4

余弦定理

第 1 余弦定理　三角形 △ABC の 3 辺の長さ a, b, c と 3 つの角 ∠A, ∠B, ∠C の余弦 (cos) の間にはつぎの関係が成立する.

$$a = c \cos B + b \cos C$$
$$b = a \cos C + c \cos A$$
$$c = b \cos A + a \cos B$$

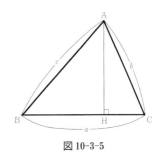

図 10-3-5

証明　△ABC の頂点 A から対辺 BC に下ろした垂線の足を H とすれば

$$\overline{BH} = c \cos B, \quad \overline{CH} = b \cos C$$
$$a = \overline{BC} = \overline{BH} + \overline{CH} = c \cos B + b \cos C$$

他の関係式も同じようにして証明できます.　　　Q. E. D.

　正弦定理を使って第 1 余弦定理を証明することもできます.
$$\sin A = \sin\{\pi - (B+C)\} = \sin(B+C)$$
$$= \sin B \cos C + \cos B \sin C$$
正弦定理を適用して

$$\frac{a}{2R} = \frac{b}{2R}\cos C + \frac{c}{2R}\cos B \;\Rightarrow\; a = b \cos C + c \cos B$$

第 2 余弦定理　三角形 △ABC の 3 つの辺の長さ a, b, c と 3 つの角 ∠A, ∠B, ∠C の余弦 (cos) の間にはつぎの関係が成立する.

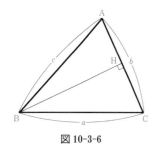

図 10-3-6

$$a^2 = b^2 + c^2 - 2bc \cos A$$
$$b^2 = c^2 + a^2 - 2ca \cos B$$
$$c^2 = a^2 + b^2 - 2ab \cos C$$

［三角形 △ABC が直角三角形のときには，ピタゴラスの定理そのものです．］

証明　△ABC の頂点 B から対辺 AC に下ろした垂線の足を H とすれば

$$\overline{BH} = c \sin A, \quad \overline{AH} = c \cos A,$$
$$\overline{CH} = \overline{AC} - \overline{AH} = b - c \cos A$$

△BHC は直角三角形だから，$\overline{BC}^2 = \overline{BH}^2 + \overline{CH}^2$.

$$
\begin{aligned}
a^2 &= (c \sin A)^2 + (b - c \cos A)^2 \\
&= c^2 \sin^2 A + (b^2 - 2bc \cos A + c^2 \cos^2 A) \\
&= c^2 (\sin^2 A + \cos^2 A) + (b^2 - 2bc \cos A) \\
&= b^2 + c^2 - 2bc \cos A
\end{aligned}
$$

他の関係式も同じようにして証明できます．　　　Q. E. D.

第 2 余弦定理はつぎのようにあらわされることもあります．

$$\cos A = \frac{b^2 + c^2 - a^2}{2bc}, \quad \cos B = \frac{c^2 + a^2 - b^2}{2ca},$$
$$\cos C = \frac{a^2 + b^2 - c^2}{2ab}$$

練習問題

(1)　第 2 余弦定理を，三角形 △ABC が鈍角三角形の場合に証明しなさい．

(2)　第 2 余弦定理を使って，3 つの辺の長さ a, b, c，3 つの角 ∠A, ∠B, ∠C の一部分がわかっているとき，残りの大きさを三角関数表を使って計算しなさい．

（ⅰ）　$a = 6$,　$b = 10$,　∠C $= 45°$

（ⅱ）　$a = 8$,　$b = 6$,　∠A $= 60°$

（ⅲ）　$a = 6$,　$b = 8$,　$c = 5$

174 ページの練習問題の答え

(1)　略

(2)　(ⅰ)　$R = 2\sqrt{3}$, $b = 2\sqrt{6}$, ∠C $= 75°$, $c = 3\sqrt{2} + \sqrt{6}$

(ⅱ)　$R = 4\sqrt{2}$, ∠B $= 62.12°$, ∠C $= 72.88°$, $c = 10.81$

(ⅲ)　$a = 15\sqrt{2} = 21.21$, $b = 15\sqrt{3} = 25.98$, $c = \dfrac{15(\sqrt{2} + \sqrt{6})}{2} = 28.98$, ∠C $= 75°$

三角形の面積を計算する

三角形 △ABC の面積 S は 2 つの辺 BC, AC の長さ a, b と 1 つの角 ∠C によってつぎのようにあらわせる．

$$S = \frac{1}{2}ab \sin \text{C}$$

証明 △ABC の頂点 A から対辺 BC に下ろした垂線の足を H とすれば

$$\overline{\text{AH}} = b \sin \text{C} \quad \Rightarrow \quad S = \frac{1}{2}\overline{\text{BC}} \times \overline{\text{AH}} = \frac{1}{2}ab \sin \text{C}$$

Q. E. D.

ヘロンの公式

三角形 △ABC の 3 辺の長さ a, b, c がわかっているとき，△ABC の面積を a, b, c であらわしたい．どうすればよいでしょうか．

まず，第 2 余弦定理の公式を使います．

$$c^2 = a^2 + b^2 - 2ab \cos \text{C} \quad \Rightarrow \quad \cos \text{C} = \frac{a^2 + b^2 - c^2}{2ab}$$

ピタゴラスの定理によって

$$\begin{aligned}
\sin^2\text{C} &= 1 - \cos^2\text{C} = 1 - \left(\frac{a^2 + b^2 - c^2}{2ab}\right)^2 \\
&= \left(1 - \frac{a^2 + b^2 - c^2}{2ab}\right)\left(1 + \frac{a^2 + b^2 - c^2}{2ab}\right) \\
&= \frac{1}{4a^2b^2}(2ab - a^2 - b^2 + c^2)(2ab + a^2 + b^2 - c^2) \\
&= \frac{1}{4a^2b^2}\{c^2 - (a-b)^2\}\{(a+b)^2 - c^2\} \\
&= \frac{1}{4a^2b^2}(c+a-b)(c-a+b)(a+b+c)(a+b-c)
\end{aligned}$$

ここで，$s = \dfrac{a+b+c}{2}$ とおけば

$$\sin^2\text{C} = \frac{4}{a^2b^2}s(s-a)(s-b)(s-c)$$

$$\Rightarrow \quad \sin \text{C} = \frac{2}{ab}\sqrt{s(s-a)(s-b)(s-c)}$$

△ABC の面積を S とおけば

$$S = \frac{1}{2}ab \sin \text{C} = \sqrt{s(s-a)(s-b)(s-c)}$$

ヘロンの公式

$$S = \sqrt{s(s-a)(s-b)(s-c)} \qquad \left(s = \frac{a+b+c}{2} \right)$$

　ヘロンは1世紀の前半頃，アレキサンドリアで活躍したギリシアの数学者です．ヘロンは数多くの器械装置の発明で知られています．照準器を使って測量したり，蒸気力を使った器具や自動装置をつくったといわれています．サイフォン，温度計，路程計，水中オルガン，自動販売機などもヘロンが発明したといわれています．

練習問題　3辺の長さが与えられている三角形の面積を求めなさい．はじめに自分で計算して，つぎにヘロンの公式を使ってたしかめなさい．

(1)　12, 15, 17　　(2)　220, 185, 205

(3)　$\dfrac{1}{3}, \dfrac{1}{4}, \dfrac{1}{5}$　　(4)　55, 48, 73

(5)　8, 10, 14　　(6)　15, 10, 28

(4)は直角三角形になります．(5)については，長さ14の辺に対する角が鈍角となります．(6)は，三角形になりません．15＋10＜28だからです．三角形については，2つの辺の長さの和は必ず，残りの1辺の長さより大きくなっています．三角形の3辺の長さをそれぞれ a, b, c とすれば

$$b+c > a, \qquad c+a > b, \qquad a+b > c$$

という3つの不等式が成り立たなければなりません．

　このことは，第2巻『図形を考える―幾何』で証明しましたが，三角関数を使っても，証明することができます．上に証明した第2余弦定理から出発します．

$$c^2 = a^2 + b^2 - 2ab \cos \mathrm{C}$$

ここで，つぎの式を計算します．

$$(a+b)^2 - c^2 = (a^2 + 2ab + b^2) - (a^2 + b^2 - 2ab \cos \mathrm{C})$$
$$= 2ab(1 - \cos \mathrm{C}) > 0$$
$$\Rightarrow \ (a+b)^2 > c^2 \ \Rightarrow \ a+b > c$$

他の不等式も同じようにして証明できます．　　　Q. E. D.

176ページの練習問題の答え
(1)　略
(2)　(i)　$c = 7.15$, $\angle \mathrm{A} = 36.39°$, $\angle \mathrm{B} = 98.61°$
(ii)　$c = 9.08$, $\angle \mathrm{B} = 40.50°$, $\angle \mathrm{C} = 79.50°$
(iii)　$\angle \mathrm{A} = 48.51°$, $\angle \mathrm{B} = 92.87°$, $\angle \mathrm{C} = 38.62°$

例題2 1組の対辺が平行な四辺形 □ABCD の4つの辺の長さを知って，その面積を計算しなさい．

解答 平行な2辺を AD, BC とし

$$\overline{AB}=a, \quad \overline{BC}=b, \quad \overline{CD}=c, \quad \overline{DA}=d \qquad (b>d)$$

とおきます．2辺 BA, CD の延長の交点を E とし，$\overline{AE}=p$，$\overline{DE}=q$ とおけば

$$\frac{\overline{AE}}{\overline{BE}}=\frac{\overline{DE}}{\overline{CE}}=\frac{\overline{AD}}{\overline{BC}} \quad\Rightarrow\quad \frac{p}{p+a}=\frac{q}{q+c}=\frac{d}{b}$$

$$\Rightarrow\quad p=\frac{d}{b-d}a, \quad q=\frac{d}{b-d}c$$

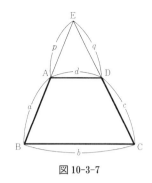

図 10-3-7

$\triangle$EAD の面積 S_1 にヘロンの公式を適用します．$s=\dfrac{a+b+c+d}{2}$ とおけば

$$\frac{1}{2}(p+q+d)=\frac{1}{2}\frac{d}{b-d}\{a+c+(b-d)\}=\frac{d}{b-d}(s-d),$$

$$\frac{1}{2}(p+q+d)-d=\frac{d}{b-d}\{(s-d)-(b-d)\}=\frac{d}{b-d}(s-b),$$

$$\frac{1}{2}(p+q+d)-p=\frac{d}{b-d}(s-d-a),$$

$$\frac{1}{2}(p+q+d)-q=\frac{d}{b-d}(s-d-c)$$

$$S_1=\frac{d^2}{(b-d)^2}\sqrt{(s-d)(s-b)(s-d-a)(s-d-c)}$$

$\triangle$EBC の面積を S_2 とおけば

$$S_2=\frac{b^2}{d^2}S_1=\frac{b^2}{(b-d)^2}\sqrt{(s-d)(s-b)(s-d-a)(s-d-c)}$$

したがって，四辺形 □ABCD の面積 S は

$$S=S_2-S_1=\frac{b+d}{b-d}\sqrt{(s-d)(s-b)(s-d-a)(s-d-c)}$$

$$\left(s=\frac{a+b+c+d}{2}\right)$$

三角関数と最大・最小問題

例題3 周の長さが一定である三角形のなかで面積が最大になるものを求めなさい．

解答 ヘロンの公式を使います．三角形 $\triangle$ABC の 3 辺の長さを a, b, c とすれば

$$S = \sqrt{s(s-a)(s-b)(s-c)}, \quad s = \frac{a+b+c}{2}$$

計算をかんたんにするために，$x = s-a$，$y = s-b$ とおけば

$$x+y = (s-a)+(s-b) = 2s-a-b = c,$$
$$s-c = s-(x+y)$$
$$S^2 = s(s-a)(s-b)(s-c) = sxy(s-x-y)$$
$$= sy\{(s-y)x-x^2\} = sx\{(s-x)y-y^2\}$$

S^2 を y は定数として，x の二次関数と考えれば，その最大値は $x = \frac{1}{2}(s-y)$ のときに得られ，また，x を定数として，y の二次関数と考えれば，その最大値は $y = \frac{1}{2}(s-x)$ のときに得られます．

$$x = \frac{1}{2}(s-y), \quad y = \frac{1}{2}(s-x)$$

この連立二元一次方程式を解けば

$$x = y = \frac{1}{3}s \;\Rightarrow\; a = b = c = \frac{2}{3}s$$

面積が最大になるのは，正三角形のときです．

例題4 半円 AOB に内接する長方形 □PQRS のなかで，面積が最大になる長方形，および周の長さが最大になる長方形を求めなさい．

解答 円 O の半径を 1 とし，$\angle$SOR $= \theta$ とおけば，長方形 □PQRS の面積 S は

$$S = 2\times\overline{\text{SR}}\times\overline{\text{OR}} = 2\sin\theta\cos\theta = \sin 2\theta$$

したがって，長方形 PQRS の面積 S が最大になるのは

$$\sin 2\theta = 1 \;\Rightarrow\; 2\theta = 90° \;\Rightarrow\; \theta = 45°$$

のときです．

また，長方形 PQRS の周の長さ L は

$$L = 2\times\overline{\text{SR}}+4\times\overline{\text{OR}} = 2(\sin\theta+2\cos\theta)$$
$$= 2\sqrt{5}\left(\frac{1}{\sqrt{5}}\sin\theta + \frac{2}{\sqrt{5}}\cos\theta\right)$$

ここで，$\sin\alpha = \dfrac{1}{\sqrt{5}}$，$\cos\alpha = \dfrac{2}{\sqrt{5}}$ をみたすような角度を α とすれば

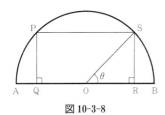

図 10-3-8

178 ページの練習問題の答え

(1) $10\sqrt{77}$ (2) $100\sqrt{31110}$

(3) $\dfrac{\sqrt{128639}}{14400}$ (4) 1320

(5) $16\sqrt{6}$ (6) なし

$$L = 2\sqrt{5}\,(\sin\alpha\sin\theta + \cos\alpha\cos\theta) = 2\sqrt{5}\cos(\theta-\alpha)$$

したがって，周の長さ L が最大になるのは $\theta=\alpha$ のときで，その値は $2\sqrt{5}$ です．このとき，$\tan\theta = \tan\alpha = \dfrac{\sin\alpha}{\cos\alpha} = \dfrac{1}{2}$ となります．

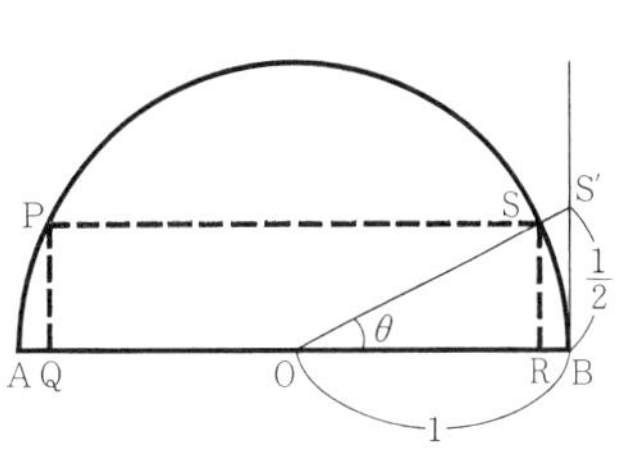

半径 OB に B において立てた垂線上に，B からの距離が $\dfrac{1}{2}$ の点 S′ をとります．このとき，$\theta = \angle\text{S}'\text{OB}$ とおけば，

$$\tan\theta = \frac{1}{2}$$

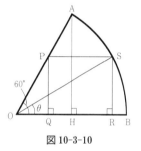

図 10-3-9

線分 OS′ が円周と交わる点を S とし，S から半径 OB に下ろした垂線の足を R とすれば，RS を 1 辺とする長方形 □PQRS が周の長さが最大になります．

例題 5 半径 1，中心角 $60°$ の扇形 AOB に内接し，S が弧 AB 上に，1 辺 QP が半径 OB 上にある長方形 □PQRS のなかで，面積が最大になるものを求めなさい．

解答 $\angle\text{SOR} = \theta$ とすれば，$\overline{\text{PQ}} = \overline{\text{SR}} = \sin\theta$，$\overline{\text{OR}} = \cos\theta$．A から半径 OB に下ろした垂線の足を H とすれば

$$\overline{\text{AH}} = \sin 60° = \frac{\sqrt{3}}{2}, \quad \overline{\text{OH}} = \cos 60° = \frac{1}{2}$$

$$\overline{\text{OQ}} = \overline{\text{PQ}} \times \frac{\overline{\text{OH}}}{\overline{\text{AH}}} = \frac{1}{\sqrt{3}}\sin\theta$$

$$\Rightarrow \quad \overline{\text{QR}} = \overline{\text{OR}} - \overline{\text{OQ}} = \cos\theta - \frac{1}{\sqrt{3}}\sin\theta$$

長方形 □PQRS の面積 S は

$$S = \overline{\text{PQ}} \times \overline{\text{QR}} = \sin\theta\left(\cos\theta - \frac{1}{\sqrt{3}}\sin\theta\right)$$

$$= \sin\theta\cos\theta - \frac{1}{\sqrt{3}}\sin^2\theta$$

三角関数の加法定理を使えば

$$\sin\theta\cos\theta = \frac{1}{2}\sin 2\theta, \quad \sin^2\theta = \frac{1}{2}(1-\cos 2\theta)$$

$$S = \frac{1}{2}\left\{\sin 2\theta - \frac{1}{\sqrt{3}}(1-\cos 2\theta)\right\}$$

$$= \frac{1}{\sqrt{3}}\left(\frac{\sqrt{3}}{2}\sin 2\theta + \frac{1}{2}\cos 2\theta - \frac{1}{2}\right)$$

図 10-3-10

$$= \frac{1}{\sqrt{3}}\left(\sin 60° \sin 2\theta + \cos 60° \cos 2\theta - \frac{1}{2}\right)$$

$$= \frac{1}{\sqrt{3}}\left\{\cos(60° - 2\theta) - \frac{1}{2}\right\}$$

したがって，長方形 □PQRS の面積 S が最大になるのは

$$60° - 2\theta = 0 \quad \Rightarrow \quad \theta = 30°$$

のときです．すなわち，角 ∠AOB の二等分線が弧 AB と交わる点を 1 つの頂点 S とし，1 辺 QR が半径 OB 上にある，扇形 AOB に内接する長方形 □PQRS が面積最大となります．

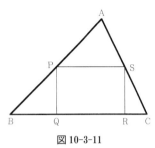

図 10-3-11

ヒント
(1) 四角形を 2 つの三角形に分けて考えればよい．
(2) A から辺 BC に垂線を下ろして考えなさい．

練習問題　三角法を使って，つぎの幾何の問題を解きなさい．
(1) 周の長さが一定である四角形のなかで面積が最大になるものを求めなさい．
(2) 与えられた三角形 △ABC に内接し，1 辺 QR が底辺 BC の上にある長方形 □PQRS のなかで面積が最大のものを求めなさい．

三角関数と黄金分割

正五角形と三角関数

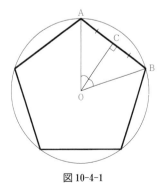

図 10-4-1

　　第 2 巻『図形を考える—幾何』でお話しした正五角形の作図は，最初に正十角形を作図して，その頂点を 1 つおきにとって正五角形をつくる方法でした．三角関数の加法定理を使うと，正五角形を直接作図する方法を考えることができます．
　　いま，半径 1 の円 O に内接する正五角形を考え，その 1 辺 AB をとれば

$$\angle AOB = \frac{1}{5} \times 360° = 72°$$

円の中心 O から弦 AB に下ろした垂線の足を C とすれば，C は弦 AB の中点となり

$$\angle \text{AOC} = \frac{1}{2} \times \angle \text{AOB} = 36°$$

$$\overline{\text{AC}} = \overline{\text{AO}} \times \sin 36° = \sin 36°, \quad \overline{\text{AB}} = 2 \times \overline{\text{AC}} = 2 \sin 36°$$

したがって，正五角形の作図は $\sin 36°$ を求めればよいことになります．加法定理を使って，$\sin 36°$ の値を計算します．そのために

$$\sin 36° = 2 \sin 18° \times \cos 18°$$

に注目して，$x = \sin\alpha$，$\alpha = 18°$ の値を計算します．

$$5\alpha = 90° \quad \Rightarrow \quad x = \sin\alpha = \cos 4\alpha$$

加法定理の公式を2回使います．

$$\cos 2\alpha = \cos^2\alpha - \sin^2\alpha = 1 - 2\sin^2\alpha$$

$$\sin\alpha = \cos 4\alpha = \cos\{2 \times (2\alpha)\} = 2\cos^2 2\alpha - 1$$

$$= 2(1 - 2\sin^2\alpha)^2 - 1 = 1 - 8\sin^2\alpha + 8\sin^4\alpha$$

$$x = 1 - 8x^2 + 8x^4 \quad \Rightarrow \quad 8x^4 - 8x^2 - x + 1 = 0$$

$$8x^4 - 8x^2 - x + 1 = 0$$

この方程式の左辺を因数分解すれば

$$8x^4 - 8x^2 - x + 1 = (x - 1)(2x + 1)(4x^2 + 2x - 1) = 0$$

$0 < x < 1$ だから，

$$4x^2 + 2x - 1 = 0 \quad \Rightarrow \quad x = \frac{-1 \pm \sqrt{5}}{4}$$

$x > 0$ だから，

$$x = \sin 18° = \frac{\sqrt{5} - 1}{4}$$

つぎに，$\sin 36°$ の値を計算します．$x = \sin 18°$ とおけば

$$\sin 36° = 2 \sin 18° \cos 18° = 2x\sqrt{1 - x^2} = 2\sqrt{x^2(1 - x^2)}$$

$$x^2(1 - x^2) = \left(\frac{\sqrt{5} - 1}{4}\right)^2 \left\{1 - \left(\frac{\sqrt{5} - 1}{4}\right)^2\right\}$$

$$= \frac{3 - \sqrt{5}}{8} \frac{5 + \sqrt{5}}{8} = \frac{10 - 2\sqrt{5}}{64}$$

$$\sin 36° = 2\sqrt{x^2(1 - x^2)} = \frac{1}{2}\sqrt{\frac{10 - 2\sqrt{5}}{4}}$$

$$\Rightarrow \quad \overline{\text{AB}} = 2\sin 36° = \sqrt{\frac{10 - 2\sqrt{5}}{4}}$$

このようにして，半径1の円 O に内接する正五角形の1辺 AB の長さを求めることができたわけです．

正五角形を作図する

上に求めた正五角形の 1 辺 AB の長さの計算式を使って，正五角形を作図することができます．

$$\overline{AB} = 2\sin 36° = \sqrt{\dfrac{10-2\sqrt{5}}{4}}$$

そのために，平方根のなかをつぎのように変形します．

$$\dfrac{10-2\sqrt{5}}{4} = \dfrac{6-2\sqrt{5}}{4}+1 = \left(\dfrac{\sqrt{5}-1}{2}\right)^2+1^2$$

したがって，正五角形はつぎのようにして作図できます．まず，半径 1 の円 O をえがき，その上に 1 点 A をとります．半径 OA と直交する半径の中点を B とします．

$$\overline{OB} = \dfrac{1}{2}\overline{OA} = \dfrac{1}{2}$$

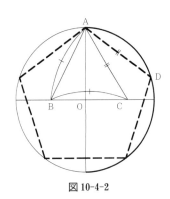

図 10-4-2

B 点を中心として，BA を半径とする円をえがき，BO の延長との交点を C とします．A を中心として，AC を半径とする円をえがき，円 O との交点を D とすれば，AD が求める正五角形の 1 辺となります．このことは，つぎのようにして示すことができます．

$$\overline{OA} = 1, \quad \overline{OB} = \dfrac{1}{2}, \quad \overline{BA} = \overline{BC} = \dfrac{\sqrt{5}}{2}, \quad \overline{OC} = \dfrac{\sqrt{5}-1}{2}$$

$$\overline{AC}^2 = \overline{OC}^2 + \overline{OA}^2 = \left(\dfrac{\sqrt{5}-1}{2}\right)^2+1^2 = \dfrac{10-2\sqrt{5}}{4}$$

$$\overline{AD} = \overline{AC} = \sqrt{\dfrac{10-2\sqrt{5}}{4}}$$

ヒント

(1) $\dfrac{1}{2}\times\dfrac{1}{10}\times 360° = 18°$, $\sin 18° = \dfrac{\sqrt{5}-1}{4}$, $\sqrt{5} = \sqrt{2^2+1^2}$ を使う．

(2) $\left(\dfrac{\sqrt{6}-\sqrt{2}}{4}\right)^2 = \dfrac{2-\sqrt{3}}{4} = \dfrac{1}{2}\left(1-\dfrac{\sqrt{3}}{2}\right)$, $\left(\dfrac{\sqrt{6}+\sqrt{2}}{4}\right)^2 = \dfrac{2+\sqrt{3}}{4} = \dfrac{1}{2}\left(1+\dfrac{\sqrt{3}}{2}\right)$ を使う．

練習問題

(1) 半径 1 の円 O に内接する正十角形の 1 辺の長さが $\dfrac{\sqrt{5}-1}{2}$ になることを示し，その作図法を考えなさい．

(2) つぎのサイン，コサインの値を作図しなさい．

$$\sin 15° = \dfrac{\sqrt{6}-\sqrt{2}}{4}, \qquad \cos 15° = \dfrac{\sqrt{6}+\sqrt{2}}{4}$$

つぎの問題を三角法を使って解答しなさい.

問題1(方ベキの定理)　円 O とその上にない点 A が与えられている. A を通る直線が円 O と交わる点を P, Q とすれば, $\overline{AP} \times \overline{AQ}$ は一定の値をとる.

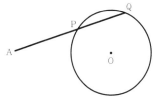

図 10-問題 1

問題2　円 O とその外に点 A が与えられている. A を通る直線が円 O と交わる点 P, Q と中心 O によってつくられる三角形 △POQ の面積が最大になるようにえらびなさい.

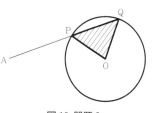

図 10-問題 2

問題3　三角形 △ABC の垂心を H とするとき, 三角形 △HBC, △HCA, △HAB の外接円はいずれも, △ABC の外接円と同じ大きさをもつ.

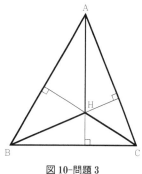

図 10-問題 3

問題4　半円 AOB の直径 AB の一端 A において円 O に引いた接線を ℓ とする. 半円 AOB 上の点 P に対して, 接線 ℓ 上に $\overline{QA} = \overline{PA}$ となるような点 Q をとり, 線分 QP の延長が直径 AB の延長と交わる点を R とする. P が A に近づくとき, R はどのような点に近づくか.

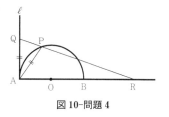

図 10-問題 4

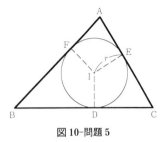

図 10-問題 5

問題 5 三角形 △ABC の内接円が各辺 BC, CA, AB と接する点をそれぞれ D, E, F とし，内接円の半径を r とすれば

$$\frac{1}{BD \times CD} + \frac{1}{CE \times AE} + \frac{1}{AF \times BF} = \frac{1}{r^2}$$

問題 6 三角形 △ABC の 3 つの角 ∠A, ∠B, ∠C について
（ⅰ） $\sin 2A + \sin 2B + \sin 2C = 4 \sin A \sin B \sin C$
（ⅱ） $\cos 2A + \cos 2B + \cos 2C = -1 - 4 \cos A \cos B \cos C$

問題 7 三角形 △ABC の 3 つの角 ∠A, ∠B, ∠C について

（ⅰ） $\sin A + \sin B + \sin C = 4 \cos \dfrac{A}{2} \cos \dfrac{B}{2} \cos \dfrac{C}{2}$

（ⅱ） $\cos A + \cos B + \cos C = 1 + 4 \sin \dfrac{A}{2} \sin \dfrac{B}{2} \sin \dfrac{C}{2}$

問題 8 一定の円に内接する三角形のなかで，面積が最大となるものを求めなさい．

問題 9 一定の円に外接する三角形のなかで，面積が最小となるものを求めなさい．

問題 10 与えられた扇形 AOB に内接し，S が弧 AB 上に，1 辺 QR が半径 OB 上にある長方形 □PQRS のなかで，面積が最大になるものを求めなさい．

問題 11 三角形 △ABC の 3 つの角 ∠A, ∠B, ∠C について，つぎの関係が成り立つとき，三角形 △ABC はどのような性質をもっているか．

$$\sin C = \frac{\sin A + \sin B}{\cos A + \cos B}$$

問題 12 つぎの式の最大値，最小値を求めなさい．

$$\frac{a + \sin \theta}{b + \cos \theta} \qquad (a, b \text{ は } 1 \text{ より大きい正の定数})$$

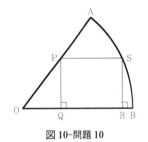

図 10-問題 10

第 11 章
対 数

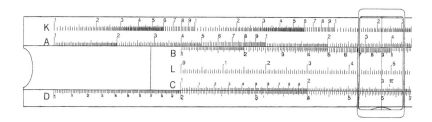

ジョン・ネイピアの対数表

16世紀終わりから17世紀初めにかけて，天体観測の技術が大きな進歩をとげ，天文学に著しい進展がみられました．天文学者たちは，新しい三角法の考え方をたくみに使って，星の軌道にかんしてくわしい計算をしました．しかし，この計算はたいへん複雑で，当時の天文学者たちはもっぱら数値計算に時間と労力をとられてしまったのです．

ところが，当時の指導的な天文学者であったティコ・ブラーエの天文台では，「和と差の方法」とよばれたすばらしい計算法を使って，複雑な星の軌道の計算をしていました．この「和と差の方法」にヒントを得て，スコットランドのジョン・ネイピアがつくったのが対数表だったのです．

ネイピアの対数表のおかげで，天文学者たちは，惑星をはじめとする多くの星の軌道について，正確で，くわしい計算をすることができたわけです．「ネイピアの対数表によって，天文学者の寿命が2倍に延びた」という数学者ラプラスの有名な言葉がのこっているほどです．

第11章 対数

187

1

対数の考え方

数のベキ乗

2 の平方根 $\sqrt{2}$ は二次方程式
$$x^2 = 2$$
の正根です. $\sqrt{2} = 2^{\frac{1}{2}}$ と記すこともあります. 同じように
$$\sqrt{2} = 2^{\frac{1}{2}}, \quad \sqrt{4}\,(=2) = 4^{\frac{1}{2}}, \quad \sqrt{5} = 5^{\frac{1}{2}}, \quad \sqrt{6} = 6^{\frac{1}{2}}$$
a が正数のときだけを考えることにします($a > 0$). $a^{\frac{1}{2}}$ は
$$\left(a^{\frac{1}{2}} \right)^2 = a$$

によって特徴づけられます. $a^{\frac{1}{2}}$ を a の $\dfrac{1}{2}$ 乗といいます. 同じように, $a^{\frac{1}{3}}$ は
$$\left(a^{\frac{1}{3}} \right)^3 = a$$

によって与えられるわけです.
$$\left(a^{\frac{1}{4}} \right)^4 = a, \quad \left(a^{\frac{1}{5}} \right)^5 = a, \quad \left(a^{\frac{1}{6}} \right)^6 = a, \quad \text{etc.}$$

[etc. はラテン語の et cetera の略で,「その他」を意味します.]

$a^{\frac{1}{2}}, a^{\frac{1}{3}}, a^2, a^3$ のような数を a の巾乗といいます. 巾乗は正確には, 冪乗です. 冪という漢字はもともと, 幕からきた言葉で, おおう, かぶせるという意味です. 冪はたいへんむずかしい漢字ですので, 簡単化して巾あるいはベキで表現します.

a の $\dfrac{1}{2}, \dfrac{1}{3}, \dfrac{1}{4}, \dfrac{1}{5}, \dfrac{1}{6}$ 乗などという概念を拡張して, a の $\dfrac{3}{2}, \dfrac{2}{3}, \dfrac{5}{3}, \dfrac{3}{4}, \dfrac{12}{5}$ 乗などの巾乗の数を考えることができます. たとえば, $a^{\frac{3}{2}}$ は

$$\left(a^{\frac{3}{2}}\right) = \left(a^{\frac{1}{2}}\right)^3 \quad \text{または} \quad \left(a^{\frac{3}{2}}\right)^2 = a^3$$

によって定義します. 同じように

$$\left(a^{\frac{5}{3}}\right) = \left(a^{\frac{1}{3}}\right)^5, \quad \left(a^{\frac{3}{4}}\right) = \left(a^{\frac{1}{4}}\right)^3, \quad \left(a^{\frac{12}{5}}\right) = \left(a^{\frac{1}{5}}\right)^{12},$$

$$\text{etc.}$$

　一般に, m, n が正整数のとき

$$\left(a^{\frac{m}{n}}\right) = \left(a^{\frac{1}{n}}\right)^m \quad \text{または} \quad \left(a^{\frac{m}{n}}\right)^n = a^m$$

と定義します.

$$6^{\frac{7}{15}} = \left(6^{\frac{1}{15}}\right)^7, \quad 8^{\frac{3}{5}} = \left(8^{\frac{1}{5}}\right)^3, \quad 25^{\frac{3}{10}} = \left(25^{\frac{1}{10}}\right)^3, \quad \text{etc.}$$

練習問題　つぎの各数の意味を説明して, 計算しなさい.

$$6^{\frac{5}{2}}, \quad 8^{\frac{7}{3}}, \quad 81^{\frac{3}{8}}, \quad 27^{\frac{4}{3}}, \quad 32^{0.4}, \quad 100^{\frac{5}{2}}$$

指数計算

　数の巾乗の考え方を使うと, 掛け算をかんたんにすることができます.

$$8 \times 16 = 128$$
$$2^3 \times 2^4 = (2 \times 2 \times 2) \times (2 \times 2 \times 2 \times 2) = 2^{3+4} = 2^7$$
$$9 \times 27 = 243$$
$$3^2 \times 3^3 = (3 \times 3) \times (3 \times 3 \times 3) = 3^{2+3} = 3^5$$

一般に, つぎの公式が成立します.

$$a^m \times a^n = a^{m+n}$$

同じように, 割り算もつぎのようにできます.

$$128 \div 16 = 8$$
$$2^7 \div 2^4 = (2 \times 2 \times 2 \times 2 \times 2 \times 2 \times 2) \div (2 \times 2 \times 2 \times 2)$$
$$= 2^{7-4} = 2^3$$
$$81 \div 27 = 3$$
$$3^4 \div 3^3 = (3 \times 3 \times 3 \times 3) \div (3 \times 3 \times 3) = 3^{4-3} = 3^1 = 3$$

一般に, つぎの公式が成立します.

$$a^m \div a^n = a^{m-n}$$

　ここで, $m < n$ の場合を考えます. たとえば, $a = 3$, $m =$

4, $n=6$ とします.

$$3^4 \div 3^6 = 81 \div 729 = \frac{1}{9} = \frac{1}{3^2}, \qquad 3^{4-6} = 3^{-2}$$

したがって, 上の式はつぎのようになるわけです.

$$3^{-2} = \frac{1}{3^2}$$

もう1つ, 例を出しておきましょう. $a=5$, $m=2$, $n=3$ のとき

$$5^2 \div 5^3 = 25 \div 125 = \frac{1}{5}, \qquad 5^{2-3} = 5^{-1}, \qquad 5^{-1} = \frac{1}{5}$$

このように, 3 の -2 乗, 5 の -1 乗などという数を考えることができるわけです.

$$3^{-2} = \frac{1}{9}, \qquad 5^{-1} = \frac{1}{5}$$

一般に, $a^{-n} = \frac{1}{a^n}$ として, a の $-n$ 乗を定義すると

$$a^m \div a^n = a^{m-n}$$

という公式が, m と n の大小にかかわらず成立することになります.

ここで, $m=n$ の場合を考えてみましょう. たとえば

$$5^3 \div 5^3 = 125 \div 125 = 1$$

ですから, 上の公式は, $5^0 = 1$ となります.

一般に,

$$a^n \div a^n = a^{n-n} = a^0, \qquad a^0 = 1$$

上の公式を使うと, 数の掛け算, 割り算をつぎのようにできます.

$$6^{45} \times 6^{25} = 6^{45+25} = 6^{70}, \qquad 6^{32} \div 6^{63} = 6^{32-63} = 6^{-31}$$

このような計算法を指数計算といいます. 指数というのは, つぎのような意味です. たとえば, $125 = 5^3$ を取り上げます. このとき, 5 を基数としたとき, 125 の指数が 3 というわけです. 指数の代わりに, 3 は 5 を底とする 125 の対数ということもあります.

$$2^0 = 1, \quad 2^1 = 2, \quad 2^2 = 4, \quad 2^3 = 8, \quad 2^4 = 16, \quad 2^5 = 32$$

$$2^{-1} = \frac{1}{2}, \quad 2^{-2} = \frac{1}{4}, \quad 2^{-3} = \frac{1}{8}, \quad 2^{-4} = \frac{1}{16}$$

189 ページの練習問題の答え
88.1816…, 128, 5.19615…,
81, 4, 100000

$$3^0 = 1, \quad 3^1 = 3, \quad 3^2 = 9, \quad 3^3 = 27, \quad 3^4 = 81, \quad 3^5 = 243$$

$$3^{-1} = \frac{1}{3}, \quad 3^{-2} = \frac{1}{9}, \quad 3^{-3} = \frac{1}{27}, \quad 3^{-4} = \frac{1}{81}$$

練習問題 つぎの計算を指数で表現しなさい.

$$125 \times 625 = 78125, \qquad 390625 \div 3125 = 125,$$
$$343 \times 16807 = 5764801, \qquad 117649 \div 2401 = 49$$

対 数

125 という数を 5 を底として指数であらわすと, $125 = 5^3$ です. この関係を $\log_5 125 = 3$ として表現し, 3 が 5 を底とする 125 の対数であるといいます.

$$\log_5 125 = 3 \quad \Leftrightarrow \quad 125 = 5^3$$

掛け算, 割り算は, 対数であらわすと, 足し算, 引き算になります.

$$125 \times 25 = 3125, \quad \log_5(125 \times 25) = \log_5 125 + \log_5 25$$
$$= 3 + 2 = 5 = \log_5 3125$$
$$125 \div 25 = 5, \qquad \log_5(125 \div 25) = \log_5 125 - \log_5 25$$
$$= 3 - 2 = 1 = \log_5 5$$
$$125 \div 3125 = \frac{1}{25}, \quad \log_5(125 \div 3125) = \log_5 125 - \log_5 3125$$
$$= 3 - 5 = -2$$
$$= \log_5 \frac{1}{25}$$

私たちは 10 進法を使いますので, ふつう 10 を基数として指数あるいは対数を考えます. たとえば, $100 = 10^2$ は, 10 を底とする 100 の対数は 2 であるといって, $\log_{10} 100 = 2$ と表現します. 10 を底とする対数を常用対数といいます.

log は, Logarithm の略ですが, 常用対数の場合, $\log_{10}$ の底 10 を省略して, たんに log と書くのがふつうです.

$$1 = 10^0, \quad 10 = 10^1, \quad 100 = 10^2, \quad 1000 = 10^3$$

$$\frac{1}{10} = 10^{-1}, \quad \frac{1}{100} = 10^{-2}, \quad \frac{1}{1000} = 10^{-3}$$

これらの関係を対数 log を使ってあらわすと

$$\log 1 = 0, \quad \log 10 = 1, \quad \log 100 = 2, \quad \log 1000 = 3$$

$$\log \frac{1}{10} = -1, \quad \log \frac{1}{100} = -2, \quad \log \frac{1}{1000} = -3$$

練習問題　つぎの計算を対数であらわしなさい.

$$27 \times 81 = 2187, \quad 243 \times 27 = 6561, \quad 81 \div 243 = \frac{1}{3},$$

$$32 \times 16 = 512, \quad 64 \times 512 = 32768, \quad 8 \div 32 = \frac{1}{4}$$

　対数を使うと, 掛け算, 割り算をつぎのようにできます.

$$1000 \times 10000 = 10^3 \times 10^4 = 10^{3+4} = 10^7 = 10000000$$

この計算を対数であらわすと

$$\log(1000 \times 10000) = \log 1000 + \log 10000 = 3+4 = 7$$
$$= \log 10000000$$

同じように,

$$1000 \div 10000000 = 10^3 \div 10^7 = 10^{3-7} = 10^{-4} = \frac{1}{10000}$$

$$\log(1000 \div 10000000) = \log 1000 - \log 10000000$$
$$= \log 10^3 - \log 10^7 = 3-7 = -4$$
$$= \log \frac{1}{10000}$$

　上の計算に対数を使うのはいささか大げさですが, …, 100, 10, 1, 0.1, 0.01, … 以外の数の対数は一般に無理数となってしまって, いい例をつくることができません. 常用対数表には, 普通の数の対数がのっています. その一部を簡単化して写しておきます.

191 ページの練習問題の答え
$5^3 \times 5^4 = 5^7$, 　$5^8 \div 5^5 = 5^3$, 　$7^3 \times 7^5 = 7^8$,
$7^6 \div 7^4 = 7^2$

真数	対数	真数	対数	真数	対数
		10	1	20	1.30103
1	0	11	1.04139	21	1.32222
2	0.30103	12	1.07918	22	1.34242
3	0.47712	13	1.11394	23	1.36173
4	0.60206	14	1.14613	24	1.38021
5	0.69897	15	1.17609	25	1.39794
6	0.77815	16	1.20412	26	1.41497
7	0.84510	17	1.23045	27	1.43136
8	0.90309	18	1.25527	28	1.44716
9	0.95424	19	1.27875	29	1.46240

この表は，$\log 1 = 0$，$\log 2 = 0.30103$，$\log 3 = 0.47712$，… の
ようによみます．[もとの数を真数といいます．]

たとえば 2×3 を対数表を使って計算します．

$$2 \text{ の対数} = 0.30103, \quad 3 \text{ の対数} = 0.47712$$

$$2 \text{ の対数} + 3 \text{ の対数} = 0.30103 + 0.47712 = 0.77815$$

対数が 0.77815 となるような数を対数表から探すと

$$6 \text{ の対数} = 0.77815, \quad 2 \times 3 = 6$$

もう 1 つの例として，$28 \div 4$ を対数で計算してみましょう．

$$\log 28 = 1.44716, \quad \log 4 = 0.60206$$

$$\log 28 - \log 4 = 1.44716 - 0.60206 = 0.84510$$

対数が 0.84510 となるような数を対数表から求めると

$$\log 7 = 0.84510, \quad 28 \div 4 = 7$$

練習問題　つぎの掛け算，割り算を対数表を使って計算しな
さい．

$$3 \times 5 = 15, \quad 4 \times 6 = 24, \quad 7 \times 4 = 28,$$

$$27 \div 9 = 3, \quad 25 \div 5 = 5, \quad 18 \div 6 = 3$$

対数表に出ていない数の計算をするときに，つぎの関係を
おぼえておくと便利です．

$$\log 300 = \log(3 \times 100) = \log 3 + \log 100$$

$$= 0.47712 + 2 = 2.47712$$

また，

$$\log 0.3 = \log \frac{3}{10} = \log 3 - \log 10 = 0.47712 - 1$$

このとき，

$$0.47712 - 1 = \bar{1}.47712$$

のように表記します. この表記法を使えば

$$\log 0.07 = \log \frac{7}{100} = -\log 100 + \log 7 = -2 + 0.84510$$
$$= \bar{2}.84510$$

$$\log 0.007 = \log \frac{7}{1000} = -\log 1000 + \log 7 = -3 + 0.84510$$
$$= \bar{3}.84510$$

$$\log \frac{1}{3} = \log 1 - \log 3 = -\log 3 = -0.47712 = \bar{1}.52288$$

　上にあげた例はいずれも, かんたんな計算をわざわざ対数を使ってむずかしくしているように思うかもしれませんが, 大きな数の掛け算, 割り算をするときに対数計算は重要な役割をはたします.

192 ページの練習問題の答え
$\log 27 + \log 81 = \log 2187$, $\log 243 + \log 27 = \log 6561$, 　$\log 81 - \log 243 = -\log 3$, 　$\log 32 + \log 16 = \log 512$, 　$\log 64 + \log 512 = \log 32768$, 　$\log 8 - \log 32 = -\log 4$

193 ページの練習問題の答え
$0.47712 + 0.69897 = 1.17609$, 　$0.60206 + 0.77815 = 1.38021$, 　$0.84510 + 0.60206 = 1.44716$, 　$1.43136 - 0.95424 = 0.47712$, $1.39794 - 0.69897 = 0.69897$, 　$1.25527 - 0.77815 = 0.47712$

第 11 章 対 数 問 題

問題 1 つぎの対数の値を求めよ.

(1) $\log_{16}2$ $\qquad$ (2) $\log_9 27$ $\qquad$ (3) $\log_{125}5$

(4) $\log_{\frac{1}{3}}\sqrt{27}$ $\qquad$ (5) $\log_{\sqrt{32}}\dfrac{1}{8}$ $\qquad$ (6) $\log_{\sqrt{27}}81$

問題 2 つぎの x の値を求めよ. ［この値は真数です.］

(1) $\log_{16}x=\dfrac{1}{2}$ $\qquad$ (2) $\log_9 x=3$

(3) $\log_{125}x=-\dfrac{4}{3}$ $\qquad$ (4) $\log_{\frac{1}{3}}x=\dfrac{1}{2}$

(5) $\log_{\sqrt{32}}x=\dfrac{3}{2}$ $\qquad$ (6) $\log_{\sqrt{27}}x=-\dfrac{1}{2}$

問題 3 つぎの x の値を求めよ. ［この値は底数です.］

(1) $\log_x 32=5$ $\qquad$ (2) $\log_x 9=2$ $\qquad$ (3) $\log_x\dfrac{1}{16}=8$

(4) $\log_x 25=3$ $\qquad$ (5) $\log_x\sqrt{125}=3$ $\qquad$ (6) $\log_x\dfrac{1}{2}=\dfrac{1}{4}$

問題 4 つぎの関係を証明せよ.

(1) $\log_a b\times\log_b c=\log_a c$ $\qquad$ (2) $\log_a b\times\log_b a=1$

(3) $\log_a x^n=n\log_a x$ $\qquad$ (4) $\log_x y=\dfrac{\log_a y}{\log_a x}$

問題 5 つぎの方程式の根を求めよ.

$$2\log\sqrt{3x+2}-\log\sqrt{7x-2}=\dfrac{1}{2}$$

問題 6 $a,b,c\neq 1$ は 1 に等しくない正数とし, $x,y,z\neq 0$ とし, $a^x=b^y=c^z$ とすれば

$$\dfrac{1}{x}+\dfrac{1}{y}=\dfrac{1}{z}\ \Leftrightarrow\ ab=c$$

ヨハネス・ケプラー　　　　　ガリレオ・ガリレイ

コペルニクスの地動説

　17 世紀のはじめの 25 年間は，天文学の歴史にとって画期
的な時代でした．1609 年，ドイツのヨハネス・ケプラーが，
火星の運動にかんする有名な「ケプラーの法則」を発見し，
さらに 1618 年には，同じ法則が火星以外のすべての惑星に
も適用されることを発見したのです．

　当時，ローマ法皇庁は太陽が地球の回りをまわるという天
動説を信じていて，それに反する考え方は，異端として禁じ
られていました．この天動説に対して，地球が太陽の回りを
まわるという地動説を最初に主張したのがポーランドの天文
学者ニコラス・コペルニクスです．コペルニクスは若いとき，
イタリアに留学して，古代ギリシアの古典をよんで，地動説
を知りました．そして，地動説の普及のためにその一生を捧
げました．天動説から地動説への劇的な展開はコペルニクス
的転回といって，科学の歴史に 1 つの大きな思想的革命を引
き起こしたのです．

1

ヨハネス・ケプラー

ケプラーは，1571年，南ドイツのヴュルテンベルクに生まれました．生まれつき病弱で，13歳まで学校にいけなかったといわれています．はじめは神学者を志したのですが，当時の神学の閉塞的な状況に嫌気が差していたところ，コペルニクスの地動説を知って，大いに感動して天文学に転じたといわれています．1595年，グラーツ大学に招かれて，数学と天文学を教えるかたわら，天文暦の作成に従事しました．1596年には，『宇宙の神秘』という書物を出版し，当時の指導的天文学者ティコ・ブラーエによって認められることになりました．1600年，ケプラーは，グラーツを去ってプラハにいって，ティコ・ブラーエの弟子になったのですが，翌年，ティコ・ブラーエが亡くなり，そのあとをついで，ルドルフ2世お抱えの数学者となりました．プラハでは，ケプラーは，グラーツ時代からはじめていた惑星，とくに火星の運行の研究に没頭したのです．

ケプラーの法則は，3つの法則から成り立っています．

第1法則：惑星は，太陽を1つの焦点とする楕円の軌道を動く．

第2法則：惑星の面積速度は一定である．

第3法則：惑星の公転周期の2乗は，太陽からの平均距離の3乗に比例する．

［面積速度というのは，惑星と太陽を結ぶ線分が一定時間に描く面積を意味します．これらについては，第6巻『微分法を応用する―解析』で説明します．公転周期というのは，惑星が太陽の回りを1周する時間です．地球は1年です．］

ニュートンが，ケプラーの第3法則にヒントを得て万有引力の法則を発見したことは，みなさんもよく知っていると思います．ケプラーはまた，円をその中心に頂点をもつ無数の二等辺三角形の集まりであると考えて，微積分の基礎をつくりました．

1612 年，ケプラーはプラハを去って，リンツにいき，中学校の先生をしながら，測量と編暦にたずさわりました．ケプラーは 1630 年，熱病にかかって亡くなりましたが，その一生を通じて病弱と貧困に苦しめられたといわれています．しかし，「ケプラーの法則」という，科学の歴史に不滅の業績を残しました．ケプラーはまた，既成の固定観念をこえて，自然現象を正確に観測して，自然界の法則を見いだそうとする近代科学の基礎をつくったのです．

2

ガリレオ・ガリレイ

　同じ時代に，ケプラーとならんで近代科学の基礎をきずいたのが，イタリアの偉大な数学者ガリレオ・ガリレイです．イタリアのピサの貧しい織物商人の家に生まれたガリレオは，ピサ大学で医学を学びましたが，ユークリッドの『原本』に魅せられて，医学部を退学して，数学の道を選んだのです．ガリレオは医学生だったときすでに，振子の周期が一定であることを利用して，脈拍計（みゃくはく）を発明しています．

　1589 年，ガリレオはピサ大学の数学講師になりましたが，その頃，物体の落下速度が，重さには無関係で，高さだけによって決まってくるという法則を実験によって明らかにしたのです．ピサの斜塔から重さの違う弾丸を落として，落下時間が一定であることを示したといわれています．しかし，ガリレオは，この実験によって，当時権勢を誇っていたスコラ学派の学者たちからきびしい批判と非難を受けることになってしまったのです．スコラ学派の学者たちは，物体の落下速度は重さに比例するというアリストテレスの考え方を信じていて，ガリレオの考え方を異端として排斥（はいせき）したからです．ピサ大学を追われたガリレオはしばらく両親の家に帰っていましたが，1592 年，ヴェネツィア共和国のパドヴァ大学の数学教授に任命されました．ガリレオはパドヴァ大学に 18 年間いることになりますが，イタリアだけでなく，ヨーロッパ

各地から大ぜいの学生がガリレオを慕ってパドヴァ大学に集まってきたといわれています．当時ヴェネツィア共和国は，ヨーロッパでもっともリベラルで，進歩的な国の1つでしたので，ガリレオはパドヴァ大学にいたとき，数多くのすばらしい業績をあげることができました．真空中の物体が落下するときの加速度は一定であることを示したり，摩擦のない水平面上の物体の速度は一定であるという「慣性の法則」を発見したり，物体を真空中で放り上げたときの軌跡は放物線となることを発見しました．1609年には，オランダの数学者ホイヘンスのつくった望遠鏡をさらに改良して，木星の衛星，月の山，谷，太陽の黒点を発見したりして，地動説が正しいという確信をもつようになりました．ケプラーが，火星について第1，第2法則を発見したのと同じ年です．

　1610年，ガリレオは，フィレンツェ公国に招かれて，宮廷付き第一数学者となり，同時にピサ大学の数学教授に任命されました．しかし，ガリレオの地動説は，いぜんとして天動説を信ずるローマ法皇庁からきびしい非難と批判を受けました．1616年には，ローマ法皇庁は，ガリレオに対して，地動説を教えたり，主張を公にすることを正式に禁止するという処分をしました．しかし，ガリレオは志を捨てず，地動説にかんする論考を書き，1632年，『天文学対話』を公刊することができたのです．ところが，教会当局の検閲を経ていたにもかかわらず，ガリレオは宗教裁判にかけられ，地動説を捨てるという誓約を強制され，何年もの間，牢獄に入れられました．ガリレオが，牢獄のなかで，「それでも，地球はまわっている」とつぶやいたという有名なエピソードが残っています．

　ガリレオは罪を許されて，釈放されたのちも，死ぬまでフィレンツェ郊外の自宅に軟禁されました．しかし，ガリレオは数学の研究をつづけ，1638年には，監視の目をくぐってオランダの書店から『新科学対話』を出版しました．1642年，ガリレオは78歳で，その波乱に富んだ，偉大な生涯を終えましたが，教会当局は，お葬式を出すことも，お墓をつくることも許さなかったのです．

　ケプラーとガリレオはともに，社会的偏見にとらわれず，

宗教的権威に屈することなく，ものごとを科学的に観察し，理性的に分析して，自然現象を支配している法則を明らかにするために，その一生を捧げました．ケプラー，ガリレオたちが生命を賭してまもった近代科学の萌芽は，やがて大きく成長し，みごとに花ひらくことになったのです．

❖ 第1章　アルキメデスの定理

問題1　辺 AB の中点を C とすれば，円 C の半径

は $r=\dfrac{a}{2}$ だから

$$[花びら AO の半分]$$
$$= [円 C の扇形 CAOC] - [\triangle CAO]$$
$$= \frac{1}{4}\pi r^2 - \frac{1}{2}r^2 = \frac{1}{8}\left(\frac{\pi}{2}-1\right)a^2$$

4つの花びらの面積は，

$$4 \times 2 \times \frac{1}{8}\left(\frac{\pi}{2}-1\right)a^2 = \left(\frac{\pi}{2}-1\right)a^2$$

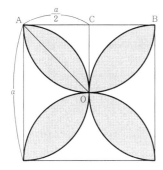

図-解答 1-1

問題2　正六角形のとなり合った2頂点 A, B と円
の中心 O にかこまれた正三角形 △ABO の面積は
$\dfrac{1}{2}\times r\times\dfrac{\sqrt{3}}{2}r=\dfrac{\sqrt{3}}{4}r^2$．一方，扇形 ABOA の面積は

$\dfrac{1}{6}\pi r^2$．1つの花びらの半分の面積は，

$$\frac{1}{6}\times\pi r^2 - \frac{\sqrt{3}}{4}r^2 = \left(\frac{1}{6}\pi - \frac{\sqrt{3}}{4}\right)r^2$$

6つの花びらの面積は，

$$12\times\left(\frac{1}{6}\pi - \frac{\sqrt{3}}{4}\right)r^2 = (2\pi - 3\sqrt{3})r^2$$

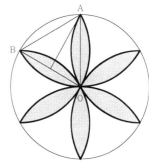

図-解答 1-2

問題3　円 A が円 O と交わる2つの点を B, C とす
れば，$\overline{\text{OB}}=\overline{\text{OC}}=r$，$\angle\text{BOC}=120°$．下図で [円 O
の弓形 ABCA] = [円 O の扇形 ABOCA] - [△BOC]

$$= \frac{1}{3}\times\pi r^2 - \frac{1}{2}r\times\frac{\sqrt{3}}{2}r = \left(\frac{1}{3}-\frac{\sqrt{3}}{4}\right)r^2.$$

$$[凸レンズ状の図形] = 2\times[円 O の弓形 ABCA]$$
$$= \left(\frac{2}{3}\pi - \frac{\sqrt{3}}{2}\right)r^2$$

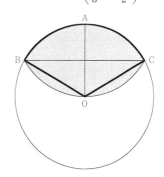

図-解答 1-3

問題4　AB と OO′ の交点を C とおけば，$\angle\text{ACO}$
$= \angle\text{ACO}' = 90°$，$\angle\text{AOC}=60°$，$\angle\text{AO}'\text{C}=30°$．O′
の半径を r' とおけば，

$$\overline{\text{AC}} = \frac{\sqrt{3}}{2}r = \frac{1}{2}r' \quad\Rightarrow\quad r' = \sqrt{3}\,r$$

$$[円 O の弓形 ACBA]$$
$$= [円 O の扇形 AOBA] - [\triangle AOB]$$

$$= \frac{1}{3} \times \pi r^2 - \frac{1}{2} r \times \frac{\sqrt{3}}{2} r = \left(\frac{\pi}{3} - \frac{\sqrt{3}}{4} \right) r^2$$

[円 O′ の弓形 ABCA]

$$= [円 O′ の扇形 ABO′A] - [\triangle ABO′]$$

$$= \frac{1}{6} \times \pi r'^2 - \frac{\sqrt{3}}{2} r' \times \frac{1}{2} r' = \left(\frac{\pi}{6} - \frac{\sqrt{3}}{4} \right) r'^2$$

$$= \left(\frac{\pi}{2} - \frac{3\sqrt{3}}{4} \right) r^2$$

[凸レンズ状の図形]

$$= [円 O の弓形 ACBA] + [円 O′ の弓形 ABCA]$$

$$= \left(\frac{5}{6} \pi - \sqrt{3} \right) r^2$$

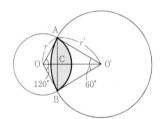

図-解答 1-4

問題 5 OO′ の延長が円 O と交わる点を A とし，O′ から 4 分円 O の 1 つの半径に下ろした垂線の足を B とすれば，$\overline{O'A} = \overline{O'B}$，$\angle O'OB = 45°$，$\overline{OA} = r$. 円 O′ の半径の長さを r' とおけば，

$$\overline{OO'} = \sqrt{2} \times \overline{O'B} = \sqrt{2} r'$$

$$r = \overline{OA} = \overline{OO'} + \overline{O'A} = (\sqrt{2} + 1) r'$$

$$\Rightarrow r' = \frac{1}{\sqrt{2} + 1} r = \frac{(\sqrt{2} - 1)}{(\sqrt{2} + 1)(\sqrt{2} - 1)} r$$

$$= (\sqrt{2} - 1) r$$

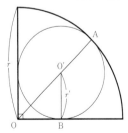

図-解答 1-5

問題 6 $a = \overline{BC}$，$b = \overline{CA}$，$c = \overline{AB}$ とおけば，$\triangle ABC$ は直角三角形だから

$$c^2 = a^2 + b^2$$

BC, CA, AB を直径とする 3 つの半円の面積は

$$\frac{\pi}{2} \left(\frac{a}{2} \right)^2, \frac{\pi}{2} \left(\frac{b}{2} \right)^2, \frac{\pi}{2} \left(\frac{c}{2} \right)^2 \text{ だから}$$

[2 つの三日月形の面積の和]

$$= [\triangle ABC] + [BC \text{ を直径とする半円}]$$
$$+ [CA \text{ を直径とする半円}]$$
$$- [AB \text{ を直径とする半円}]$$

$$= [\triangle ABC] + \left\{ \frac{\pi}{2} \left(\frac{a}{2} \right)^2 + \frac{\pi}{2} \left(\frac{b}{2} \right)^2 - \frac{\pi}{2} \left(\frac{c}{2} \right)^2 \right\}$$

$$= [\triangle ABC]$$

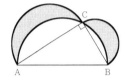

図-解答 1-6

問題 7 $\triangle ABC$ の傍心 I_A から各辺 BC, CA, AB またはその延長に下ろした垂線の足を D, E, F とすれば

$$\overline{I_A D} = \overline{I_A E} = \overline{I_A F} = r_A$$

$\overline{AF} = \overline{AE} = x$，$\overline{BF} = \overline{BD} = y$，$\overline{CD} = \overline{CE} = z$ とおけば

$$a = \overline{BC} = y + z, \quad b = \overline{CA} = x - z,$$
$$c = \overline{AB} = x - y$$

$$a + b + c = 2x \Rightarrow x = s, y = s - c, z = s - b$$

$$S = \overline{AE} \times \overline{I_A E} - \overline{BD} \times \overline{I_A D} - \overline{CD} \times \overline{I_A D} = (s - a) r_A$$

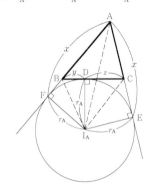

図-解答 1-7

問題 8 $\triangle ABC$ の内接円 I から各辺 BC, CA, AB に下ろした垂線の足を D, E, F とすれば

$$\overline{ID} = \overline{IE} = \overline{IF} = r$$

$$S = \frac{1}{2} \left\{ (\overline{BC} \times \overline{ID} + \overline{CA} \times \overline{IE} + \overline{AB} \times \overline{IF}) \right\}$$

$$= \frac{1}{2} (a + b + c) r = sr$$

△ABC の外心を O とし，AOA′ を外接円の直径と
すれば，△ABA′ は直角三角形となる．A から辺
BC に下ろした垂線の足を H とすれば，△ABA′，
△AHC について

$$\angle ABA' = \angle AHC = 90°,\quad \angle AA'B = \angle ACH$$

$$\Rightarrow\quad \triangle ABA' \backsim \triangle AHC$$

したがって，$\overline{AB}:\overline{AH}=\overline{AA'}:\overline{AC}\Rightarrow\overline{AH}\times\overline{AA'}=$
$\overline{AB}\times\overline{AC}\Rightarrow\overline{AH}=\dfrac{bc}{2R}$.

$$S = \frac{1}{2}\overline{AH}\times\overline{BC} = \frac{abc}{4R}$$

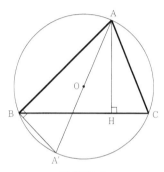

図-解答 1-8

問題 9 AI の延長が外接円 O と交わる点を A′ とし，
A′O の延長が外接円 O と交わる点を D とする．内
心 I から辺 CA に下ろした垂線の足を H とすれば，
△DBA′，△AHI について

$$\angle DBA' = \angle AHI = 90°,$$

$$\angle BDA' = \angle BAA' = \angle HAI$$

$$\Rightarrow\quad \triangle DBA' \backsim \triangle AHI$$

したがって，$\overline{A'D}:\overline{IA}=\overline{BA'}:\overline{HI}\Rightarrow\overline{IA}\times\overline{BA'}=\overline{A'D}$
$\times\overline{HI}=2Rr$.　一方，$\angle IBA'=\angle IBC+\angle CBA'=$
$\angle ABI+\angle BAA'=\angle BIA'$.　したがって，△IBA′ は
二等辺三角形となり，$\overline{IA'}=\overline{BA'}$.

$$\overline{IA}\times\overline{IA'} = \overline{IA}\times\overline{BA'} = \overline{A'D}\times\overline{HI} = 2Rr$$

線分 OI を通る直径を EOE′ とすれば，方ベキの定
理を使って，$\overline{IA}\times\overline{IA'}=\overline{IE}\times\overline{IE'}$.　また，$\overline{IE}\times\overline{IE'}=$
$(\overline{OE}+\overline{OI})\times(\overline{OE'}-\overline{OI})=\overline{OE}\times\overline{OE'}-\overline{OI}^2=R^2-\overline{OI}^2$.
したがって，$2Rr=R^2-\overline{OI}^2\Rightarrow\overline{OI}^2=R^2-2Rr$.

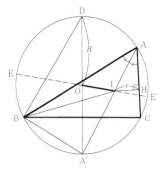

図-解答 1-9

問題 10 プトレマイオスの定理［第 2 巻『図形を考
える一幾何』第 4 章問題 II-14］によって，$\overline{AC}\times\overline{BD}$
$=\overline{AB}\times\overline{CD}+\overline{BC}\times\overline{DA}=ac+bx$.　△ABD，△ACD
はともに直角三角形だから，ピタゴラスの定理によ
って

$$\overline{AC} = \sqrt{\overline{DA}^2-\overline{CD}^2} = \sqrt{x^2-c^2},$$

$$\overline{BD} = \sqrt{\overline{DA}^2-\overline{AB}^2} = \sqrt{x^2-a^2}$$

$$\sqrt{x^2-c^2}\sqrt{x^2-a^2} = ac+bx$$

両辺を自乗して，整理すれば，求める方程式となる．

問題 11 $\overline{BE}=\overline{CE}=d$，$\overline{BD}=x$，$\overline{CD}=y$ とおけば，
$x+y=a$.　△ABD，△CED を比較して，$\angle BAD=$
$\angle ECD$，$\angle ADB=\angle CDE$.　したがって，△ABD∽
△CED$\Rightarrow c:d=x:q\Rightarrow xd=cq$.　同じように，
△ACD∽△BED$\Rightarrow b:d=y:q\Rightarrow yd=bq$.

$$xd+yd = cq+bq \quad\Rightarrow\quad ad = (b+c)q$$

$$\Rightarrow\quad \frac{d}{q} = \frac{b+c}{a}$$

また，△ABE，△BDE を比較して，$\angle BAE=$
$\angle DBE$，$\angle AEB=\angle BED$.　したがって，△ABE∽
△BDE$\Rightarrow c:x=p:d\Rightarrow xp=cd$.　同じように，
△AEC∽△CED$\Rightarrow b:y=p:d\Rightarrow yp=bd$.

$$xp+yp = cd+bd \quad\Rightarrow\quad ap = (b+c)d$$

$$\Rightarrow\quad \frac{p}{d} = \frac{b+c}{a}$$

したがって，$\dfrac{p}{q}=\dfrac{d}{q}\,\dfrac{p}{d}=\left(\dfrac{b+c}{a}\right)^2$.

問題 12 三角形△ABD と直線 FQC について，メ
ネラウスの定理［第 2 巻『図形を考える一幾何』第
4 章問題 I-4］を適用すれば，$\dfrac{\overline{AF}}{\overline{BF}}\times\dfrac{\overline{BC}}{\overline{DC}}\times\dfrac{\overline{DQ}}{\overline{AQ}}=1$.

$$\frac{\overline{AF}}{\overline{BF}} = 3,\quad \frac{\overline{BC}}{\overline{DC}} = 4 \quad\Rightarrow\quad \frac{\overline{DQ}}{\overline{AQ}} = \frac{1}{12}$$

$$\Rightarrow \quad \overline{AQ} = \frac{12}{13}\overline{AD}$$

したがって,

$$[\triangle CAQ] = \frac{12}{13} \times [\triangle ADC] = \frac{12}{13} \times \frac{1}{4} \times [\triangle ABC]$$

$$= \frac{3}{13} \times [\triangle ABC]$$

$$[\triangle ABR] = [\triangle BCP] = \frac{3}{13} \times [\triangle ABC]$$

$$[\triangle PQR]$$

$$= [\triangle ABC] - ([\triangle CAQ] + [\triangle ABR] + [\triangle BCP])$$

$$= \left(1 - 3 \times \frac{3}{13}\right)[\triangle ABC] = \frac{4}{13} \times [\triangle ABC]$$

❖ 第2章　バビロンの問題とグノモンの定理

問題1　与えられた線分 AB の長さを a とし,バビロニア人の方法によってつぎの長さ x を作図する.

$$\overline{AB} = a, \qquad x = \frac{\sqrt{5}-1}{2}a$$

線分 AB を底辺として,3つの辺の長さがそれぞれ a, x, x となるような二等辺三角形 $\triangle D'AB$ をつくり,その底角の大きさを α とする.

$$\overline{D'A} = \overline{D'B} = x = \frac{\sqrt{5}-1}{2}a,$$

$$\alpha = \angle D'AB = \angle D'BA$$

AD′, BD′ を延長して,$\overline{D'C} = \overline{D'E} = a$ となるような点 C, E をとる.また,D′C 上に,$\overline{AE'} = a$ となるような点 E′ をとって,BE′ の延長上に,$\overline{E'D} = a$ となるような点 D をとる.五角形 ABCDE が求める正五角形となる.

問題2　与えられた線分を AC とし,つぎの長さ a を作図する.

$$a = \frac{\sqrt{5}-1}{2}\overline{AC}$$

線分 AC を底辺として,等辺の長さが a となるような二等辺三角形 $\triangle ABC$ をつくれば,AB が求める正五角形の1辺となる.問題1の作図をそのまま使えばよい.

問題3　線分 AB の長さを a とおき,AP の長さを x とすれば

$$x^2 = 2(a-x)a \quad \Rightarrow \quad x^2 + 2ax - 2a^2 = 0$$
$$\Rightarrow \quad x = (\sqrt{3}-1)a$$

線分 AB を A をこえて等しい長さだけ延長した点を C とし,C で AC に立てた垂直な直線と A を中心として半径 $2a$ の円との交点を D とすれば

$$\overline{AC} = \overline{AB} = a, \qquad \overline{AD} = 2a, \qquad \overline{CD} = \sqrt{3}\,a$$

C を中心とする半径 CD の円と線分 AB との交点を P とすれば,P が求める点である.

$$\overline{AP} = (\sqrt{3}-1)a$$

問題4　長さ $a+b$ の線分 AC をえがき,$\overline{AB} = a$,$\overline{BC} = b$ となるような点 B をとり,BC を1辺とする正方形 □BCDE をえがき,E で AE に立てた垂線が BC またはその延長と交わる点を P とすれば,$x = \overline{BP}$ が求める解である.

問題5

(i)
$$(ax)^2 - b(ax) + ac = 0$$
$$ax = \frac{b}{2} \pm \sqrt{\left(\frac{b}{2}\right)^2 - d^2} \qquad (d^2 = ac)$$

$d^2 = ac$ をみたすような正数 d を作図によって求める.上の方程式を $z = ax$ にかんする二次方程式と考えて,z を作図によって求め,$z = ax$ を x について解けばよい.

(ii)
$$(ax)^2 + b(ax) - ac = 0$$
$$ax = \sqrt{\left(\frac{b}{2}\right)^2 + d^2} - \frac{b}{2} \qquad (d^2 = ac)$$

長さが $\frac{b}{2}$ の線分 AB を引き,端点 B で長さ d の垂線 PB を立て,線分 AP 上に

$$\overline{AQ} = \overline{AB} = \frac{b}{2}$$

となるような点 Q をとれば,$\overline{PQ} = ax$ となる.(i)と同じようにして x を求める.

(iii)
$$(ax)^2 - b(ax) - ac = 0$$
$$ax = \sqrt{\left(\frac{b}{2}\right)^2 + d^2} + \frac{b}{2} \qquad (d^2 = ac)$$

長さが $\frac{b}{2}$ の線分 AB を引き,端点 B で長さ d の垂線 PB を立て,線分 AP の A をこえた延長上に,

$$\overline{AQ} = \overline{AB} = \frac{b}{2}$$

となるような点 Q をとれば,$\overline{PQ} = ax$.(i)と同じようにして x を求める.

問題6　[以下の解答は,解き方のすじ道を見ていただくためのものです.途中の計算にはとてもむずかしいところがあるので,実際に計算できなくても

かまいません.〕ある数を x とおいて，60 進法の表現を用いてあらわすと

$$x+\frac{1}{x} = 2+\frac{33}{60^3}+\frac{20}{60^4} = 2\,;\,0,\,0,\,33,\,20$$

$$\left(x+\frac{1}{x}\right)^2 = 4\,;\,0,\,2,\,13,\,20,\,18,\,31,\,6,\,40$$

$$\left(x-\frac{1}{x}\right)^2 = \left(x+\frac{1}{x}\right)^2-4$$

$$= 0\,;\,0,\,2,\,13,\,20,\,18,\,31,\,6,\,40$$

$x>1$ とすれば

$$x-\frac{1}{x} = \sqrt{\left(x-\frac{1}{x}\right)^2} = 0\,;\,1,\,29,\,26,\,40$$

$$x = \frac{1}{2}\left\{\left(x+\frac{1}{x}\right)+\left(x-\frac{1}{x}\right)\right\} = \frac{1}{2}\times(2\,;\,1,\,30)$$

$$= 1\,;\,0,\,45$$

$$\frac{1}{x} = \frac{1}{2}\left\{\left(x+\frac{1}{x}\right)-\left(x-\frac{1}{x}\right)\right\}$$

$$= \frac{1}{2}\times(1\,;\,58,\,31,\,6,\,40)$$

$$= 0\,;\,59,\,15,\,33,\,20$$

$$x = 1\,;\,0,\,45 = 1+\frac{45}{60^2},$$

$$\frac{1}{x} = 0\,;\,59,\,15,\,33,\,20 = \frac{59}{60}+\frac{15}{60^2}+\frac{33}{60^3}+\frac{20}{60^4}$$

$x<1$ とすれば，同様に計算して

$$x = 0\,;\,59,\,15,\,33,\,20 = \frac{59}{60}+\frac{15}{60^2}+\frac{33}{60^3}+\frac{20}{60^4},$$

$$\frac{1}{x} = 1\,;\,0,\,45 = 1+\frac{45}{60^2}$$

❖ 第 3 章　複素数

問題 1　A, B, C, D, P, Q, R, S に対応する複素数をそれぞれ a, b, c, d, p, q, r, s とおけば

$$p = \frac{a+b}{2},\quad q = \frac{b+c}{2},\quad r = \frac{c+d}{2},\quad s = \frac{d+a}{2}$$

$$p-q = \frac{a+b}{2}-\frac{b+c}{2} = \frac{a-c}{2}$$

$$s-r = \frac{d+a}{2}-\frac{c+d}{2} = \frac{a-c}{2}$$

ゆえに，四角形 □PQRS は平行四辺形となる.

問題 2　問題 1 と同じ記号を使う. L, M, N に対応する複素数を l, m, n とおけば

$$p = \frac{a+b}{2},\quad r = \frac{c+d}{2},\quad l = \frac{a+c}{2},\quad m = \frac{b+d}{2}$$

問題 1 の結果から，四角形 □PQRS は平行四辺形なので，

$$n = \frac{p+r}{2} = \frac{1}{2}\left\{\frac{a+b}{2}+\frac{c+d}{2}\right\}$$

$$= \frac{1}{2}\left\{\frac{a+c}{2}+\frac{b+d}{2}\right\} = \frac{l+m}{2}$$

ゆえに，n は線分 LM の中点であり，l, m, n は一直線上にある.

問題 3　長方形 □ABCD の底辺 BC の中点 O を原点として，直線 BC を実軸にとる.

$$\overline{\text{OB}} = \overline{\text{OC}} = a,\qquad \overline{\text{AB}} = \overline{\text{DC}} = b$$

とおけば，A, B, C, D の複素数表現はつぎのようになる.

A: $-a+ib$,　　B: $-a$,　　C: a,　　D: $a+ib$

任意の点 P の複素数表現を $z = x+iy$ とすれば

$$\overline{\text{PA}}^2+\overline{\text{PC}}^2 = |(x+a)+i(y-b)|^2+|(x-a)+iy|^2$$

$$= \{(x+a)^2+(y-b)^2\}+\{(x-a)^2+y^2\}$$

$$\overline{\text{PB}}^2+\overline{\text{PD}}^2 = |(x+a)+iy|^2+|(x-a)+i(y-b)|^2$$

$$= \{(x+a)^2+y^2\}+\{(x-a)^2+(y-b)^2\}$$

ゆえに，

$$\overline{\text{PA}}^2+\overline{\text{PC}}^2 = \overline{\text{PB}}^2+\overline{\text{PD}}^2$$

図-解答 3-3

問題 4　△ABC の底辺 BC の中点 O を原点として，直線 BC を実軸にとり，$\overline{\text{OB}} = \overline{\text{OC}} = c$ とし，△ABC の頂点 A の複素数表現を，A: $a+ib$, B: $-c$, C: c とすれば，重心 G の複素数は，

$$g = \frac{1}{3}\{(a+ib)+(-c)+c\} = \frac{a}{3}+i\frac{b}{3}$$

$$\overline{\text{BC}} = |c-(-c)| = |2c|,\qquad \overline{\text{CA}} = |(a-c)+ib|,$$

$$\overline{\text{AB}} = |(a+c)+ib|$$

$$\overline{\mathrm{AG}} = |g-(a+ib)| = \left|-\frac{2a}{3}-i\frac{2b}{3}\right|,$$

$$\overline{\mathrm{BG}} = |g-(-c)| = \left|\left(\frac{a}{3}+c\right)+i\frac{b}{3}\right|,$$

$$\overline{\mathrm{CG}} = |g-c| = \left|\left(\frac{a}{3}-c\right)+i\frac{b}{3}\right|$$

$$\overline{\mathrm{BC}}^2+3\overline{\mathrm{AG}}^2 = |2c|^2+3\left|-\frac{2a}{3}-i\frac{2b}{3}\right|^2$$
$$= \frac{4a^2}{3}+\frac{4b^2}{3}+4c^2,$$

$$\overline{\mathrm{CA}}^2+3\overline{\mathrm{BG}}^2 = |(a-c)+ib|^2+3\left|\left(\frac{a}{3}+c\right)+i\frac{b}{3}\right|^2$$
$$= \frac{4a^2}{3}+\frac{4b^2}{3}+4c^2,$$

$$\overline{\mathrm{AB}}^2+3\overline{\mathrm{CG}}^2 = |(a+c)+ib|^2+3\left|\left(\frac{a}{3}-c\right)+i\frac{b}{3}\right|^2$$
$$= \frac{4a^2}{3}+\frac{4b^2}{3}+4c^2$$

$$\overline{\mathrm{BC}}^2+3\overline{\mathrm{AG}}^2 = \overline{\mathrm{CA}}^2+3\overline{\mathrm{BG}}^2 = \overline{\mathrm{AB}}^2+3\overline{\mathrm{CG}}^2$$

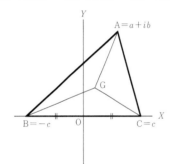

図-解答 3-4

問題 5 円の中心 O を原点として，直線 OA を実軸にとり，円 O の半径が 1 となるようにガウス平面をとる．A の複素数表現を a とすれば，a は実数となる．PQ は AO と平行だから，P, Q の複素数表現はそれぞれ

$$z = x+iy, \quad w = u+iy \qquad (x, y, u \text{ は実数})$$

P, Q はともに円 O 上にあるから

$$x^2+y^2 = u^2+y^2 = 1, \ x \neq u \ \Rightarrow \ x+u = 0$$
$$\overline{\mathrm{PA}}^2+\overline{\mathrm{QA}}^2 = |z-a|^2+|w-a|^2$$
$$= \{(x-a)^2+y^2\} + \{(u-a)^2+y^2\}$$
$$= 2(1+a^2)$$

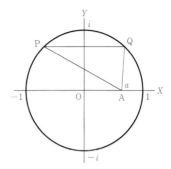

図-解答 3-5

問題 6 線分 AB の中点 O を原点として，直線 AB を実軸にとり，A, B の複素数表現を $-a, a$ とすれば，a は実数となり，$\bar{a}=a$．P の複素数表現を $z=x+iy$ とおけば

$$\overline{\mathrm{PA}}^2-\overline{\mathrm{PB}}^2 = |z+a|^2-|z-a|^2$$
$$= (z+a)(\bar{z}+a)-(z-a)(\bar{z}-a)$$
$$= 2a(z+\bar{z}) = 4ax$$

$$\overline{\mathrm{PA}}^2-\overline{\mathrm{PB}}^2 = k^2 \ \Rightarrow \ x = \frac{k^2}{4a}$$

求める軌跡は，$z=\dfrac{k^2}{4a}+iy$，y は任意の実数，すなわち線分 AB に垂直な直線となる．

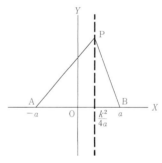

図-解答 3-6

問題 7 問題 6 と同じ記号を使う．

$$2\overline{\mathrm{PA}}^2+\overline{\mathrm{PB}}^2 = 2|z+a|^2+|z-a|^2$$
$$= 2(z+a)(\bar{z}+a)+(z-a)(\bar{z}-a)$$
$$= 3z\bar{z}+(az+a\bar{z})+3a^2$$
$$= 3\left\{z\bar{z}+\frac{1}{3}(az+a\bar{z})+a^2\right\}$$

$$2\overline{\mathrm{PA}}^2+\overline{\mathrm{PB}}^2 = k^2$$

$$\Rightarrow \ \left(z+\frac{a}{3}\right)\left(\bar{z}+\frac{\bar{a}}{3}\right) = \frac{1}{3}k^2-\frac{8}{9}a^2$$

求める軌跡は線分 AB 上の点 $-\dfrac{a}{3}$ を中心とする半

径 $\sqrt{\dfrac{1}{3}k^2-\dfrac{8}{9}a^2}$ の円となる.

問題 8 円 O の中心を原点,直線 OA を実軸にとり,
円 O の半径が 1 となるようにガウス平面をとる.
A, P の複素数表現を a, z とすれば,a は実数となる.

$$\overline{PA}=\overline{PQ} \Rightarrow \overline{PA}^2=\overline{PQ}^2=\overline{OP}^2-\overline{OQ}^2$$
$$\Rightarrow (z-a)(\bar{z}-a)=z\bar{z}-1$$
$$\Rightarrow (z+\bar{z})a=a^2-1$$

このとき $z=x+iy$ (x, y は実数)とおくと,

$$x=\frac{a^2-1}{2a}$$

求める軌跡は線分 AO に垂直な直線となる.

❖ **第 4 章 第 1 節 二次関数を考える**

問題 1 $t=ax+by$ とおけば,$y=\dfrac{1}{b}t-\dfrac{a}{b}x$. 条件式
$x^2+y^2=r^2$ に代入して,整理すれば

$$x^2+\left(\frac{1}{b}t-\frac{a}{b}x\right)^2=r^2$$
$$(a^2+b^2)x^2-2atx+t^2-b^2r^2=0$$

この二次方程式が実根をもつための必要,十分条件
は

$$\frac{D}{4}=a^2t^2-(a^2+b^2)(t^2-b^2r^2)\geqq 0$$
$$\Rightarrow (a^2+b^2)b^2r^2-b^2t^2\geqq 0$$
$$\Rightarrow (t-\sqrt{a^2+b^2}r)(t+\sqrt{a^2+b^2}r)\leqq 0$$
$$\Rightarrow -\sqrt{a^2+b^2}r\leqq t\leqq \sqrt{a^2+b^2}r$$

$t=ax+by$ の最大値は $t=\sqrt{a^2+b^2}r$,$x=\dfrac{a}{\sqrt{a^2+b^2}}r$,

$y=\dfrac{b}{\sqrt{a^2+b^2}}r$.$t=ax+by$ の最小値は $t=-\sqrt{a^2+b^2}r$,

$x=-\dfrac{a}{\sqrt{a^2+b^2}}r$,$y=-\dfrac{b}{\sqrt{a^2+b^2}}r$.

問題 2 $t=ax+by$ とおけば,$y=\dfrac{1}{b}t-\dfrac{a}{b}x$. 条件式
$x^2+xy+y^2=1$ に代入して,整理すれば

$$x^2+x\left(\frac{1}{b}t-\frac{a}{b}x\right)+\left(\frac{1}{b}t-\frac{a}{b}x\right)^2=1$$
$$(a^2-ab+b^2)x^2-(2a-b)tx+(t^2-b^2)=0$$

この二次方程式が実根をもつための必要,十分条件

は

$$D=(2a-b)^2t^2-4(a^2-ab+b^2)(t^2-b^2)\geqq 0$$
$$3t^2-4(a^2-ab+b^2)\leqq 0$$
$$\left(t-\frac{2}{\sqrt{3}}\sqrt{a^2-ab+b^2}\right)\left(t+\frac{2}{\sqrt{3}}\sqrt{a^2-ab+b^2}\right)\leqq 0$$
$$-\frac{2}{\sqrt{3}}\sqrt{a^2-ab+b^2}\leqq t\leqq \frac{2}{\sqrt{3}}\sqrt{a^2-ab+b^2}$$

$t=ax+by$ の最大値は,$t=\dfrac{2}{\sqrt{3}}\sqrt{a^2-ab+b^2}$ のとき

$$x=\frac{1}{\sqrt{3}}\frac{2a-b}{\sqrt{a^2-ab+b^2}},\qquad y=\frac{1}{\sqrt{3}}\frac{2b-a}{\sqrt{a^2-ab+b^2}}$$

$t=ax+by$ の最小値は,$t=-\dfrac{2}{\sqrt{3}}\sqrt{a^2-ab+b^2}$ のと

き

$$x=-\frac{1}{\sqrt{3}}\frac{2a-b}{\sqrt{a^2-ab+b^2}},\qquad y=-\frac{1}{\sqrt{3}}\frac{2b-a}{\sqrt{a^2-ab+b^2}}$$

問題 3 $ax+by=1$ を y について解けば,$y=\dfrac{1}{b}-$

$\dfrac{a}{b}x$.$t=x^2+xy+y^2$ とおいて,$y=\dfrac{1}{b}-\dfrac{a}{b}x$ を代入

して整理すれば

$$t=x^2+xy+y^2=x^2+x\left(\frac{1}{b}-\frac{a}{b}x\right)+\left(\frac{1}{b}-\frac{a}{b}x\right)^2$$
$$(a^2-ab+b^2)x^2-(2a-b)x+1-b^2t=0$$

この二次方程式が実根をもつための必要,十分条件
は

$$D=(2a-b)^2-4(a^2-ab+b^2)(1-b^2t)\geqq 0$$
$$4(a^2-ab+b^2)b^2t-3b^2\geqq 0$$
$$\Rightarrow t\geqq \frac{3}{4(a^2-ab+b^2)}$$

$t=x^2+xy+y^2$ の最小値は,$t=\dfrac{3}{4(a^2-ab+b^2)}$ のと

き

$$x=\frac{2a-b}{2(a^2-ab+b^2)},\qquad y=\frac{2b-a}{2(a^2-ab+b^2)}$$

問題 4 $a^2+b^2+c^2-(bc+ca+ab)=t$ とおいて,a
について整理すれば

$$a^2-(b+c)a+b^2-bc+c^2-t=0$$

a の二次方程式と考えて,実根をもつための必要,
十分条件は

$$D=(b+c)^2-4(b^2-bc+c^2-t)\geqq 0$$
$$4t-(3b^2-6bc+3c^2)\geqq 0 \Rightarrow 4t-3(b-c)^2\geqq 0$$

$$\Rightarrow\quad t \geqq \frac{3}{4}(b-c)^2 \geqq 0$$

ゆえに,
$$a^2+b^2+c^2-(bc+ca+ab) = t \geqq 0$$
$t=0$ となるのは, $b=c$ のときで, そのとき, $a=\frac{1}{2}(b+c)=b=c$.

問題 5
$$(a+b+c)\left(\frac{1}{a}+\frac{1}{b}+\frac{1}{c}\right) = t$$

とおけば, $t>0$. a について整理すれば
$$(a+b+c)(bc+ca+ab) = abct$$
$$(b+c)a^2+\{(b+c)^2+bc(1-t)\}a+(b+c)bc = 0$$
a の二次方程式と考えて, 実根をもつための必要, 十分条件は
$$D = \{(b+c)^2+bc(1-t)\}^2-4(b+c)^2bc \geqq 0$$
$$(b+c)^4-2(b+c)^2bc(1+t)+b^2c^2(1-t)^2 \geqq 0$$
$w=\frac{(b+c)^2}{bc}$ とおけば, 57 ページの練習問題(2)より
$$w \geqq 4,\quad w^2-2w(1+t)+(1-t)^2 \geqq 0$$
$$t^2-2(1+w)t+(1-w)^2 \geqq 0$$
$$\{t-(1+w+2\sqrt{w})\}\{t-(1+w-2\sqrt{w})\} \geqq 0$$
上の a についての二次方程式の左辺は, 第 1 項と第 3 項が正なので, 第 2 項は負でなければならない. ゆえに,
$$(b+c)^2+bc(1-t) < 0$$
$$\Rightarrow\quad t > 1+w > 1+w-2\sqrt{w}$$
$$\Rightarrow\quad t \geqq 1+w+2\sqrt{w}$$
$w \geqq 4$ だから, $t \geqq 1+w+2\sqrt{w} \geqq 1+4+2\sqrt{4} = 9$

等号は $w=4$ のとき, すなわち $b=c$ のときにかぎられる. $t=9$, $b=c$ を上の a についての二次方程式に代入すると, $(a-c)^2=0 \Rightarrow a=c$. ゆえに, 等号は $a=b=c$ のときに限る.

問題 6 つぎの不等式を考える. すべての t について
$$(a-tx)^2+(b-ty)^2+(c-tz)^2 \geqq 0$$
t について整理すれば, すべての t について
$$(x^2+y^2+z^2)t^2-2(ax+by+cz)t+(a^2+b^2+c^2)$$
$$\geqq 0$$
左辺$=0$ を t の二次方程式と考えたとき, 判別式が正であってはならない.
$$\frac{D}{4} = (ax+by+cz)^2-(x^2+y^2+z^2)(a^2+b^2+c^2)$$

$$\leqq 0$$
ここで等号が成立するのは, つぎの条件をみたす t が存在する場合にかぎられる.
$$a-tx = b-ty = c-tz = 0$$
$$\Rightarrow\quad a:x = b:y = c:z$$

❖ 第 4 章 第 2 節　二次関数と凸関数, 凹関数

問題 1 つぎの関係が成り立つことを示せばよい.
$$\{(1-t)a+tb\}^3 \leqq (1-t)a^3+tb^3$$
$$(a,b>0,\ 0\leqq t\leqq 1)$$
この不等式の両辺を b^3 で割れば
$$\left\{(1-t)\frac{a}{b}+t\right\}^3 \leqq (1-t)\left(\frac{a}{b}\right)^3+t$$
$$\left(\frac{a}{b}>0,\ 0\leqq t\leqq 1\right)$$

ここで, $\frac{a}{b}$ をあらためて a とおけば, つぎの不等式を証明すればよいことになる.
$$\{(1-t)a+t\}^3 \leqq (1-t)a^3+t$$
$$(a>0,\ 0\leqq t\leqq 1)$$
右辺から左辺を引けば
$$(1-t)a^3+t-\{(1-t)a+t\}^3 \geqq 0$$
$$\{(1-t)-(1-t)^3\}a^3-3(1-t)^2ta^2$$
$$-3(1-t)t^2a+(t-t^3) \geqq 0$$
$t(1-t)$ で割れば
$$(2-t)a^3-3(1-t)a^2-3ta+(1+t) \geqq 0$$
この不等式の左辺は t の一次関数で直線をあらわしている. $t=0$ のとき, 左辺の値は
$$2a^3-3a^2+1 = (a-1)^2(2a+1) \geqq 0$$
$t=1$ のとき, 左辺の値は
$$a^3-3a+2 = (a-1)^2(a+2) \geqq 0$$
したがって, $0\leqq t\leqq 1$ のとき, 上の不等式が成立する.

問題 2 $y=x^4$ は x^2 の凸関数で, x^2 は x の凸関数だから, $a,b>0$, $0\leqq t\leqq 1$ のとき
$$\{(1-t)a^2+tb^2\}^2 \leqq (1-t)a^4+tb^4$$
$$\{(1-t)a+tb\}^2 \leqq (1-t)a^2+tb^2$$
したがって,
$$\{(1-t)a+tb\}^4 \leqq \{(1-t)a^2+tb^2\}^2 \leqq (1-t)a^4+tb^4$$
問題 3 つぎの関係が成り立つことを示せばよい.
$$\sqrt{\{(1-t)a+tb\}^3} \leqq (1-t)\sqrt{a^3}+t\sqrt{b^3}$$
$$(a,b>0,\ 0\leqq t\leqq 1)$$

$b=1$ の場合について，証明すればよい(問題 1 でおこなったのと同様)．$w=\sqrt{a}$ とおけば
$$\sqrt{\{(1-t)w^2+t\}^3} \leqq (1-t)w^3+t$$
自乗すれば
$$\{(1-t)w^2+t\}^3 \leqq (1-t)^2w^6+2t(1-t)w^3+t^2$$
右辺から左辺を引いて，両辺を $t(1-t)$ で割れば
$$(1-t)w^6-3(1-t)w^4+2w^3-3tw^2+t \geqq 0$$
$t=0$ のとき，左辺は
$$w^6-3w^4+2w^3 = w^3(w-1)^2(w+2) \geqq 0$$
$t=1$ のとき，左辺は
$$2w^3-3w^2+1 = (w-1)^2(2w+1) \geqq 0$$
$0 \leqq t \leqq 1$ のとき，上の不等式が成り立つことがわかる．

問題 4 つぎの関係が成り立つことを示せばよい．
$$\sqrt[3]{(1-t)a+tb} \geqq (1-t)\sqrt[3]{a}+t\sqrt[3]{b}$$
$$(a,\,b>0,\quad 0 \leqq t \leqq 1)$$
$b=1$ の場合に証明すればよい．$w=\sqrt[3]{a}$ とおけば
$$\sqrt[3]{(1-t)w^3+t} \geqq (1-t)w+t$$
$$(1-t)w^3+t \geqq \{(1-t)w+t\}^3$$
左辺から右辺を引いて，両辺を $t(1-t)$ で割れば
$$(2-t)w^3-3(1-t)w^2-3tw+(1+t) \geqq 0$$
$t=0$ のとき，左辺は
$$2w^3-3w^2+1 = (w-1)^2(2w+1) \geqq 0$$
$t=1$ のとき，左辺は
$$w^3-3w+2 = (w-1)^2(w+2) \geqq 0$$
したがって，$0 \leqq t \leqq 1$ のとき，上の不等式が成り立つことがわかる．

問題 5 つぎの関係が成り立つことを示せばよい．
$$\sqrt[3]{\{(1-t)a+tb\}^2} \geqq (1-t)\sqrt[3]{a^2}+t\sqrt[3]{b^2}$$
$$(a,\,b>0,\quad 0 \leqq t \leqq 1)$$
$b=1$，$a=w^3$ とおいて，整理すれば
$$\sqrt[3]{\{(1-t)w^3+t\}^2} \geqq (1-t)w^2+t$$
$$\{(1-t)w^3+t\}^2 \geqq \{(1-t)w^2+t\}^3$$
左辺から右辺を引いて，両辺を $t(1-t)$ で割れば
$$(1-t)w^6-3(1-t)w^4+2w^3-3tw^2+t \geqq 0$$
$t=0$ のとき，左辺は
$$w^6-3w^4+2w^3 = w^3(w-1)^2(w+2) \geqq 0$$
$t=1$ のとき，左辺は
$$2w^3-3w^2+1 = (w-1)^2(2w+1) \geqq 0$$
したがって，$0 \leqq t \leqq 1$ のとき，上の不等式が成り立つことがわかる．

問題 6 $y=x^{\frac{1}{4}}=\sqrt{x^{\frac{1}{2}}}$ は $x^{\frac{1}{2}}=\sqrt{x}$ の凹関数で，$x^{\frac{1}{2}}$ は x の凹関数だから

$$\left\{(1-t)a^{\frac{1}{2}}+tb^{\frac{1}{2}}\right\}^{\frac{1}{2}} \geqq (1-t)a^{\frac{1}{4}}+tb^{\frac{1}{4}}$$
$$\{(1-t)a+tb\}^{\frac{1}{2}} \geqq (1-t)a^{\frac{1}{2}}+tb^{\frac{1}{2}}$$
$$\{(1-t)a+tb\}^{\frac{1}{4}} \geqq \left\{(1-t)a^{\frac{1}{2}}+tb^{\frac{1}{2}}\right\}^{\frac{1}{2}}$$
$$\geqq (1-t)a^{\frac{1}{4}}+tb^{\frac{1}{4}}$$

❖ 第 5 章　二次関数と放物線

問題 1 準線の方程式，焦点がつぎのようにあらわされるとする．
$$\ell : x = -c, \qquad F = (c, 0)$$
$y=\sqrt{4ax}$ 上の任意の点 $P=\left(\dfrac{1}{4a}y^2, y\right)$ をとれば
$$\overline{PF} = \sqrt{\left(\dfrac{1}{4a}y^2-c\right)^2+y^2}, \qquad \overline{PH} = \dfrac{1}{4a}y^2+c$$
$\overline{PF}=\overline{PH}$ とすれば，
$$\left(\dfrac{1}{4a}y^2-c\right)^2+y^2 = \left(\dfrac{1}{4a}y^2+c\right)^2 \ \Rightarrow \ c=a$$
したがって，準線の方程式，焦点は
$$\ell : x = -a, \qquad F = (a, 0)$$
放物線上の点 $P=\left(\dfrac{1}{4a}y^2, y\right)$ における接線の勾配 $\dfrac{2a}{y}$ が m に等しくなるとすれば
$$m = \dfrac{2a}{y} \ \Rightarrow \ y = \dfrac{2a}{m}, \ x = \dfrac{a}{m^2}$$

問題 2 放物線の方程式を $y^2=4x$ としてよい．$A=(p_0, q_0)$，$B=(p_1, q_1)$，$P=(p, q)$，$t=\overline{AP}:\overline{AB}=\overline{AQ}:\overline{AC}$ とおけば
$$p = (1-t)p_0+tp_1, \qquad q = (1-t)q_0+tq_1$$
$$(0 \leqq t \leqq 1)$$
接線 AC の方程式は
$$y = \dfrac{2}{q_0}x+\dfrac{q_0}{2} \ \Rightarrow \ x = \dfrac{q_0}{2}y-\dfrac{q_0^2}{4} = \dfrac{q_0}{2}y-p_0$$
$p_0=\dfrac{q_0^2}{4}$，$p_1=\dfrac{q_1^2}{4}$ より
$$\overline{QR} = \dfrac{1}{4}\{(1-t)q_0+tq_1\}^2 - \left[\dfrac{q_0}{2}\{(1-t)q_0+tq_1\}-p_0\right]$$
$$= \dfrac{t^2}{4}(q_1-q_0)^2$$
$$\overline{RP} = \{(1-t)p_0+tp_1\}-\dfrac{1}{4}\{(1-t)q_0+tq_1\}^2$$

$$= \frac{(1-t)t}{4}(q_1-q_0)^2$$

$$\overline{QR} : \overline{RP} = \frac{t}{1-t} = \overline{AP} : \overline{PB} = \overline{AQ} : \overline{QC}$$

問題3 放物線の接線の接点を (x_1, y_1), (x_2, y_2) とすると，接線の方程式は

$$y_1 y = 2(x+x_1), \qquad y_2 y = 2(x+x_2)$$

これらはいずれも $P=(-1, q)$ を通るから

$$y_1 q = 2(-1+x_1), \qquad y_2 q = 2(-1+x_2)$$

したがって，$q(y_1-y_2)=2(x_1-x_2) \Rightarrow \dfrac{y_1-y_2}{x_1-x_2}=\dfrac{2}{q}$.

2つの接線をむすぶ直線の方程式は，

$$(1) \qquad y-y_1 = \frac{y_1-y_2}{x_1-x_2}(x-x_1)$$

$$\Rightarrow \quad y-y_1 = \frac{2}{q}(x-x_1)$$

これが $F=(1, 0)$ を通ることを示せばよい．(x, y) に $(1, 0)$ を代入すると，(1)の右辺は，$\dfrac{2}{q}(x-x_1) = \dfrac{2}{q}(1-x_1) = -y_1$. 左辺は，$y-y_1 = -y_1$.

問題4 放物線の方程式を $y^2=4x$ とすれば，$A=(p, q)$ における法線の方程式は

$$y-q = -\frac{q}{2}(x-p)$$

X 軸との交点を $N=(a, 0)$ とすれば，76ページの例題1で示したように $\overline{PF}=p+1$ となるから，$a=p+2 \Rightarrow a-1=p+1 \Rightarrow \overline{NF}=\overline{PF}$.

問題5 放物線の方程式を $y^2=4x$ とすれば，焦点 $F=(1, 0)$ を通る直線は，$y=m(x-1)$. この直線と放物線との交点を (x_1, y_1), (x_2, y_2) とすれば，x_1, x_2 はつぎの方程式をみたす．

$$m^2(x-1)^2-4x = 0$$
$$\Rightarrow \quad m^2 x^2 - 2(m^2+2)x + m^2 = 0$$

したがって，根と係数の関係から

$$x_1+x_2 = 2+\frac{4}{m^2}, \ x_1 x_2 = 1$$

$$\Rightarrow \quad y_1 y_2 = -4, \ y_1+y_2 = \frac{4}{m}$$

(x_1, y_1), (x_2, y_2) を通る接線の方程式は，

$$y = \frac{2}{y_1}x+\frac{y_1}{2}, \qquad y = \frac{2}{y_2}x+\frac{y_2}{2}$$

その交点を (p, q) とすれば，

$$p = \frac{y_1 y_2}{4}, \ q = \frac{y_1+y_2}{2} \ \Rightarrow \ p = -1, \ q = \frac{2}{m}$$

ゆえに，求める軌跡は，$p=-1$，すなわち，与えられた放物線の準線となる．

問題6 放物線 $y^2=4x$ の主軸上の定点を $A=(a, 0)$ とすれば，定点 A を通る直線は，$y=m(x-a)$. この直線と放物線との交点を (x_1, y_1), (x_2, y_2) とすれば，x_1, x_2 はつぎの方程式をみたす．

$$m^2(x-a)^2-4x = 0$$
$$\Rightarrow \quad m^2 x^2 - 2(am^2+2)x + a^2 m^2 = 0$$
$$\Rightarrow \quad x_1+x_2 = 2a+\frac{4}{m^2}, \ x_1 x_2 = a^2$$
$$\Rightarrow \quad y_1 y_2 = -4a, \ y_1+y_2 = \frac{4}{m}$$

(x_1, y_1), (x_2, y_2) を通る2つの接線の方程式は

$$y = \frac{2}{y_1}x+\frac{y_1}{2}, \qquad y = \frac{2}{y_2}x+\frac{y_2}{2}$$

2つの接線の交点を (p, q) とすれば

$$p = \frac{y_1 y_2}{4}, \ q = \frac{y_1+y_2}{2} \ \Rightarrow \ p = -a, \ q = \frac{2}{m}$$

ゆえに，求める軌跡は，主軸に垂直な直線 $p=-a$ となる．

問題7 放物線の方程式を $y^2=4x$ とすれば，焦点は $F=(1, 0)$ となるから，焦点を通る直線は，$y=m(x-1)$. この直線と放物線との交点を (x_1, y_1), (x_2, y_2) とすれば，x_1, x_2 はつぎの方程式をみたす．

$$m^2(x-1)^2-4x = 0$$
$$\Rightarrow \quad m^2 x^2 - 2(m^2+2)x + m^2 = 0$$

したがって，根と係数の関係から，

$$x_1+x_2 = 2+\frac{4}{m^2}, \ x_1 x_2 = 1$$

$$\Rightarrow \quad y_1 y_2 = -4, \ y_1+y_2 = \frac{4}{m}$$

一方，(x_1, y_1), (x_2, y_2) を通る法線の方程式は

$$y-y_1 = -\frac{y_1}{2}(x-x_1), \qquad y-y_2 = -\frac{y_2}{2}(x-x_2)$$

その交点を (p, q) とすれば

$$p = 2+\frac{1}{4}(y_1^2+y_1 y_2+y_2^2), \ q = -\frac{y_1 y_2}{8}(y_1+y_2)$$

$$\Rightarrow \quad p = 3+\frac{4}{m^2}, \ q = \frac{2}{m}$$

ゆえに，求める軌跡は，$p=3+q^2$，すなわち頂点

$(3,0)$，焦点 $\left(3\frac{1}{4},0\right)$ の放物線となる．

問題8 放物線 $y^2=4x$ の外にある点 $\mathrm{P}=(p,q)$ を通る直線

$$y-q=m(x-p) \quad \Rightarrow \quad y=mx-(mp-q)$$

が放物線 $y^2=4x$ の接線となるためには，つぎの二次方程式の判別式 D が 0 となることが必要，十分条件である．

$$\{mx-(mp-q)\}^2-4x=0$$
$$\Rightarrow \quad m^2x^2-2\{m(mp-q)+2\}x+(mp-q)^2=0$$
$$\frac{D}{4}=\{m(mp-q)+2\}^2-m^2(mp-q)^2=0$$
$$\Rightarrow \quad pm^2-qm+1=0$$

$\mathrm{P}=(p,q)$ を通る 2 つの接線の勾配，接点を m_1, m_2，$(x_1,y_1), (x_2,y_2)$ とおけば，$m_1+m_2=\dfrac{q}{p}$，$m_1m_2=\dfrac{1}{p}$
$\Rightarrow x_1+x_2=q^2-2p$，$x_1x_2=p^2$，$y_1+y_2=2q$，$y_1y_2=4p$.

一方，$(x_1,y_1), (x_2,y_2)$ における法線の方程式は

$$y-y_1=-\frac{y_1}{2}(x-x_1), \qquad y-y_2=-\frac{y_2}{2}(x-x_2)$$
$$2y=-y_1(x-2-x_1), \qquad 2y=-y_2(x-2-x_2)$$
$$x-2=\frac{x_1y_1-x_2y_2}{y_1-y_2}, \qquad y=-\frac{1}{2}\frac{x_1-x_2}{y_1-y_2}y_1y_2$$
$$y_1^2=4x_1, \qquad y_2^2=4x_2$$
$$x-2=\frac{1}{4}(y_1^2+y_1y_2+y_2^2), \qquad y=-\frac{1}{8}(y_1+y_2)y_1y_2$$
$$y_1+y_2=2q, \ y_1y_2=4p$$
$$\Rightarrow \quad x=2-p+q^2, \ y=-pq$$

$p=k$ とすれば，$y^2=k^2(x-2+k)$.

$(x_1,y_1), (x_2,y_2)$ における法線の交点 (x,y) の軌跡は，準線 $x=2-k-\dfrac{k^2}{4}$，焦点 $\left(2-k+\dfrac{k^2}{4},0\right)$ の放物線となる．

❖ **第6章 第1節 円**

問題1 求める円の方程式を，$(x-a)^2+(y-b)^2=r^2$ とすれば

$$(3-a)^2+(5-b)^2=(9-a)^2+(7-b)^2$$
$$=(5-a)^2+(11-b)^2=r^2$$

2 つずつの方程式の差をとって整理すれば

$$\begin{cases} 3a+b=24 \\ -a+b=2 \end{cases}$$

$$a=\frac{11}{2}, \qquad b=\frac{15}{2}, \qquad r^2=\frac{25}{2}$$

求める円の方程式は，$\left(x-\dfrac{11}{2}\right)^2+\left(y-\dfrac{15}{2}\right)^2=\dfrac{25}{2}$.

問題2 $(x+1)^2+(y+3)^2=10-p$，
$\qquad\qquad (x-2)^2+(y-1)^2=5-q$

この 2 つの方程式のグラフが円となるためには，$p<10$，$q<5$．2 つの円の中心の間の距離は，$\sqrt{\{2-(-1)\}^2+\{1-(-3)\}^2}=5$．交点をもたないためには，$\sqrt{10-p}+\sqrt{5-q}<5$．求める (p,q) の範囲は，

$$p<10, \qquad q<5, \qquad \sqrt{10-p}+\sqrt{5-q}<5$$

問題3 円 $\mathrm{O}_1, \mathrm{O}_2$ の方程式をそれぞれ

$$(x-a_1)^2+(y-b_1)^2-r_1^2=0,$$
$$(x-a_2)^2+(y-b_2)^2-r_2^2=0$$

とすれば，この 2 つの円の交点を通る円の方程式は一般につぎのような形をとる．[なぜかは，自分で考えなさい．]

$$\{(x-a_1)^2+(y-b_1)^2-r_1^2\}$$
$$+k\{(x-a_2)^2+(y-b_2)^2-r_2^2\}=0$$

ここで，定数 k を新しい円が (p,q) を通るように決めればよい．すなわち

$$\{(p-a_1)^2+(q-b_1)^2-r_1^2\}$$
$$+k\{(p-a_2)^2+(q-b_2)^2-r_2^2\}=0$$

ただし，$(p-a_2)^2+(q-b_2)^2-r_2^2=0$ のときには，円 O_2 自身が求める円となる．

問題4 円 $\mathrm{O}_1, \mathrm{O}_2$ の方程式は，それぞれつぎのようになる．

$$x^2+y^2=1, \qquad (x-a)^2+(y-b)^2=r^2$$

円 $\mathrm{O}_1, \mathrm{O}_2$ 共通の接線の接点をそれぞれ (u,v)，(p,q) とすれば，それぞれの円の中心と接点とをむすぶ 2 つの半径は平行となるから

$$p=a\pm ru, \qquad q=b\pm rv \qquad \text{(複号同順)}$$

ここで，$u^2+v^2=1$．(u,v) における円 O_1 の接線の方程式は，$ux+vy=1$．(p,q) がこの接線上にあるから

$$up+vq=u(a\pm ru)+v(b\pm rv)=1$$
$$\Rightarrow \quad au+bv=1\mp r$$

$au+bv=1-r$ のとき，$bv=(1-r)-au$ を $u^2+v^2=1$ に代入して，整理すれば

$$(a^2+b^2)u^2-2(1-r)au+(1-r)^2-b^2=0$$
$$u=\frac{(1-r)a\pm b\sqrt{a^2+b^2-(1-r)^2}}{a^2+b^2},$$

$$v = \frac{(1-r)b \mp a\sqrt{a^2+b^2-(1-r)^2}}{a^2+b^2}$$

$au+bv=1+r$ のとき, $bv=(1+r)-au$ を $u^2+v^2=1$ に代入して, 整理すれば

$$u = \frac{(1+r)a \pm b\sqrt{a^2+b^2-(1+r)^2}}{a^2+b^2},$$

$$v = \frac{(1+r)b \mp a\sqrt{a^2+b^2-(1+r)^2}}{a^2+b^2}$$

[平方根記号 $\sqrt{}$ のなかが負数のときには, 円 O_1, O_2 は共通の接線をもたない.]

問題5 共通弦を直径とする円の中心 O は線分 O_1O_2 の中点 $\left(\dfrac{a_1+a_2}{2}, \dfrac{b_1+b_2}{2}\right)$ となる. 円 O_1, O_2 の交点を A とすれば

$$\text{円 O の半径} = \overline{AO} = \sqrt{\overline{O_1A}^2 - \overline{O_1O}^2}$$

$$= \sqrt{r^2 - \left(\frac{a_1-a_2}{2}\right)^2 - \left(\frac{b_1-b_2}{2}\right)^2}$$

円 O の方程式は, $\left(x - \dfrac{a_1+a_2}{2}\right)^2 + \left(y - \dfrac{b_1+b_2}{2}\right)^2 = r^2$

$- \left(\dfrac{a_1-a_2}{2}\right)^2 - \left(\dfrac{b_1-b_2}{2}\right)^2$. [2 つの円 O_1, O_2 が共通弦をもつための条件は, $r^2 > \left(\dfrac{a_1-a_2}{2}\right)^2 + \left(\dfrac{b_1-b_2}{2}\right)^2$.]

問題6 $b \neq 0$ とする. [$b=0$ のときは, x と y を交換して考えればよい.] 直線の方程式を y について解くと, $y = -\dfrac{a}{b}x - \dfrac{c}{b}$. 円の方程式に代入して, 整理すれば

$$(x-p)^2 + \left(-\frac{a}{b}x - \frac{c}{b} - q\right)^2 - r^2 = 0$$

$$(a^2+b^2)x^2 - 2(pb^2 - qab - ac)x$$
$$+ (p^2+q^2)b^2 + 2qbc + c^2 - b^2r^2 = 0$$

この方程式の根がただ 1 つしかない条件は判別式が 0 となることである.

$$(pb^2 - qab - ac)^2$$
$$- (a^2+b^2)\{(p^2+q^2)b^2 + 2qbc + c^2 - b^2r^2\} = 0$$

この式の左辺を展開して, $-b^2$ で割り, 整理すれば

$$(pa + qb + c)^2 = r^2(a^2+b^2)$$

問題7 円 O の方程式を $x^2+y^2=r^2$ とし, 円 O′ の方程式を $(x-a)^2+(y-b)^2=r'^2$ とする. P, Q の座標を (p, q), $(-p, -q)$ とおけば, $p^2+q^2=r^2$. P, Q から円 O′ に引いた接線を PT, QS とすれば

$$\overline{PT}^2 = \overline{PO'}^2 - \overline{TO'}^2 = (p-a)^2 + (q-b)^2 - r'^2$$
$$= a^2+b^2 - 2ap - 2bq + r^2 - r'^2$$
$$\overline{QS}^2 = \overline{QO'}^2 - \overline{SO'}^2 = (-p-a)^2 + (-q-b)^2 - r'^2$$
$$= a^2+b^2 + 2ap + 2bq + r^2 - r'^2$$
$$\overline{PT}^2 + \overline{QS}^2 = 2(a^2+b^2+r^2-r'^2)$$

円 O と円 O′ は直交するから, $a^2+b^2 = r^2+r'^2$. したがって

$$\overline{PT}^2 + \overline{QS}^2 = 4r^2$$

問題8 直線 ℓ を Y 軸にとり, 2 つの円 O_1, O_2 が X 軸の正の部分に位置するように座標軸をえらび, 円 O_1, O_2 の方程式を

$$(x-a_1)^2 + (y-b_1)^2 = r_1^2,$$
$$(x-a_2)^2 + (y-b_2)^2 = r_2^2$$

とする. 求める円 O の中心を (p, q) とすれば, その方程式は

$$(x-p)^2 + (y-q)^2 = p^2 \qquad (p > 0)$$

円 O と 2 つの円 O_1, O_2 が接するための条件は

$$p + r_1 = \sqrt{(p-a_1)^2 + (q-b_1)^2},$$
$$p + r_2 = \sqrt{(p-a_2)^2 + (q-b_2)^2}$$

自乗して, 整理すれば

$$2(a_1+r_1)p = q^2 - 2b_1q + a_1^2 + b_1^2 - r_1^2,$$
$$2(a_2+r_2)p = q^2 - 2b_2q + a_2^2 + b_2^2 - r_2^2$$
$$p = \frac{q^2 - 2b_1q + a_1^2 + b_1^2 - r_1^2}{2(a_1+r_1)}$$
$$= \frac{q^2 - 2b_2q + a_2^2 + b_2^2 - r_2^2}{2(a_2+r_2)}$$

ここで, q はつぎの二次方程式の根となる.

$$\left(\frac{1}{a_1+r_1} - \frac{1}{a_2+r_2}\right)q^2 - 2\left(\frac{b_1}{a_1+r_1} - \frac{b_2}{a_2+r_2}\right)q$$
$$+ \frac{a_1^2+b_1^2-r_1^2}{a_1+r_1} - \frac{a_2^2+b_2^2-r_2^2}{a_2+r_2} = 0$$

問題9 線分 AB の中点を原点とし, 直線 AB を X 軸にとって, $A=(-c, 0)$, $B=(c, 0)$. 定円 O の方程式を, $(x-a)^2+(y-b)^2=r^2$ とする.

2 点 A, B を通る任意の円の中心はかならず Y 軸上にあるから, その座標を $(0, q)$ とすれば, 円の方程式は, $x^2+(y-q)^2 = c^2+q^2$ の形をとる. したがって

$$x^2 + y^2 - 2qy = c^2$$

2 つの円の交点 P, Q をむすぶ直線の方程式は

$$(x-a)^2 + (y-b)^2 - (x^2+y^2-2qy) = r^2 - c^2$$
$$2ax + 2(b-q)y = a^2+b^2+c^2-r^2$$

この直線が X 軸と交わる点 R は

$$\left(\frac{a^2+b^2+c^2-r^2}{2a}, 0\right)$$

となり，q と無関係になる．

　この問題は，幾何の考え方を使うと，かんたんに解くことができる．2点 A, B を通って，円 O と接する円をえがき，その接点における共通の接線が線分 AB の延長と交わる点 C が求める点である．2点 A, B を通る任意の円と円 O との共通の弦 PQ の延長が直線 AB と交わる点を R とすれば，$\overline{\text{PR}} \times \overline{\text{QR}} = \overline{\text{AR}} \times \overline{\text{BR}}$．また，点 R から円 O に引いた接線の接点を T とすれば，$\overline{\text{PR}} \times \overline{\text{QR}} = \overline{\text{TR}}^2$．ゆえに，$\overline{\text{AR}} \times \overline{\text{BR}} = \overline{\text{TR}}^2$．TR は 3 つの点 A, B, T を通る円の接線となり，上に定義した点 C と一致する．

問題 10　座標軸を適当にとって，A, B, C がつぎのようになるようにする．

$$\text{A} = \left(0, \frac{\sqrt{3}}{2}\right), \quad \text{B} = \left(-\frac{1}{2}, 0\right), \quad \text{C} = \left(\frac{1}{2}, 0\right)$$

$\text{P} = (x, y)$ とおけば

$$\overline{\text{PQ}}^2 = y^2, \quad \overline{\text{PR}}^2 = \left(\frac{\sqrt{3}}{2}x + \frac{1}{2}y - \frac{\sqrt{3}}{4}\right)^2,$$

$$\overline{\text{PS}}^2 = \left(-\frac{\sqrt{3}}{2}x + \frac{1}{2}y - \frac{\sqrt{3}}{4}\right)^2$$

$$\overline{\text{PQ}}^2 + \overline{\text{PR}}^2 + \overline{\text{PS}}^2 = \frac{3}{2}x^2 + \frac{3}{2}y^2 - \frac{\sqrt{3}}{2}y + \frac{3}{8} = k^2$$

$$\Rightarrow \quad x^2 + y^2 - \frac{\sqrt{3}}{3}y + \frac{1}{4} = \frac{2}{3}k^2$$

$$\Rightarrow \quad x^2 + \left(y - \frac{\sqrt{3}}{6}\right)^2 = \frac{2}{3}k^2 - \frac{1}{6}$$

求める軌跡は，$\left(0, \frac{\sqrt{3}}{6}\right)$ を中心として，半径 $\sqrt{\frac{2}{3}k^2 - \frac{1}{6}}$ の円となる．$\left[\left(0, \frac{\sqrt{3}}{6}\right)\right.$ は三角形 $\triangle\text{ABC}$ の重心．$\left.\right]$

ノート　上の計算で，点と直線との間の距離にかんするつぎのレンマを使いました．このレンマは，解析幾何でもっとも基本的な役割をはたす命題の 1 つです．

レンマ　点 $\text{P} = (x_1, y_1)$ と直線 $\ell: ax+by+c=0$ との間の距離は

$$\frac{|ax_1 + by_1 + c|}{\sqrt{a^2 + b^2}}$$

証明　$\text{P} = (x_1, y_1)$ と直線 ℓ 上の任意の点 $\text{Q} = (x, y)$

との間の距離を $\overline{\text{PQ}}$ とすれば

$$\overline{\text{PQ}}^2 = (x_1 - x)^2 + (y_1 - y)^2$$

$\overline{\text{PQ}}$ を制約条件 $ax+by+c=0$ のもとで最小にすれば，$\text{P} = (x_1, y_1)$ と直線 ℓ との間の距離が得られる．$(a, b) \neq (0, 0)$ だから，たとえば，$b \neq 0$ と仮定してよい．

　$ax+by+c=0$ を y について解けば，$y = -\dfrac{c}{b} - \dfrac{a}{b}x$．$\overline{\text{PQ}}^2$ の式に代入すれば

$$\overline{\text{PQ}}^2 = (x_1 - x)^2 + \left(y_1 + \frac{c}{b} + \frac{a}{b}x\right)^2$$

$$= \frac{1}{b^2}\{b^2(x_1 - x)^2 + (by_1 + c + ax)^2\}$$

$$= \frac{1}{b^2}[(a^2 + b^2)x^2 - 2\{b^2 x_1 - a(by_1 + c)\}x + b^2 x_1^2 + (by_1 + c)^2]$$

この式は x にかんする二次方程式となり，その最小値は $x = \dfrac{b^2 x_1 - a(by_1 + c)}{a^2 + b^2}$ のときに得られる．そのときの $\overline{\text{PQ}}^2$ の値は

$$\frac{1}{b^2}\frac{(a^2+b^2)\{b^2 x_1^2 + (by_1+c)^2\} - \{b^2 x_1 - a(by_1+c)\}^2}{a^2+b^2}$$

$$= \frac{a^2 x_1^2 + 2ax_1(by_1+c) + (by_1+c)^2}{a^2+b^2}$$

$$= \frac{(ax_1 + by_1 + c)^2}{a^2+b^2}$$

問題 11　$\text{A} = (-a, 0)$，$\text{B} = (a, 0)$，$\text{C} = (b, c)$ とし，$\text{P} = (x, y)$ とおけば

$$\overline{\text{PA}}^2 = (x+a)^2 + y^2, \quad \overline{\text{PB}}^2 = (x-a)^2 + y^2,$$

$$\overline{\text{PC}}^2 = (x-b)^2 + (y-c)^2$$

$$\overline{\text{PA}}^2 + \overline{\text{PB}}^2 + \overline{\text{PC}}^2$$

$$= 3x^2 + 3y^2 - 2bx - 2cy + 2a^2 + b^2 + c^2 = k^2$$

$$\left(x - \frac{b}{3}\right)^2 + \left(y - \frac{c}{3}\right)^2 = \frac{k^2}{3} - \frac{2}{9}(3a^2 + b^2 + c^2)$$

求める軌跡は，$\left(\dfrac{b}{3}, \dfrac{c}{3}\right)$ を中心として，半径 $\sqrt{\dfrac{k^2}{3} - \dfrac{2}{9}(3a^2 + b^2 + c^2)}$ の円となる．$\left[\left(\dfrac{b}{3}, \dfrac{c}{3}\right)\right.$ は三角形 $\triangle\text{ABC}$ の重心．$\left.\right]$

問題 12　2 つの円 O_1, O_2 の半径の長さを r_1, r_2 とし，中心の間の距離を $l = \overline{\text{O}_1 \text{O}_2}$ とする．まず，2 つの円

O_1, O_2 の中心の座標が $(a_1, 0), (a_2, 0)$, 根軸が Y 軸となるように座標軸をとる. 直線 $O_1 O_2$ を X 軸にとれば, 円 O_1, O_2 の方程式は

$$(x-a_1)^2 + y^2 = r_1^2, \qquad (x-a_2)^2 + y^2 = r_2^2$$

根軸の方程式は

$$(x-a_1)^2 + y^2 - r_1^2 = (x-a_2)^2 + y^2 - r_2^2$$
$$\Rightarrow \quad 2(a_2-a_1)x = (a_2^2-a_1^2) - (r_2^2-r_1^2)$$

$a_2 > a_1$ とすれば, $l = a_2 - a_1$, $a_2 = l + a_1$. したがって

$$x = \frac{1}{2}(a_2+a_1) - \frac{1}{2l}(r_2^2-r_1^2)$$
$$= \left(\frac{l}{2}+a_1\right) - \frac{1}{2l}(r_2^2-r_1^2)$$

ここで, $a_1 = -\frac{1}{2l}(l^2-r_2^2+r_1^2)$ とおけば,

$$x = 0, \qquad a_2 = \frac{1}{2l}(l^2+r_2^2-r_1^2)$$

点 O_2 の円 O_1 にかんする極線, 点 O_1 の円 O_2 にかんする極線の方程式はそれぞれ

$$x = a_1 + \frac{r_1^2}{l}, \qquad x = a_2 - \frac{r_2^2}{l}$$

したがって,

$$\left(a_1+\frac{r_1^2}{l}\right) + \left(a_2-\frac{r_2^2}{l}\right) = (a_1+a_2) - \frac{1}{l}(r_2^2-r_1^2) = 0$$

❖ 第6章 第2節 楕 円

問題1 求める楕円は, つぎの条件をみたす点 $P = (x, y)$ の軌跡となる.

$$\overline{PF} + \overline{PF'}$$
$$= \sqrt{(x+u)^2+(y+v)^2} + \sqrt{(x-u)^2+(y-v)^2}$$
$$= 2r$$

逆数をとれば,

$$\frac{1}{\sqrt{(x+u)^2+(y+v)^2} + \sqrt{(x-u)^2+(y-v)^2}} = \frac{1}{2r}$$

$\sqrt{(x+u)^2+(y+v)^2} - \sqrt{(x-u)^2+(y-v)^2}$ をこの式の両辺に掛けて, 整理すれば

$$\sqrt{(x+u)^2+(y+v)^2} - \sqrt{(x-u)^2+(y-v)^2}$$
$$= \frac{2(ux+vy)}{r}$$

$$\sqrt{(x+u)^2+(y+v)^2} = r + \frac{ux+vy}{r}$$

自乗して, 整理すれば

$$\left(1-\frac{u^2}{r^2}\right)x^2 - \frac{2uv}{r^2}xy + \left(1-\frac{v^2}{r^2}\right)y^2 = r^2-u^2-v^2$$
$$ax^2 - 2bxy + cy^2 = 1$$

ここで,

$$a = \frac{1-\dfrac{u^2}{r^2}}{r^2-u^2-v^2}, \quad b = \frac{\dfrac{uv}{r^2}}{r^2-u^2-v^2}, \quad c = \frac{1-\dfrac{v^2}{r^2}}{r^2-u^2-v^2}$$

問題2 直交する直線 XX, YY を (X, Y) 軸にとり, その交点を O とする. $P = (x, y)$ とおき, P から X 軸に下ろした垂線の足を H とすれば, $\triangle PRH$, $\triangle QRO$ は相似となる.

$$\overline{OR} : \overline{HR} = \overline{QR} : \overline{PR}$$
$$\overline{RH} = \sqrt{\overline{PR}^2 - \overline{PH}^2} = \sqrt{a^2-y^2}$$
$$\Rightarrow \quad \overline{OR} = \frac{\overline{QR}}{\overline{PR}} \times \overline{RH} = \frac{b}{a}\sqrt{a^2-y^2}$$

$$\overline{OH} = \overline{RH} + \overline{OR}$$
$$\Rightarrow \quad x = \left(1+\frac{b}{a}\right)\sqrt{a^2-y^2} = (a+b)\sqrt{1-\frac{y^2}{a^2}}$$
$$\Rightarrow \quad \frac{x^2}{(a+b)^2} + \frac{y^2}{a^2} = 1$$

求める軌跡は, 長半径 $a+b$, 短半径 a の楕円となる.

問題3 楕円の方程式を $\dfrac{x^2}{a^2} + \dfrac{y^2}{b^2} = 1$ $(a > b > 0)$ とする. [以下の問題も同様.] 接点を (x_0, y_0) とすれば, この接線の方程式は

$$\frac{xx_0}{a^2} + \frac{yy_0}{b^2} = 1$$

となり,

$$\frac{x_0^2}{a^2} + \frac{y_0^2}{b^2} = 1, \qquad \frac{px_0}{a^2} + \frac{qy_0}{b^2} = 1$$

第2式を y_0 について解いて, 第1式に代入して, x_0 にかんする二次方程式を解く.

$$x_0 = a\frac{\dfrac{p}{a} \pm \dfrac{q}{b}\sqrt{\dfrac{p^2}{a^2}+\dfrac{q^2}{b^2}-1}}{\dfrac{p^2}{a^2}+\dfrac{q^2}{b^2}},$$

$$y_0 = b\frac{\dfrac{q}{b} \mp \dfrac{p}{a}\sqrt{\dfrac{p^2}{a^2}+\dfrac{q^2}{b^2}-1}}{\dfrac{p^2}{a^2}+\dfrac{q^2}{b^2}}$$

問題4 $P = (p, q)$ における楕円の接線の方程式は

$\dfrac{px}{a^2}+\dfrac{qy}{b^2}=1$ だから，$Q=\left(\dfrac{a^2}{p},\,0\right)$. 直線 PA の方程

式は，$y-q=-\dfrac{q}{a-p}(x-p)\Rightarrow y=-\dfrac{q}{a-p}(x-a)$.

$x=\dfrac{a^2}{p}$ のとき，$y=-\dfrac{q}{p}a$ $\Rightarrow$ $\overline{\mathrm{QR}}=\dfrac{q}{p}a$

直線 PA′ の方程式は，

$$y-q=\dfrac{q}{a+p}(x-p) \Rightarrow y=\dfrac{q}{a+p}(x+a)$$

$$x=\dfrac{a^2}{p} \text{ のとき，} y=\dfrac{q}{p}a \Rightarrow \overline{\mathrm{QR'}}=\dfrac{q}{p}a$$

よって，$\overline{\mathrm{QR}}=\overline{\mathrm{QR'}}$.

問題 5　点 K の座標が $(ea,\sqrt{1-e^2}\,b)$ の場合を考え

ればよい．K における楕円の接線の方程式は，

$$\dfrac{e}{a}x+\dfrac{\sqrt{1-e^2}}{b}y=1 \Rightarrow ex+y=a$$

$$(b=\sqrt{1-e^2}\,a)$$

$P=(p,q)$ とすれば，$ep+q=a\Rightarrow q=a-ep$.

$$\overline{\mathrm{PQ}}=a-ep$$

99 ページの練習問題(2)に示したように，

$$\overline{\mathrm{RF}}=a-ep \Rightarrow \overline{\mathrm{PQ}}=\overline{\mathrm{RF}}$$

問題 6　$P=(p,q)$，$F=(ea,0)$ を直径とする円の中

心 Q は $\left(\dfrac{p+ea}{2},\dfrac{q}{2}\right)$，半径は $\dfrac{a-ep}{2}$．焦点 F′ を考

えれば，

$$\overline{\mathrm{F'O}}=\overline{\mathrm{OF}},\ \overline{\mathrm{PQ}}=\overline{\mathrm{QF}} \Rightarrow \overline{\mathrm{OQ}}=\dfrac{1}{2}\overline{\mathrm{F'P}}=\dfrac{a+ep}{2}$$

線分 OQ の延長が円 Q と交わる点を S とすれば，

$\overline{\mathrm{QS}}=\dfrac{a-ep}{2}$．したがって

$$\overline{\mathrm{OS}}=\overline{\mathrm{OQ}}+\overline{\mathrm{QS}}=\dfrac{a+ep}{2}+\dfrac{a-ep}{2}=a$$

楕円の中心 O を中心とする半径 a の円に接する．

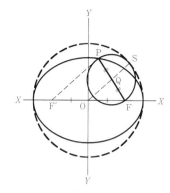

図-解答 6-2-6

問題 7　$P=(x,y)$ とおき，P から X 軸に下ろした

垂線の足を H とすれば

$$\overline{\mathrm{OQ}}=\dfrac{\overline{\mathrm{AO}}}{\overline{\mathrm{AH}}}\times\overline{\mathrm{HP}}=\dfrac{a}{a-x}y,$$

$$\overline{\mathrm{OQ'}}=\dfrac{\overline{\mathrm{A'O}}}{\overline{\mathrm{A'H}}}\times\overline{\mathrm{HP}}=\dfrac{a}{a+x}y$$

$$\overline{\mathrm{OQ}}\times\overline{\mathrm{OQ'}}=\dfrac{a}{a-x}y\times\dfrac{a}{a+x}y=\dfrac{a^2}{a^2-x^2}y^2$$

$$=\dfrac{1}{1-\dfrac{x^2}{a^2}}y^2=\dfrac{1}{\dfrac{y^2}{b^2}}y^2=b^2$$

問題 8　$P=(p,q)$ における楕円の接線は，

$$\dfrac{px}{a^2}+\dfrac{qy}{b^2}=1$$

楕円の中心 O を通り，この接線に垂直な直線は，

$$\dfrac{qx}{b^2}-\dfrac{py}{a^2}=0\Rightarrow Q=\left(p,\dfrac{a^2q}{b^2}\right).$$

$$x=p,\ y=\dfrac{a^2q}{b^2} \text{ とおけば，}$$

$$\dfrac{x^2}{a^2}+\dfrac{y^2}{\dfrac{a^4}{b^2}}=1$$

求める軌跡は原点 O を中心として，短半径 a，長半

径 $\dfrac{a^2}{b}$ の楕円となる．

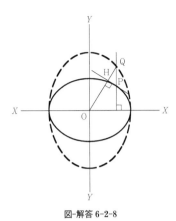

図-解答 6-2-8

問題 9 $F=(ea, 0)$ を通る直線 $y=m(x-ea)$ が楕円と交わる点を (x_1, y_1), (x_2, y_2) とすれば，その中点 $P=(p, q)$ の座標は，$p=\dfrac{x_1+x_2}{2}$, $q=\dfrac{y_1+y_2}{2}$ となる．

$y=m(x-ea)$ を楕円の方程式 $\dfrac{x^2}{a^2}+\dfrac{y^2}{b^2}=1$ に代入して，整理すれば

$$(m^2a^2+b^2)x^2-2m^2ea^3x+a^2(m^2e^2a^2-b^2)=0$$

二次方程式の根と係数の関係を使って，

$$p=\frac{x_1+x_2}{2}=\frac{m^2ea^3}{m^2a^2+b^2}$$

$q=m(p-ea)$ に代入すれば，

$$q=-\frac{meab^2}{m^2a^2+b^2}$$

したがって

$$p-\frac{ea}{2}=\frac{m^2ea^3}{m^2a^2+b^2}-\frac{ea}{2}=\frac{ea(m^2a^2-b^2)}{2(m^2a^2+b^2)}$$

$$b^2\left(p-\frac{ea}{2}\right)^2+a^2q^2=\frac{e^2a^2b^2}{4}$$

$$\Rightarrow \frac{\left(p-\dfrac{ea}{2}\right)^2}{\left(\dfrac{ea}{2}\right)^2}+\frac{q^2}{\left(\dfrac{eb}{2}\right)^2}=1$$

求める軌跡は $\left(\dfrac{ea}{2}, 0\right)$ を中心として，長半径 $\dfrac{ea}{2}$，短半径 $\dfrac{eb}{2}$ の楕円となる．

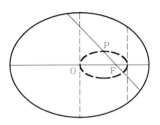

図-解答 6-2-9

問題 10 $A=(x_0, y_0)$ とおけば，A における接線の勾配 m は，$m=-\dfrac{b^2}{a^2}\dfrac{x_0}{y_0}$ となる．点 P，Q の座標を (x_1, y_1), (x_2, y_2) とすれば，弦 PQ の中点 R の座標 (x, y) は $x=\dfrac{x_1+x_2}{2}$, $y=\dfrac{y_1+y_2}{2}$ となる．弦 PQ が A における接線と平行となるためには

$$\frac{y_2-y_1}{x_2-x_1}=-\frac{b^2}{a^2}\frac{x_0}{y_0} \Rightarrow \frac{x_2-x_1}{a^2}x_0+\frac{y_2-y_1}{b^2}y_0=0$$

また，

$$\frac{x_1^2}{a^2}+\frac{y_1^2}{b^2}=\frac{x_2^2}{a^2}+\frac{y_2^2}{b^2}=1$$

$$\Rightarrow \frac{x_2^2-x_1^2}{a^2}+\frac{y_2^2-y_1^2}{b^2}=0$$

$$\Rightarrow (x_2+x_1)\frac{x_2-x_1}{a^2}+(y_2+y_1)\frac{y_2-y_1}{b^2}=0$$

$$\Rightarrow \frac{x_2-x_1}{a^2}x+\frac{y_2-y_1}{b^2}y=0$$

したがって，$\dfrac{1}{x_0}x-\dfrac{1}{y_0}y=0 \Rightarrow y_0x-x_0y=0$．

A における接線と平行な弦 PQ の中点 R の軌跡は原点 O を通る直線となる．

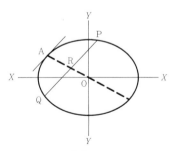

図-解答 6-2-10

問題 11 $P=(p, q)$，$Q=(x, y)$ とおく．102 ページの練習問題(2)より，楕円の接線の方程式は

$$y = mx \pm \sqrt{m^2 a^2 + b^2} \;\Rightarrow\; y - mx = \pm\sqrt{m^2 a^2 + b^2}$$

離心率を e とすれば, 焦点 F の座標は $(ea, 0)$. FQ が上の接線に対して垂直だから

$$y = -\frac{1}{m}(x - ea) \;\Rightarrow\; my + x = ea$$

したがって,

$$(y - mx)^2 + (my + x)^2 = (m^2 a^2 + b^2) + (ea)^2$$

$e = \dfrac{\sqrt{a^2 - b^2}}{a}$ より

$$(m^2 + 1)(x^2 + y^2) = (m^2 + 1)a^2 \;\Rightarrow\; x^2 + y^2 = a^2$$

求める軌跡は原点 O を中心として半径 a の円となる.

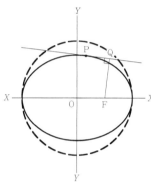

図-解答 6-2-11

問題 12 $P = (p, q)$ を通る 2 つの楕円の接線の方程式を $y = mx + n$ とおけば

$$q = mp + n \;\Rightarrow\; y = mx - (mp - q)$$

この式を $\dfrac{x^2}{a^2} + \dfrac{y^2}{b^2} = 1$ に代入して整理すれば

$$(m^2 a^2 + b^2)x^2 - 2a^2 m(mp - q)x + a^2\{(mp - q)^2 - b^2\} = 0$$

この x についての二次方程式がただ 1 つしか根をもたないためには

$$\frac{D}{4} = a^4 m^2(mp - q)^2 - a^2(m^2 a^2 + b^2)\{(mp - q)^2 - b^2\} = 0$$

$$(p^2 - a^2)m^2 - 2pqm + (q^2 - b^2) = 0$$

$$m = \frac{pq \pm \sqrt{b^2 p^2 + a^2 q^2 - a^2 b^2}}{p^2 - a^2}$$

この 2 つの接線がお互いに直交するための必要, 十分な条件は

$$\frac{pq + \sqrt{b^2 p^2 + a^2 q^2 - a^2 b^2}}{p^2 - a^2} \times \frac{pq - \sqrt{b^2 p^2 + a^2 q^2 - a^2 b^2}}{p^2 - a^2}$$

$$= -1$$

$$\frac{(p^2 - a^2)(q^2 - b^2)}{(p^2 - a^2)^2} = -1 \;\Rightarrow\; p^2 + q^2 = a^2 + b^2$$

求める軌跡は楕円の中心 O を中心として, 半径 $\sqrt{a^2 + b^2}$ の円となる.

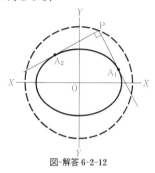

図-解答 6-2-12

❖ 第 7 章 双曲線

問題 1 求める双曲線は, つぎの条件をみたす点 $P = (x, y)$ の軌跡となる.

$$\overline{PF} - \overline{PF'}$$
$$= \sqrt{(x + u)^2 + (y + v)^2} - \sqrt{(x - u)^2 + (y - v)^2}$$
$$= \pm 2r$$

逆数をとれば,

$$\frac{1}{\sqrt{(x + u)^2 + (x + v)^2} - \sqrt{(x - u)^2 + (y - v)^2}} = \pm\frac{1}{2r}$$

$\sqrt{(x + u)^2 + (y + v)^2} + \sqrt{(x - u)^2 + (y - v)^2}$ をこの式の両辺に掛けて, 整理すれば

$$\sqrt{(x + u)^2 + (y + v)^2} + \sqrt{(x - u)^2 + (y - v)^2}$$
$$= \pm\frac{2(ux + vy)}{r}$$

$$\sqrt{(x + u)^2 + (y + v)^2} = \pm\left(r + \frac{ux + vy}{r}\right)$$

自乗して, 整理すれば

$$\left(1 - \frac{u^2}{r^2}\right)x^2 - \frac{2uv}{r^2}xy + \left(1 - \frac{v^2}{r^2}\right)y^2 = r^2 - u^2 - v^2$$

$$ax^2 - 2bxy + cy^2 = 1$$

ここで, $a = \dfrac{1 - \dfrac{u^2}{r^2}}{r^2 - u^2 - v^2}$, $b = \dfrac{\dfrac{uv}{r^2}}{r^2 - u^2 - v^2}$, $c =$

$$\dfrac{1 - \dfrac{v^2}{r^2}}{r^2 - u^2 - v^2}.$$

問題2 円の中心 O を原点として，直線 OH を X 軸にとり，原点 O を通り直線 ℓ に平行な直線を Y 軸にとる．円 O の半径の長さを a，O と直線 ℓ の間の距離を b とし，S$=(x,y)$ とおけば，$\overline{OQ}=a$，$\overline{OH}=b$，$\overline{OR}=x$，$\overline{SR}=y$．2 つの直角三角形 △POH，△ROQ について，$\angle POH = \angle ROQ$（共通）．したがって，△POH, △ROQ は相似となり

$$\overline{OP}:\overline{OH}=\overline{OR}:\overline{OQ} \;\Rightarrow\; \frac{\sqrt{b^2+y^2}}{b}=\frac{x}{a}$$

$$\Rightarrow\; \frac{x^2}{a^2}-\frac{y^2}{b^2}=1$$

求める軌跡は双曲線の分枝となる．

問題3 点 O を原点として，2 つの直線 ℓ, ℓ' がつくる角を二等分するような直線を X 軸にとり，それに直交する直線を Y 軸にとれば，2 つの直線 ℓ, ℓ' の方程式はつぎのようにあらわすことができる．

$$\ell: \; y=mx, \quad \ell': \; y=-mx \quad (m>0 \text{ は定数})$$

P$=(x,y)$ から ℓ に下ろした垂線の足を H とすれば，$\overline{PH}=\dfrac{|mx-y|}{\sqrt{m^2+1}}$．Q$=(t,-mt)$ とおけば直線 PQ は

$$y+mt=m(x-t) \;\Rightarrow\; t=\frac{1}{2m}(mx-y)$$

$$\Rightarrow\; \overline{PQ}=\frac{\sqrt{m^2+1}}{2m}|mx+y|$$

$$[\square ORPQ]=\overline{PH}\times\overline{PQ}$$
$$=\frac{|mx-y|}{\sqrt{m^2+1}}\times\frac{\sqrt{m^2+1}}{2m}|mx+y|=k^2$$

$$\Rightarrow\; \frac{|m^2x^2-y^2|}{2m}=k^2$$

$a=\sqrt{\dfrac{2}{m}}k$，$b=\sqrt{2m}k$ とおけば，$\dfrac{x^2}{a^2}-\dfrac{y^2}{b^2}=\pm1$．求める軌跡は 1 組の共役な双曲線となる．

問題4 P$=(p,q)$ から双曲線に引いた 2 つの接線の接点 A$_1=(x_1,y_1)$，A$_2=(x_2,y_2)$ とし，計算の途中ではどちらも (x,y) であらわすことにすれば，接線の方程式は

$$\frac{p}{a}\frac{x}{a}-\frac{q}{b}\frac{y}{b}=1 \;\Rightarrow\; \frac{q}{b}\frac{y}{b}=\frac{p}{a}\frac{x}{a}-1$$

双曲線の方程式の両辺に $\dfrac{q^2}{b^2}$ を掛けて，

$$\frac{q^2}{b^2}\frac{x^2}{a^2}-\frac{q^2}{b^2}\frac{y^2}{b^2}=\frac{q^2}{b^2}$$

接線の方程式を代入して，

$$\frac{q^2}{b^2}\frac{x^2}{a^2}-\left(1-\frac{p}{a}\frac{x}{a}\right)^2=\frac{q^2}{b^2}$$

$$\left(\frac{p^2}{a^2}-\frac{q^2}{b^2}\right)\frac{x^2}{a^2}-2\frac{p}{a}\frac{x}{a}+\left(1+\frac{q^2}{b^2}\right)=0$$

この方程式を $\dfrac{x}{a}$ にかんする二次方程式と考えて，根の公式を適用すれば

$$\frac{x}{a}=\frac{\dfrac{p}{a}\pm\dfrac{q}{b}\sqrt{1-\dfrac{p^2}{a^2}+\dfrac{q^2}{b^2}}}{\dfrac{p^2}{a^2}-\dfrac{q^2}{b^2}},$$

$$\frac{y}{b}=\frac{\dfrac{q}{b}\pm\dfrac{p}{a}\sqrt{1-\dfrac{p^2}{a^2}+\dfrac{q^2}{b^2}}}{\dfrac{p^2}{a^2}-\dfrac{q^2}{b^2}}$$

ここで，P$=(x,y)$ は双曲線の外にあるから，

$$1-\frac{p^2}{a^2}+\frac{q^2}{b^2}>0$$

$$\frac{x_1}{a}=\frac{\dfrac{p}{a}+\dfrac{q}{b}\sqrt{1-\dfrac{p^2}{a^2}+\dfrac{q^2}{b^2}}}{\dfrac{p^2}{a^2}-\dfrac{q^2}{b^2}},$$

$$\frac{y_1}{b}=\frac{\dfrac{q}{b}+\dfrac{p}{a}\sqrt{1-\dfrac{p^2}{a^2}+\dfrac{q^2}{b^2}}}{\dfrac{p^2}{a^2}-\dfrac{q^2}{b^2}},$$

$$\frac{x_2}{a}=\frac{\dfrac{p}{a}-\dfrac{q}{b}\sqrt{1-\dfrac{p^2}{a^2}+\dfrac{q^2}{b^2}}}{\dfrac{p^2}{a^2}-\dfrac{q^2}{b^2}},$$

$$\frac{y_2}{b}=\frac{\dfrac{q}{b}-\dfrac{p}{a}\sqrt{1-\dfrac{p^2}{a^2}+\dfrac{q^2}{b^2}}}{\dfrac{p^2}{a^2}-\dfrac{q^2}{b^2}}$$

問題5 双曲線の方程式を $\dfrac{x^2}{a^2}-\dfrac{y^2}{b^2}=1$ とすれば，2 つの漸近線 ℓ, ℓ' の方程式は

$$\ell: \; \frac{x}{a}-\frac{y}{b}=0, \quad \ell': \; \frac{x}{a}+\frac{y}{b}=0$$

双曲線上の任意の点 P$=(p,q)$ における接線の方程式 $\dfrac{p}{a}\dfrac{x}{a}-\dfrac{q}{b}\dfrac{y}{b}=1$．この接線が 2 つの漸近線と交わる点 Q, R の座標を (x_1,y_1)，(x_2,y_2) とすれば

$$\frac{x_1}{a} = \frac{1}{\dfrac{p}{a} - \dfrac{q}{b}}, \qquad \frac{y_1}{b} = \frac{1}{\dfrac{p}{a} - \dfrac{q}{b}},$$

$$\frac{x_2}{a} = \frac{1}{\dfrac{p}{a} + \dfrac{q}{b}}, \qquad \frac{y_2}{b} = -\frac{1}{\dfrac{p}{a} + \dfrac{q}{b}}$$

$\mathrm{P} = (p, q)$ は双曲線上にあるから，$\dfrac{p^2}{a^2} - \dfrac{q^2}{b^2} = 1$．したがって

$$\frac{1}{2}\left(\frac{x_1}{a} + \frac{x_2}{a}\right) = \frac{1}{2}\left(\frac{1}{\dfrac{p}{a} - \dfrac{q}{b}} + \frac{1}{\dfrac{p}{a} + \dfrac{q}{b}}\right) = \frac{\dfrac{p}{a}}{\dfrac{p^2}{a^2} - \dfrac{q^2}{b^2}},$$

$$= \frac{p}{a}$$

$$\frac{1}{2}\left(\frac{y_1}{b} + \frac{y_2}{b}\right) = \frac{1}{2}\left(\frac{1}{\dfrac{p}{a} - \dfrac{q}{b}} - \frac{1}{\dfrac{p}{a} + \dfrac{q}{b}}\right) = \frac{\dfrac{q}{b}}{\dfrac{p^2}{a^2} - \dfrac{q^2}{b^2}}$$

$$= \frac{q}{b}$$

$$\Rightarrow \quad \frac{x_1 + x_2}{2} = p, \quad \frac{y_1 + y_2}{2} = q$$

問題6 $\mathrm{P} = (p, q)$，$\mathrm{F} = (ea, 0)$ を直径とする円の中心 Q は $\left(\dfrac{p+ea}{2}, \dfrac{q}{2}\right)$，半径は $\dfrac{ep-a}{2}$．OQ と円 Q の交点を R とすれば，$\dfrac{p^2}{a^2} - \dfrac{q^2}{b^2} = 1$，$e = \dfrac{\sqrt{a^2+b^2}}{a}$ より

$$\overline{\mathrm{OQ}} = \sqrt{\left(\frac{p+ea}{2}\right)^2 + \left(\frac{q}{2}\right)^2}$$

$$= \frac{1}{2}\sqrt{(p^2 + 2epa + e^2a^2) + \{(e^2-1)p^2 - (e^2-1)a^2\}}$$

$$= \frac{1}{2}\sqrt{e^2p^2 + 2epa + a^2} = \frac{ep+a}{2}$$

$$\overline{\mathrm{OR}} = \overline{\mathrm{OQ}} - \overline{\mathrm{RQ}} = \frac{ep+a}{2} - \frac{ep-a}{2} = a$$

双曲線の中心 O を中心として半径 a の円に接する．

別解 もう1つの焦点 F′ を考えれば

$$\overline{\mathrm{F'O}} = \overline{\mathrm{OF}}, \quad \overline{\mathrm{PQ}} = \overline{\mathrm{QF}} \quad \Rightarrow \quad \overline{\mathrm{OQ}} = \frac{1}{2}\overline{\mathrm{F'P}} = \frac{ep+a}{2}$$

線分 OQ が円 Q と交わる点を R とすれば

$$\overline{\mathrm{RQ}} = \frac{1}{2}\overline{\mathrm{FP}} = \frac{ep-a}{2}$$

$$\Rightarrow \quad \overline{\mathrm{OR}} = \overline{\mathrm{OQ}} - \overline{\mathrm{RQ}} = \frac{ep+a}{2} - \frac{ep-a}{2} = a$$

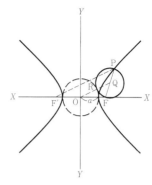

図-解答 7-6

問題7 曲線の方程式を $\dfrac{x^2}{a^2} - \dfrac{y^2}{b^2} = 1$ とすれば，2つの漸近線 ℓ, ℓ' の方程式は

$$\ell: \ \frac{x}{a} - \frac{y}{b} = 0, \qquad \ell': \ \frac{x}{a} + \frac{y}{b} = 0$$

双曲線上の任意の点 $\mathrm{P} = (p, q)$ における接線の方程式は，$\dfrac{p}{a}\dfrac{x}{a} - \dfrac{q}{b}\dfrac{y}{b} = 1$．この接線が漸近線 ℓ, ℓ' とそれぞれ交わる点 Q, R の座標を $(x_1, y_1), (x_2, y_2)$ として，X 軸と交わる点 S の座標を $(x_0, 0)$ とすれば

$$\frac{x_1}{a} = \frac{1}{\dfrac{p}{a} - \dfrac{q}{b}}, \qquad \frac{y_1}{b} = \frac{1}{\dfrac{p}{a} - \dfrac{q}{b}},$$

$$\frac{x_2}{a} = \frac{1}{\dfrac{p}{a} + \dfrac{q}{b}}, \qquad \frac{y_2}{b} = -\frac{1}{\dfrac{p}{a} + \dfrac{q}{b}}, \qquad \frac{x_0}{a} = \frac{a}{p}$$

Q, R から X 軸に下ろした垂線の足をそれぞれ H, K とすれば，$\overline{\mathrm{OS}} = x_0$，$\overline{\mathrm{QH}} = y_1$，$\overline{\mathrm{RK}} = -y_2$ であるから

$$[\triangle \mathrm{QOR}] = [\triangle \mathrm{QOS}] + [\triangle \mathrm{SOR}]$$

$$= \frac{1}{2}\overline{\mathrm{OS}} \times \overline{\mathrm{QH}} + \frac{1}{2}\overline{\mathrm{OS}} \times \overline{\mathrm{RK}}$$

$$= \frac{a^2}{2p}\left(\frac{b}{\dfrac{p}{a} + \dfrac{q}{b}} + \frac{b}{\dfrac{p}{a} - \dfrac{q}{b}}\right)$$

$$= \frac{ab}{\dfrac{p^2}{a^2} - \dfrac{q^2}{b^2}}$$

$P = (p, q)$ は双曲線上にあるから,

$$\frac{p^2}{a^2} - \frac{q^2}{b^2} = 1 \quad \Rightarrow \quad [\triangle QOR] = ab$$

問題 8 $P = (x, y)$ から X 軸に下ろした垂線の足を H とする.

$$\triangle QOA \backsim \triangle PHA \quad \Rightarrow \quad \overline{OQ} = \frac{\overline{OA}}{\overline{HA}} \times \overline{HP} = \frac{a}{x-a}y$$

$$\triangle Q'OA' \backsim \triangle PHA'$$

$$\Rightarrow \quad \overline{OQ'} = \frac{\overline{OA'}}{\overline{HA'}} \times \overline{HP} = \frac{a}{x+a}y$$

$$\overline{OQ} \times \overline{OQ'} = \frac{a}{x-a}y \times \frac{a}{x+a}y = \frac{a^2}{x^2-a^2}y^2$$

$$= \frac{1}{\dfrac{x^2}{a^2}-1}y^2 = \frac{1}{\dfrac{y^2}{b^2}}y^2 = b^2$$

問題 9 $F = (ea, 0)$ を通る直線 $y = m(x - ea)$ が双曲線と交わる点を (x_1, y_1), (x_2, y_2) とすれば,その中点 $P = (p, q)$ の座標は, $p = \dfrac{x_1 + x_2}{2}$, $q = \dfrac{y_1 + y_2}{2}$.

$y = m(x - ea)$ を双曲線の方程式 $\dfrac{x^2}{a^2} - \dfrac{y^2}{b^2} = 1$ に代入して,整理すれば

$$(m^2 a^2 - b^2)x^2 - 2m^2 ea^3 x + a^2(m^2 e^2 a^2 + b^2) = 0$$

二次方程式の根と係数の関係を使って,

$$p = \frac{x_1 + x_2}{2} = \frac{m^2 ea^3}{m^2 a^2 - b^2}$$

$y = m(x - ea)$ に代入すれば,

$$q = m(p - ea) = \frac{meab^2}{m^2 a^2 - b^2}$$

$$p - \frac{ea}{2} = \frac{m^2 ea^3}{m^2 a^2 - b^2} - \frac{ea}{2} = \frac{ea(m^2 a^2 + b^2)}{2(m^2 a^2 - b^2)}$$

$$b^2 \left(p - \frac{ea}{2}\right)^2 - a^2 q^2$$

$$= b^2 \frac{e^2 a^2 (m^2 a^2 + b^2)^2}{4(m^2 a^2 - b^2)^2} - a^2 \frac{m^2 e^2 a^2 b^4}{(m^2 a^2 - b^2)^2}$$

$$= \frac{e^2 a^2 b^2 (m^2 a^2 - b^2)^2}{4(m^2 a^2 - b^2)^2}$$

$$= \frac{e^2 a^2 b^2}{4}$$

$$\frac{\left(p - \dfrac{ea}{2}\right)^2}{\left(\dfrac{ea}{2}\right)^2} - \frac{q^2}{\left(\dfrac{eb}{2}\right)^2} = 1$$

求める軌跡は $\left(\dfrac{ea}{2}, 0\right)$ を中心とする双曲線の $x > 0$ の分枝となる.

問題 10 双曲線の方程式を $\dfrac{x^2}{a^2} - \dfrac{y^2}{b^2} = 1$ とし, $A = (x_0, y_0)$ とおけば, A における接線の勾配は, $m = \dfrac{b^2}{a^2}\dfrac{x_0}{y_0}$. P, Q の座標を (x_1, y_1), (x_2, y_2) とおけば,弦 PQ の中点 R の座標 (x, y) は,

$$x = \frac{x_1 + x_2}{2}, \qquad y = \frac{y_1 + y_2}{2}$$

弦 PQ が A における接線と平行となるためには

$$\frac{y_2 - y_1}{x_2 - x_1} = \frac{b^2}{a^2}\frac{x_0}{y_0} \quad \Rightarrow \quad \frac{x_2 - x_1}{a^2}x_0 - \frac{y_2 - y_1}{b^2}y_0 = 0$$

$$\frac{x_1^2}{a^2} - \frac{y_1^2}{b^2} = \frac{x_2^2}{a^2} - \frac{y_2^2}{b^2} = 1 \quad \Rightarrow \quad \frac{x_2^2 - x_1^2}{a^2} - \frac{y_2^2 - y_1^2}{b^2} = 0$$

$$(x_2 + x_1)\frac{x_2 - x_1}{a^2} - (y_2 + y_1)\frac{y_2 - y_1}{b^2} = 0$$

$$\Rightarrow \quad \frac{x_2 - x_1}{a^2}x - \frac{y_2 - y_1}{b^2}y = 0$$

$\dfrac{x_2 - x_1}{a^2}x_0 - \dfrac{y_2 - y_1}{b^2}y_0 = 0$ に代入すれば, $\dfrac{x}{x_0} - \dfrac{y}{y_0} = 0$.

A における接線と平行な弦 PQ の中点 R の軌跡は A を通る双曲線の直径の延長となる.

問題 11 双曲線の方程式を $\dfrac{x^2}{a^2} - \dfrac{y^2}{b^2} = 1$ とし, $Q = (x, y)$ とする. P における双曲線の接線の勾配を m とすると,この接線の方程式は

$$y = mx \pm \sqrt{m^2 a^2 - b^2} \quad \Rightarrow \quad y - mx = \pm\sqrt{m^2 a^2 - b^2}$$

(勾配 m の楕円の接線の方程式と同じやり方で求められる.)

離心率を e とすれば,焦点 F の座標は $(ea, 0)$ で, FQ が上の接線に対して垂直だから,直線 FQ の方程式は

$$-my = x - ea \quad \Rightarrow \quad my + x = ea$$

$$(y - mx)^2 + (my + x)^2 = (\pm\sqrt{m^2 a^2 - b^2})^2 + (ea)^2$$

$e^2 a^2 = a^2 + b^2$ より

$$(m^2 + 1)(x^2 + y^2) = m^2 a^2 - b^2 + e^2 a^2 = (m^2 + 1)a^2$$

$$\Rightarrow \quad x^2 + y^2 = a^2$$

求める軌跡は，双曲線の中心 O をを中心として，半径 a の円となる．

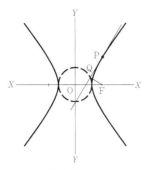

図-解答 7-11

問題 12 双曲線の方程式を $\dfrac{x^2}{a^2}-\dfrac{y^2}{b^2}=1$ とし，P を通る 2 つの双曲線の接線の方程式を，$y=mx\pm\sqrt{m^2a^2-b^2}$，$y=m'x\pm\sqrt{m'^2a^2-b^2}$ とする．この 2 つの接線が直交するための必要，十分な条件は，$mm'=-1$．したがって，第 2 の接線の方程式はつぎのようにあらわすことができる．

$$y = -\frac{1}{m}x\pm\sqrt{\left(-\frac{1}{m}\right)^2a^2-b^2}$$
$$= -\frac{1}{m}x\pm\frac{1}{m}\sqrt{a^2-m^2b^2}$$
$$\Rightarrow \quad my = -x\pm\sqrt{a^2-m^2b^2}$$

2 つの双曲線の接線の方程式はつぎのようにあらわせる．

$$y-mx = \pm\sqrt{m^2a^2-b^2}, \quad my+x = \pm\sqrt{a^2-m^2b^2}$$

この 2 つの方程式の両辺をそれぞれ自乗して，足し合わせると

$$x^2+y^2 = a^2-b^2$$

求める軌跡は双曲線の中心 O を中心として半径 $\sqrt{a^2-b^2}$ の円となる．

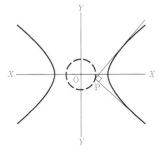

図-解答 7-12

❖ 第 10 章 三角関数の公式

問題 1 A が円 O の外にあるとする．円 O の半径を 1 とし，$\overline{\mathrm{AO}}=a$ とする．円の中心 O から直線 APQ に下ろした垂線の足を R とし，$\theta=\angle\mathrm{PAO}$ とおけば

$$\overline{\mathrm{AR}} = a\cos\theta, \quad \overline{\mathrm{OR}} = a\sin\theta,$$
$$\overline{\mathrm{PR}} = \overline{\mathrm{QR}} = \sqrt{1-a^2\sin^2\theta}$$
$$\overline{\mathrm{AP}}\times\overline{\mathrm{AQ}}$$
$$= (a\cos\theta-\sqrt{1-a^2\sin^2\theta})$$
$$\times(a\cos\theta+\sqrt{1-a^2\sin^2\theta})$$
$$= a^2\cos^2\theta-(1-a^2\sin^2\theta)$$
$$= a^2(\cos^2\theta+\sin^2\theta)-1 = a^2-1 = 一定$$

A が円 O のなかにある場合も，まったく同じようにして証明できる．

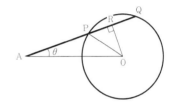

図-解答 10-1

問題 2 円 O の半径を 1 とし，$\overline{\mathrm{AO}}=a$ とする．円の中心 O から直線 APQ に下ろした垂線の足を R とし，$\theta=\angle\mathrm{POR}$ とおけば，$\overline{\mathrm{PR}}=\overline{\mathrm{QR}}=\sin\theta$，$\overline{\mathrm{OR}}=\cos\theta$．$\triangle\mathrm{POQ}$ の面積を S とおけば，$S=\overline{\mathrm{PR}}\times\overline{\mathrm{OR}}=\sin\theta\cos\theta=\dfrac{1}{2}\sin 2\theta$．したがって，$S$ の値が最大になるのは $2\theta=90°$，$\theta=45°$ のときである．

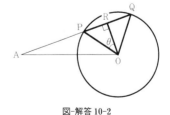

図-解答 10-2

問題 3 各頂点 A, B, C から対辺 BC, CA, AB に下ろした垂線の足をそれぞれ D, E, F とする．四辺形 □AFHE は円に内接するから

$$\angle\mathrm{BHC} = \angle\mathrm{FHE} = 180° - \angle\mathrm{A}$$

$\Rightarrow \quad \sin \angle BHC = \sin(180° - A) = \sin A$

正弦定理を適用して

$$\frac{a}{\sin \angle BHC} = \frac{a}{\sin A} = 2R$$

$$(a = \overline{BC}, \ R \text{ は} \triangle ABC \text{ の外接円の半径})$$

したがって，$\triangle BHC$ の外接円の半径も R となる．

問題4 半円 AOB の半径を 1 とし，$\angle POA = 2\theta$ とおく．P から直径 AB に下ろした垂線の足を H とすれば，$\overline{PH} = \sin 2\theta$，$\overline{HO} = \cos 2\theta$，$\overline{QA} = \overline{PA} = 2\sin\theta$. 2 つの三角形 $\triangle PHR$, $\triangle QAR$ は相似だから，$\dfrac{\overline{HR}}{\overline{AR}} = \dfrac{\overline{PH}}{\overline{QA}}$. $x = \overline{AR}$ とおけば，

$$\overline{HR} = \overline{AR} - \overline{AH} = x - (1 - \cos 2\theta)$$

$$\frac{\overline{HR}}{\overline{AR}} = \frac{\overline{PH}}{\overline{QA}} \Rightarrow \frac{x - (1 - \cos 2\theta)}{x} = \frac{\sin 2\theta}{2\sin\theta}$$

$\dfrac{\sin 2\theta}{2\sin\theta} = \dfrac{2\sin\theta\cos\theta}{2\sin\theta} = \cos\theta$ を使って，整理すれば

$$x = \frac{1 - \cos 2\theta}{1 - \cos\theta}$$

$$1 - \cos 2\theta = 2\sin^2\theta = 2(1 - \cos^2\theta)$$
$$= 2(1 - \cos\theta)(1 + \cos\theta)$$

$$x = \frac{2(1 - \cos\theta)(1 + \cos\theta)}{1 - \cos\theta} = 2(1 + \cos\theta)$$

したがって，$\theta \to 0$ のとき，$x = 2(1 + \cos\theta) \to 4$. すなわち，P が A に近づくとき，R は直径 AB の B をこえて，直径の長さに等しいだけ延長した点に近づく．

問題5 $\alpha = \angle AIE = \angle AIF$, $\beta = \angle BIF = \angle BID$, $\gamma = \angle CID = \angle CIE$ とおけば

$$\alpha + \beta + \gamma = 180°, \qquad 2\alpha + 2\beta + 2\gamma = 360°$$

$$\overline{AE} = \overline{AF} = r\tan\alpha = r\frac{\sin\alpha}{\cos\alpha},$$

$$\overline{BF} = \overline{BD} = r\tan\beta = r\frac{\sin\beta}{\cos\beta},$$

$$\overline{CD} = \overline{CE} = r\tan\gamma = r\frac{\sin\gamma}{\cos\gamma}$$

$$\frac{1}{\overline{BD} \times \overline{CD}} + \frac{1}{\overline{CE} \times \overline{AE}} + \frac{1}{\overline{AF} \times \overline{BF}}$$
$$= \frac{1}{r^2}\left(\frac{1}{\tan\alpha\tan\beta} + \frac{1}{\tan\beta\tan\gamma} + \frac{1}{\tan\gamma\tan\alpha}\right)$$

$$\frac{1}{\tan\beta\tan\gamma} + \frac{1}{\tan\gamma\tan\alpha}$$

$$= \frac{1}{\tan\gamma}\left(\frac{1}{\tan\beta} + \frac{1}{\tan\alpha}\right)$$

$$= \frac{\cos\gamma}{\sin\gamma}\left(\frac{\cos\beta}{\sin\beta} + \frac{\cos\alpha}{\sin\alpha}\right)$$

$$= \frac{\cos\gamma(\sin\alpha\cos\beta + \cos\alpha\sin\beta)}{\sin\alpha\sin\beta\sin\gamma}$$

$$= \frac{\cos\gamma\sin(\alpha + \beta)}{\sin\alpha\sin\beta\sin\gamma}$$

$$= \frac{\cos\gamma\sin\gamma}{\sin\alpha\sin\beta\sin\gamma}$$

$$= \frac{\sin 2\gamma}{2\sin\alpha\sin\beta\sin\gamma}$$

$$\frac{1}{\tan\gamma\tan\alpha} + \frac{1}{\tan\alpha\tan\beta} = \frac{\sin 2\alpha}{2\sin\alpha\sin\beta\sin\gamma}$$

$$\frac{1}{\tan\alpha\tan\beta} + \frac{1}{\tan\beta\tan\gamma} = \frac{\sin 2\beta}{2\sin\alpha\sin\beta\sin\gamma}$$

$$\frac{1}{\tan\gamma\tan\alpha} + \frac{1}{\tan\alpha\tan\beta} + \frac{1}{\tan\beta\tan\gamma}$$

$$= \frac{\sin 2\alpha + \sin 2\beta + \sin 2\gamma}{4\sin\alpha\sin\beta\sin\gamma}$$

$\sin 2\alpha + \sin 2\beta + \sin 2\gamma$
$$= (\sin 2\alpha + \sin 2\beta) - \sin 2(\alpha + \beta)$$
$$= 2\{\sin(\alpha + \beta)\cos(\alpha - \beta) - \sin(\alpha + \beta)\cos(\alpha + \beta)\}$$
$$= 2\sin(\alpha + \beta)\{\cos(\alpha - \beta) - \cos(\alpha + \beta)\}$$
$$= 4\sin\gamma\sin\alpha\sin\beta$$

$$\frac{1}{\tan\gamma\tan\alpha} + \frac{1}{\tan\alpha\tan\beta} + \frac{1}{\tan\beta\tan\gamma}$$

$$= \frac{4\sin\gamma\sin\alpha\sin\beta}{4\sin\alpha\sin\beta\sin\gamma} = 1$$

$$\frac{1}{\overline{BD} \times \overline{CD}} + \frac{1}{\overline{CE} \times \overline{AE}} + \frac{1}{\overline{AF} \times \overline{BF}}$$

$$= \frac{1}{r^2}\left(\frac{1}{\tan\alpha\tan\beta} + \frac{1}{\tan\beta\tan\gamma} + \frac{1}{\tan\gamma\tan\alpha}\right)$$

$$= \frac{1}{r^2}$$

問題6 (i) 三角関数の和を積になおす公式を使って

$$\sin 2A + \sin 2B + \sin 2C$$
$$= 2\sin(A + B)\cos(A - B) + \sin 2C$$

$C = 180° - (A + B)$, $2C = 360° - 2(A + B)$ だから

$$\sin C = \sin(A + B), \qquad \sin 2C = -\sin 2(A + B)$$

$\sin 2A + \sin 2B + \sin 2C$
$$= 2\sin(A + B)\cos(A - B) - \sin 2(A + B)$$

$$= 2\{\sin(A+B)\cos(A-B) - \sin(A+B)\cos(A+B)\}$$
$$= 2\sin(A+B)\{\cos(A-B) - \cos(A+B)\}$$
$$= 2\sin C \times 2\sin A\sin B = 4\sin A\sin B\sin C$$

(ii) $\cos 2A + \cos 2B + \cos 2C$
$$= 2\cos(A+B)\cos(A-B) + \cos 2(A+B)$$
$$= 2\cos(A+B)\cos(A-B) + \{2\cos^2(A+B) - 1\}$$
$$= -1 + 2\cos(A+B)\{\cos(A-B) + \cos(A+B)\}$$
$$= -1 + 2\cos(A+B) \times 2\cos A\cos B$$
$$= -1 - 4\cos A\cos B\cos C$$

問題 7 (i) 三角関数の和を積になおす公式を使って

$$\sin A + \sin B = 2\sin\frac{A+B}{2}\cos\frac{A-B}{2}$$

$C = 180° - (A+B)$, $\dfrac{C}{2} = 90° - \dfrac{A+B}{2}$ だから

$$\sin C = \sin(A+B), \qquad \sin\frac{C}{2} = \cos\frac{A+B}{2}$$

$\sin A + \sin B + \sin C$
$$= 2\sin\frac{A+B}{2}\cos\frac{A-B}{2} + \sin(A+B)$$
$$= 2\sin\frac{A+B}{2}\cos\frac{A-B}{2} + 2\sin\frac{A+B}{2}\cos\frac{A+B}{2}$$
$$= 2\sin\frac{A+B}{2}\left(\cos\frac{A-B}{2} + \cos\frac{A+B}{2}\right)$$
$$= 4\cos\frac{A}{2}\cos\frac{B}{2}\cos\frac{C}{2}$$

(ii)
$(\cos A + \cos B) + \cos C$
$$= 2\cos\frac{A+B}{2}\cos\frac{A-B}{2} - \cos(A+B)$$
$$= 2\cos\frac{A+B}{2}\cos\frac{A-B}{2} - \left(2\cos^2\frac{A+B}{2} - 1\right)$$
$$= 1 + 2\cos\frac{A+B}{2}\left(\cos\frac{A-B}{2} - \cos\frac{A+B}{2}\right)$$
$$= 1 + 4\sin\frac{C}{2}\sin\frac{A}{2}\sin\frac{B}{2}$$

問題 8 与えられた円の半径を R とすれば，内接する $\triangle ABC$ の 3 つの辺の長さ a, b, c と 3 つの角 $\angle A$, $\angle B$, $\angle C$ の間にはつぎの正弦法則が成立する．

$$\frac{a}{\sin A} = \frac{b}{\sin B} = \frac{c}{\sin C} = 2R$$

$\triangle ABC$ の面積を S とおけば，$S = \dfrac{1}{2}ab\sin C$

$$S = \frac{1}{2} \times 2R\sin A \times 2R\sin B \times \sin C$$
$$= 2R^2\sin A\sin B\sin C$$
$$\sin A\sin B = \frac{1}{2}\{\cos(A-B) - \cos(A+B)\}$$
$$S = R^2\{\cos(A-B) - \cos(A+B)\}\sin(A+B)$$

$C = 180° - (A+B)$ が所与のとき，S の最大は，$\angle A = \angle B$ のときに得られる．同じようにして，$\angle B$ の大きさを一定とするとき，$\triangle ABC$ の面積 S が最大になるのは，$\angle A = \angle C$ のときである．ゆえに，$\triangle ABC$ の面積 S が最大になるのは，$\angle A = \angle B = \angle C$，すなわち，正三角形のときである．

別解 円 O の半径を 1 とし，円 O に内接する三角形 $\triangle ABC$ について

$$\angle A = \alpha, \qquad \angle B = \beta, \qquad \angle C = \gamma$$

とおけば，$\alpha + \beta + \gamma = 180°$．

円の中心 O から辺 BC におろした垂線の足を H とおけば

$$[\triangle OBC] = \overline{BH} \times \overline{OH} = \sin\alpha\cos\alpha = \frac{1}{2}\sin 2\alpha$$

このとき，$\triangle ABC$ の面積 S は

$$S = \frac{1}{2}(\sin 2\alpha + \sin 2\beta + \sin 2\gamma)$$
$$= \frac{1}{2}\sin 2\alpha + \sin(\beta+\gamma)\cos(\beta-\gamma)$$
$$= \frac{1}{2}\sin 2\alpha + \sin\alpha\cos(\beta-\gamma)$$

$\angle A = \alpha$ が一定の大きさのとき，$\triangle ABC$ の面積 S が最大になるのは $\beta = \gamma$ のときである．同じように，$\angle B = \beta$ が一定の大きさをもつとき，$\triangle ABC$ の面積 S が最大になるのは $\alpha = \gamma$ のときである．したがって，$\triangle ABC$ の面積 S が最大になるのは，$\alpha = \beta = \gamma$，すなわち，正三角形のときである．

問題 9 円の半径を 1，円の中心 O から各辺 BC, CA, AB に下ろした垂線の足を D, E, F とし，$\alpha = \angle AOE = \angle AOF$, $\beta = \angle BOF = \angle BOD$, $\gamma = \angle COD = \angle COE$ とおけば

$$\alpha + \beta + \gamma = 180°$$
$$S = \overline{AF} \times \overline{OF} + \overline{BD} \times \overline{OD} + \overline{CE} \times \overline{OE}$$
$$= \tan\alpha + \tan\beta + \tan\gamma$$

$$\tan\alpha+\tan\beta=\frac{\sin\alpha}{\cos\alpha}+\frac{\sin\beta}{\cos\beta}$$

$$=\frac{\sin\alpha\cos\beta+\cos\alpha\sin\beta}{\cos\alpha\cos\beta}$$

$$=\frac{\sin(\alpha+\beta)}{\cos\alpha\cos\beta}$$

$$=\frac{2\sin(\alpha+\beta)}{\cos(\alpha+\beta)+\cos(\alpha-\beta)}$$

$\gamma=180^\circ-(\alpha+\beta)$ が所与のとき，面積が最小になるのは，$\cos(\alpha-\beta)=1$，すなわち，$\alpha=\beta$ のときである．同じように，β が所与のとき，$\triangle$ABC の面積が最小になるのは $\alpha=\gamma$ のときである．ゆえに，三角形 $\triangle$ABC の面積 S が最小になるのは，$\alpha=\beta=\gamma$，すなわち，正三角形のときである．

問題 10 扇形 AOB の半径を 1，$\angle$AOB$=\alpha$ とし，$\angle$SOR$=\theta$ とおけば
$$\overline{PQ}=\overline{SR}=\sin\theta,\qquad\overline{OR}=\cos\theta$$
A から半径 OB に下ろした垂線の足を H とすれば，$\overline{AH}=\sin\alpha,\ \overline{OH}=\cos\alpha$．

$$\overline{OQ}=\overline{PQ}\times\frac{\overline{OH}}{\overline{AH}}=\sin\theta\frac{\cos\alpha}{\sin\alpha}$$

$$\Rightarrow\ \overline{QR}=\overline{OR}-\overline{OQ}=\cos\theta-\sin\theta\frac{\cos\alpha}{\sin\alpha}$$

長方形 $\square$PQRS の面積 S は
$$S=\overline{PQ}\times\overline{QR}=\sin\theta\left(\cos\theta-\sin\theta\frac{\cos\alpha}{\sin\alpha}\right)$$

$$=\sin\theta\cos\theta-\sin^2\theta\frac{\cos\alpha}{\sin\alpha}$$

$$=\frac{1}{2}\sin2\theta-\frac{1}{2}(1-\cos2\theta)\frac{\cos\alpha}{\sin\alpha}$$

$$=\frac{1}{2}\frac{\sin2\theta\sin\alpha+\cos2\theta\cos\alpha}{\sin\alpha}-\frac{1}{2}\frac{\cos\alpha}{\sin\alpha}$$

$$=\frac{1}{2}\frac{\cos(2\theta-\alpha)}{\sin\alpha}-\frac{1}{2}\frac{\cos\alpha}{\sin\alpha}$$

長方形 PQRS の面積 S が最大になるのは，$\theta=\dfrac{\alpha}{2}$ のときである．すなわち，角 $\angle$AOB の二等分線が円周と交わる点を 1 つの頂点 S とし，1 辺 QR が半径 OB 上にあり，扇形 AOB に内接する長方形の面積が最大となる．

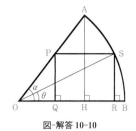

図-解答 10-10

問題 11
$$\sin C=\sin(180^\circ-A-B)=\sin(A+B)$$

$$=2\sin\frac{A+B}{2}\cos\frac{A+B}{2}$$

$$\sin A+\sin B=2\sin\frac{A+B}{2}\cos\frac{A-B}{2}$$

$$\cos A+\cos B=2\cos\frac{A+B}{2}\cos\frac{A-B}{2}$$

$$\frac{\sin A+\sin B}{\cos A+\cos B}=\frac{2\sin\frac{A+B}{2}\cos\frac{A-B}{2}}{2\cos\frac{A+B}{2}\cos\frac{A-B}{2}}=\frac{\sin\frac{A+B}{2}}{\cos\frac{A+B}{2}}$$

$$\sin C=\frac{\sin A+\sin B}{\cos A+\cos B}$$

$$\Rightarrow\ 2\sin\frac{A+B}{2}\cos\frac{A+B}{2}=\frac{\sin\frac{A+B}{2}}{\cos\frac{A+B}{2}}$$

$$\Rightarrow\ \cos^2\frac{A+B}{2}=\frac{1}{2}\ \Rightarrow\ \sin^2\frac{C}{2}=\frac{1}{2}$$

$$\Rightarrow\ \sin\frac{C}{2}=\frac{\sqrt{2}}{2}\ \Rightarrow\ C=90^\circ$$

$\triangle$ABC は $\angle$C を直角とする直角三角形となる．

問題 12 $x=\cos\theta,\ y=\sin\theta$ とおけば，P$=(x,y)$ は単位円の上にある．A$=(-b,-a)$ とし，P を通り Y 軸に平行な直線と A を通り X 軸に平行な直線との交点を Q とし，$\angle$PAQ$=\phi$ とおけば
$$\frac{a+\sin\theta}{b+\cos\theta}=\frac{\sin\phi}{\cos\phi}=\tan\phi$$

上の式の最大値，最小値は A から単位円に引いた 2 つの接線の勾配によって与えられる．

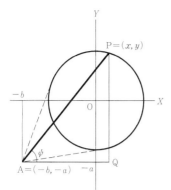

図-解答 10-12

❖ 第11章 対　数

問題1

(1)　$\log_{16}2=x$ とおけば，
$$2 = 16^x = (2^4)^x \Rightarrow 1 = 4x \Rightarrow x = \frac{1}{4}$$

(2)　$\log_9 27=x$ とおけば，
$$27(=3^3) = 9^x = (3^2)^x \Rightarrow 3 = 2x \Rightarrow x = \frac{3}{2}$$

(3)　$\log_{125}5=x$ とおけば，
$$5 = 125^x = (5^3)^x \Rightarrow 1 = 3x \Rightarrow x = \frac{1}{3}$$

(4)　$\log_{\frac{1}{3}}\sqrt{27}=x$ とおけば，
$$\sqrt{27}\left(=3^{\frac{3}{2}}\right) = \left(\frac{1}{3}\right)^x = 3^{-x} \Rightarrow \frac{3}{2} = -x$$
$$\Rightarrow x = -\frac{3}{2}$$

(5)　$\log_{\sqrt{32}}\frac{1}{8}=x$ とおけば，
$$\frac{1}{8}(=2^{-3}) = (\sqrt{32})^x = \left(2^{\frac{5}{2}}\right)^x \Rightarrow -3 = \frac{5}{2}x$$
$$\Rightarrow x = -\frac{6}{5}$$

(6)　$\log_{\sqrt{27}}81=x$ とおけば，
$$81(=3^4) = (\sqrt{27})^x = \left(3^{\frac{3}{2}}\right)^x \Rightarrow 4 = \frac{3}{2}x$$
$$\Rightarrow x = \frac{8}{3}$$

問題2

(1)　$\log_{16}x=\frac{1}{2} \Rightarrow x = 16^{\frac{1}{2}} = (2^4)^{\frac{1}{2}} = 2^2 = 4.$

(2)　$\log_9 x=3 \Rightarrow x = 9^3 = 729.$

(3)　$\log_{125}x=-\frac{4}{3} \Rightarrow x = 125^{-\frac{4}{3}} = (5^3)^{-\frac{4}{3}} = 5^{-4} = \frac{1}{625}.$

(4)　$\log_{\frac{1}{3}}x=\frac{1}{2} \Rightarrow x = \left(\frac{1}{3}\right)^{\frac{1}{2}} = 3^{-\frac{1}{2}} = \frac{1}{\sqrt{3}} = \frac{\sqrt{3}}{3}.$

(5)　$\log_{\sqrt{32}}x=\frac{3}{2} \Rightarrow x = (\sqrt{32})^{\frac{3}{2}} = \left(2^{\frac{5}{2}}\right)^{\frac{3}{2}} = 2^{\frac{15}{4}} = \sqrt[4]{32768}.$

(6)　$\log_{\sqrt{27}}x=-\frac{1}{2} \Rightarrow x = (\sqrt{27})^{-\frac{1}{2}} = \left(3^{\frac{3}{2}}\right)^{-\frac{1}{2}} = 3^{-\frac{3}{4}}$
$$= \frac{1}{\sqrt[4]{27}}.$$

問題3

(1)　$\log_x 32=5 \Rightarrow 32(=2^5) = x^5 \Rightarrow x = 2.$

(2)　$\log_x 9=2 \Rightarrow 9(=3^2) = x^2 \Rightarrow x = 3.$

(3)　$\log_x \frac{1}{16}=8 \Rightarrow \frac{1}{16}(=2^{-4}) = x^8 \Rightarrow x = 2^{-\frac{1}{2}} = \frac{1}{\sqrt{2}} = \frac{\sqrt{2}}{2}.$

(4)　$\log_x 25=3 \Rightarrow 25(=5^2) = x^3 \Rightarrow x = 5^{\frac{2}{3}} = \sqrt[3]{25}.$

(5)　$\log_x \sqrt{125}=3 \Rightarrow \sqrt{125}\left(=5^{\frac{3}{2}}\right) = x^3 \Rightarrow x = 5^{\frac{1}{2}} = \sqrt{5}.$

(6)　$\log_x \frac{1}{2}=\frac{1}{4} \Rightarrow \frac{1}{2}(=2^{-1}) = x^{\frac{1}{4}} \Rightarrow x = 2^{-4} = \frac{1}{16}.$

問題4

(1)　$\log_a b=x,\ \log_b c=y,\ \log_a c=z$ とおけば
$$b = a^x,\ c = b^y,\ c = a^z$$
$$\Rightarrow c = b^y = (a^x)^y = a^{xy}$$
$$\Rightarrow a^z = a^{xy} \Rightarrow z = xy$$

(2)　(1)で $c=a$ のとき，$z=1$.

(3)　$\log_a x=m$ とおけば，
$$x = a^m \Rightarrow x^n = (a^m)^n = a^{mn}$$
$$\Rightarrow \log_a x^n = mn = n\log_a x$$

(4)　$\log_x y=z$ とおけば，$y=x^z$. 等しい数の対数は等しいから，$\log_a y=\log_a x^z$. (3)を使うと，$\log_a x^z = z\log_a x$ なので，$z\log_a x=\log_a y$. よって $z=\dfrac{\log_a y}{\log_a x}$.

問題5

$$2\log\sqrt{3x+2} - \log\sqrt{7x-2} = \frac{1}{2}$$

$\Rightarrow \quad 4\log\sqrt{3x+2}-2\log\sqrt{7x-2}=1$

$\Rightarrow \quad \dfrac{(\sqrt{3x+2})^4}{(\sqrt{7x-2})^2}=10$

$\Rightarrow \quad (3x+2)^2-10(7x-2)=0$

$\Rightarrow \quad 9x^2-58x+24=0$

$\Rightarrow \quad x=6 \quad \text{または} \quad \dfrac{4}{9}$

問題 6

$a^x=b^y=c^z=\lambda$ とおけば，

$$x=\dfrac{\log\lambda}{\log a},\quad y=\dfrac{\log\lambda}{\log b},\quad z=\dfrac{\log\lambda}{\log c}$$

$$\Rightarrow \quad \dfrac{1}{x}=\dfrac{\log a}{\log\lambda},\quad \dfrac{1}{y}=\dfrac{\log b}{\log\lambda},\quad \dfrac{1}{z}=\dfrac{\log c}{\log\lambda}$$

$$\dfrac{1}{x}+\dfrac{1}{y}=\dfrac{1}{z}\quad\Leftrightarrow\quad \log a+\log b=\log c$$

$$\Leftrightarrow\quad ab=c$$

宇沢弘文(1928～2014)

東京大学理学部数学科卒業，スタンフォード大学助教授，シカゴ大学教授，東京大学教授，新潟大学教授，中央大学教授など歴任．

専攻—経済学

主著—『自動車の社会的費用』
　　　『経済学の考え方』
　　　『社会的共通資本』(以上，岩波新書)
　　　『二十世紀を超えて』
　　　『始まっている未来 新しい経済学は可能か』
　　　『宇沢弘文著作集—新しい経済学を求めて』(全12巻)
　　　『経済解析 基礎篇』
　　　『経済解析 展開篇』(以上，岩波書店)

代数で幾何を解く — 解析幾何
　　　　　　　　　新装版 好きになる数学入門 3

2015 年 9 月 18 日　第 1 刷発行

著　者　宇沢弘文
　　　　うざわひろふみ

発行者　岡本　厚

発行所　株式会社 岩波書店
　　　　〒101-8002 東京都千代田区一ツ橋 2-5-5
　　　　電話案内 03-5210-4000
　　　　http://www.iwanami.co.jp/

印刷製本・法令印刷　カバー・精興社

© (有)宇沢国際学館 2015
ISBN 978-4-00-029843-8　　Printed in Japan